"十三五"国家重点出版物出版规划项目

现代机械工程系列精品教材

机电一体化系统设计

第 2 版

主　编　姜培刚
参　编　王海峰　白清华　李睿敏
　　　　左玉虎

机械工业出版社

为了适应新形势下高校机械类各专业及其他相近专业培养机电一体化技术方面人才的需要，本书在保留第 1 版特色的基础上，对第 1 版各章节内容进行了修订。本书主要内容包括：绪论、机械系统部件及其建模、检测传感器及其接口电路、控制电动机及其选择与计算、工业控制计算机及其接口技术、机电一体化系统设计及应用举例。

本书立足于机电一体化技术发展前沿，深入浅出，循序渐进，详细介绍了机电一体化系统设计的思想和方法，力求使读者系统地掌握机电一体化系统设计的基本原理和方法，真正灵活地运用相关技术进行机电一体化产品的分析、设计与开发，达到知识与能力的统一。

本书可作为高等院校机械类各专业及其他相近专业高年级本科生、研究生的教材，也可作为从事机电一体化系统设计、制造等相关工作的工程技术人员与研究人员的参考书。

本书配套精美课件，欢迎选用本书的教师登录机械工业出版社教育服务网（www.cmpedu.com）下载。

图书在版编目（CIP）数据

机电一体化系统设计/姜培刚主编. —2 版. —北京：机械工业出版社，2020.12（2024.11 重印）

"十三五"国家重点出版物出版规划项目　现代机械工程系列精品教材

ISBN 978-7-111-67200-5

Ⅰ. ①机…　Ⅱ. ①姜…　Ⅲ. ①机电一体化-系统设计-高等学校-教材
Ⅳ. ①TH-39

中国版本图书馆 CIP 数据核字（2020）第 266950 号

机械工业出版社（北京市百万庄大街 22 号　邮政编码 100037）
策划编辑：刘小慧　责任编辑：刘小慧　徐鲁融　章承林
责任校对：王　延　封面设计：张　静
责任印制：单爱军
北京虎彩文化传播有限公司印刷
2024 年 11 月第 2 版第 7 次印刷
184mm×260mm · 14 印张 · 393 千字
标准书号：ISBN 978-7-111-67200-5
定价：45.00 元

电话服务　　　　　　　　　网络服务
客服电话：010-88361066　　机 工 官 网：www.cmpbook.com
　　　　　010-88379833　　机 工 官 博：weibo.com/cmp1952
　　　　　010-68326294　　金 书 网：www.golden-book.com
封底无防伪标均为盗版　机工教育服务网：www.cmpedu.com

前言

本书第 1 版自出版以来，已连续印刷 20 余次，先后被全国 100 多所各层次的高校选为本科教材或考研参考书，广大读者给予了很大支持和肯定。为了适应当今机电一体化相关技术飞速发展的新形势和国家新工科、新旧动能转换对机电类人才培养提出的新需求，编者结合多年来从事机电一体化教学、科研积累的实际经验，提出了本书第 2 版的修订方案。本版书已列入"十三五"国家重点出版物出版规划项目——现代机械工程系列精品教材。

机电一体化技术的产生与发展，一方面极大地提高了机电产品的性能，另一方面又大大地提高了产品生产系统的生产率，其产品已遍及人们的日常生活和国民经济的各个领域，成为经济发展中不可缺少的一种高新技术。机电一体化是多学科领域综合交叉的技术密集型系统工程，它融合检测传感技术、信息处理技术、自动控制技术、伺服驱动技术、精密机械技术、计算技术和系统总体技术等多种技术于一体。与传统的机电设计方法相比，机电一体化的优势在于从系统、整体的角度出发，协调各相关技术并综合运用，进而取得整体优化效果，因此在机电一体化系统设计的开发过程中，特别强调技术融合、学科交叉和系统优化。为了保证所设计的机电一体化产品与时俱进、一次成功，需要设计团队合作以及多部门、多工程学科之间的协调，并将机械、电子、控制工程和信息技术集成到整个产品设计过程中。建模、仿真、分析、虚拟原型以及可视化等都是开发先进的机电一体化产品的关键因素。

机电一体化技术的全球竞争归根结底是机电一体化人才的竞争。为了适应机电一体化人才培养的需要，各高校都在不断深化机电一体化技术相关专业的教学改革和课程建设，通过"机电一体化系统设计"专业课程教学及相应实践教学环节，学生可真正了解和掌握机电一体化系统设计的实质及所涉及的理论和方法。

本书是机械电子工程和相关专业开展机电一体化教学的重要专业教材。为了满足新形势下高校培养机电一体化技术人才的需要，使学生能真正灵活地运用相关技术进行机电一体化产品的分析、设计与开发，达到知识与能力的统一，本书在保留第 1 版特色的基础上，对各章节内容进行了全面系统的修订，将基本概念、基本理论和基本方法有机结合，重点培养学生解决工程实际问题的能力。

本书共分六章，主要内容包括：绪论、机械系统部件及其建模、检测传感器及其接口电路、控制电动机及其选择与计算、工业控制计算机及其接口技术、机电一体化系统设计及应用举例。本书注重理论联系实际，在内容上注重经典知识与前沿技术相结合，在文字叙述上力求深入浅出、循序渐进，在内容安排上既注意基础理论、基本概念的系统性阐述，同时也考虑到工程设计人员的实际需要，在介绍各种设计方法时尽可能具体实用。本书可作为机械工程自动化等相关专业的教材，也可作为机电一体化产品开发设计人员、制造人员、生产管理人员的参考用书。

本书由青岛理工大学姜培刚担任主编。其中，第一章、第三章、第四章由姜培刚编写；第二章由青岛大学王海峰编写；第五章由青岛理工大学白清华、临沂大学左玉虎编写；第六章由白清华、山东利安捷国际认证服务有限公司李睿敏和左玉虎编写。

在编写本书过程中，编者参阅了大量的相关文献，在此向有关作者表示感谢！

由于本书涉及多学科知识融合，信息化技术和机电一体化技术发展速度很快，限于编者的水平和经验，书中难免存在疏漏和不足，殷切希望使用本书的读者批评指正。

为落实党的二十大报告中关于"推进新型工业化，加快建设制造强国、质量强国、航天强国、交通强国、网络强国、数字中国"的要求，结合"机电一体化系统设计"课程内容，本书以二维码的形式引入"我们的征途""科普之窗""精神的追寻"等模块，融入探月精神、载人航天精神、科学家精神等思政元素，介绍无人驾驶技术、外骨骼机器人等先进机电一体化技术，树立学生的科技自立自强意识，助力培养德才兼备的高素质人才。

编　者
于青岛理工大学

目录

第一章

绪论

第一节　机电一体化的定义

　　机电一体化是在微型计算机为代表的微电子技术、信息技术迅速发展，向机械工业领域迅猛渗透，机械电子技术深度结合的现代工业的基础上，综合应用机械技术、微电子技术、信息技术、自动控制技术、传感测试技术、电力电子技术、接口技术、软件编程技术、智能控制技术和大数据等群体学科，从系统的观点出发，根据系统功能目标和优化组织结构目标，以智能、动力、结构、运动和感知组成要素为基础，对各组成要素及其间的信息处理、接口耦合、运动传递、物质运动、能量变换机理进行研究使得整个系统有机结合与综合集成，并在系统程序和微电子电路的有序信息流控制下，形成物质和能量的有规则运动，在高功能、高质量、高精度、高可靠性、低能耗意义上实现多种技术功能复合的最佳功能价值系统工程技术。探月工程中的飞行器、探测器都是机电一体化系统的具体实现，扫描下方二维码观看相关视频。

我们的征途
中国探月工程1

我们的征途
中国探月工程2

我们的征途
中国探月工程3

精神的追寻
探月精神

　　机电一体化的产生与迅速发展的根本原因在于社会的发展和科学技术的进步。系统工程、控制论和信息论是机电一体化的理论基础，也是机电一体化技术的方法论。微电子技术的发展，半导体大规模集成电路制造技术的进步，则为机电一体化技术奠定了物质基础。机电一体化技术的发展有一个从自发状况向自为方向发展的过程。早在机电一体化这一概念出现之前，世界各国从事机械总体设计、控制功能设计和生产加工的科技工作者，已为机械与电子的有机结合自觉或不自觉地做了许多工作，目前人们对机电一体化的认识早已不是机械技术、微电子技术以及其他新技术的简单组合，而是有机地相互结合或融合，是有其客观规律的。

　　机电一体化系统的组成如图 1-1 所示。

　　一个更清晰但更复杂的表述方法如图 1-2 所示。

　　机电一体化是将信息系统施加到物理系统的结果。物理系统（图 1-2 中右边点画线框中的部分）由机械系统、电气系统和计算机系统组成，还包括驱动器、传感器和实时接口。机电一体化系统不是一个机械电子系统，而是由上述几部分互相协调，共同完成所需要的工作任务。

图 1-1　机电一体化系统的组成

图 1-2　机电一体化的关键元素

　　机电一体化是一个采用建模、仿真等方法对机电系统进行一体化设计的思想，其基本思路就是应用新的控制使机械装置获得更高水平的性能。传感器和驱动器常常用来将高功率（通常是机械的）的能量转化成低功率（通常是电气和计算机方面的）的能量。标有"机械系统"的方框通常不仅包含机械元件，还可能有流体力学的、气动的、热力学的、声学的、化学的及其他一些学科的元器件。随着传感技术的最新发展，人们开发了微传感器来测量某些物理量、化学物质和生物成分的存在（诸如温度、压力、声音、核辐射和化学成分等）。这些传感器已经融合进对特定监控应用的解决方案，因此，如果将若干传感器集成在一起，则它们的功能也将组合在一起。

第二节　机电一体化系统的基本功能要素

　　机电一体化系统的形式多种多样，其功能也各不相同。一个较完善的机电一体化系统，应包括以下几个基本要素：机械本体、动力单元、传感检测单元、执行单元、驱动单元、控制及信息处理单元，各要素和环节之间通过接口相联系。机电一体化系统基本要素的关系及功能如图1-3所示。

图 1-3　机电一体化系统基本要素的关系及功能

一、机械本体

　　机械本体包括机械传动装置和机械结构装置。其主要功能是使构造系统的各子系统、零部件按照一定的空间和时间关系安置在一定位置上，并保持特定的关系。由于机电一体化产品的技术性能、水平和功能的提高，机械本体需在机械结构、材料、加工工艺性以及几何尺寸等方面适应产品高效、多功能、可靠、节能、小型、轻量、美观等要求。

二、动力单元

　　动力单元的功能是按照机电一体化系统的控制要求，为系统提供能量和动力以保证系统正常运行。机电一体化系统的显著特征之一，是用尽可能小的动力输入获得尽可能大的功能输出。

三、传感检测单元

　　传感检测单元的功能是对系统运行过程中所需要的本身和外界环境的各种参

数及状态进行检测，并转换成可识别信号，传输到控制信息处理单元，经过分析、处理产生相应的控制信息。传感器检测单元通常由专门的传感器和仪器仪表组成。

四、执行单元

执行单元的功能是根据控制信息和指令完成所要求的动作。执行单元是运动部件，一般采用机械、电磁、电液等方式将输入的各种形式的能量转换为机械能。根据机电一体化系统的匹配性要求，需要考虑改善执行机构的工作性能，如提高刚性，减轻重量，实现组件化、标准化和系列化，以提高系统整体的工作可靠性等。

五、驱动单元

驱动单元的功能是在控制信息的作用下，驱动各种执行机构完成各种动作和功能。机电一体化系统一方面要求驱动单元具有高效率和快速响应等特性，同时又要求其对水、油、温度、尘埃等外部环境的适应性和可靠性。由于几何上、动作范围狭窄等限制，还需考虑维修方便和实行标准化。由于电力电子技术的高度发展，高性能步进电动机、直流和交流伺服驱动电动机将大量应用于机电一体化系统。

六、控制及信息处理单元

控制及信息处理单元是机电一体化系统的核心单元。其功能是将来自各传感器的检测信息和外部输入命令进行集中、存储、分析、加工，根据信息处理结果，按照一定的程序发出相应的控制信号，通过输出接口送往执行机构，控制整个系统有目的地运行，并达到预期的性能。控制及信息处理单元一般由计算机、可编程序控制器（PLC）、数控装置以及逻辑电路等组成。

七、接口

接口的作用是将各要素或子系统连接成为一个有机整体，使各个功能环节有目的地协调一致运动，从而形成机电一体化的系统工程。如上所述，机电一体化系统由许多要素或子系统组成，各子系统之间必须能够顺利地进行物质、能量和信息的传递和交换，为此，各要素或各子系统相接处必须具备一定的连接部件，这个部件就可称为接口。接口的基本功能主要有三个：①变换，在需要进行信息交换和传输的环节之间，由于信号的模式不同（如数字量与模拟量、串行码和并行码、连续脉冲与序列脉冲等），无法直接实现信息或能量的交流，通过接口完成信号或能量的转换、统一；②放大，在两个信号强度相差悬殊的环节间，经接口放大，达到能量匹配；③传递，变换和放大后的信号在环节间能可靠、快速、准确地交换，必须遵循协调一致的时序、信号格式和逻辑规范。接口具有保证信息传递的逻辑控制功能，使信息按规定模式进行传递。

第三节　机电一体化的相关技术

机电一体化是多学科技术领域综合交叉的技术密集型系统工程。其主要的相关技术可以归纳为六个方面：机械技术、传感检测技术、信息处理技术、自动控制技术、伺服驱动技术和系统总体技术。

一、机械技术

机械技术是机电一体化的基础。机电一体化的机械产品与传统的机械产品的区别在于：机械结构更简单、机械功能更强、性能更优越。现代机械不但要求具有更新颖的结构、更小的体积、更轻的重量，还要求精度更高、刚度更大、动态性能更好。因此，机械技术的出发点在于如何与机电一体化技术相适应，利用其他高新技术来更新概念，实现结构上、材料上、性能上以及功能上的变更。在设计和制造机械系统时除了考虑静态、动态刚度及热变形等问题外，还应考虑采用新型复合材料和新型结构以及新型的制造工艺和工艺装置。

二、传感检测技术

传感检测装置是机电一体化系统的感觉器官，即从待测对象那里获取能反映待测对象特征与状态的信息。它是实现自动控制、自动调节的关键环节，其功能越强，系统的自动化程度就越高。传感检测技术的研究内容包括两方面：一是研究如何将各种被测量（包括物理量、化学量和生物量等）转换为与之成比例的电量；二是研究如何将转换的电信号进行加工处理，如放大、补偿、标定变换等。

机电一体化系统要求传感检测装置能快速、准确、可靠地获取信息，与计算机技术相比，传感检测技术发展显得缓慢，难以满足控制系统的要求，因而不少机电一体化系统不能达到满意的效果或无法实现设计要求。大力开展对传感检测技术的研究对于机电一体化技术的发展具有十分重要的意义。

无人驾驶汽车是集中体现先进传感检测技术的机电一体化系统，扫描左侧二维码观看相关视频。

科普之窗
中国创造：无人驾驶

三、信息处理技术

信息处理技术包括信息的交换、存取、运算、判断和决策。实现信息处理的主要工具是计算机，因此信息处理技术与计算机技术是密切相关的。

计算机技术包括计算机的软件技术、硬件技术、网络与通信技术和数据技术。机电一体化系统中主要采用工业控制机（包括可编程序控制器，单、多回路调节器，单片微控制器，总线式工业控制机，分布式计算机测控系统）进行信息处理。计算机应用及信息处理技术已成为促进机电一体化技术发展和变革的最重要因素，信息处理的发展方向是如何提高信息处理的速度、可靠性和智能化程度。人工智能技术、专家系统技术、神经网络技术等都属于计算机信息处理技术的范畴。

我国自主研发的蛟龙号执行检测任务的过程重度依赖信息处理技术，扫描左侧二维码观看相关视频。

科普之窗
中国创造：蛟龙号

四、自动控制技术

自动控制技术的目的在于实现机电一体化系统的目标最佳化。自动控制所依据的理论是自动控制原理（包括经典控制理论和现代控制理论），自动控制技术就是在此理论的指导下对具体控制装置或控制系统进行设计，之后进行系统仿真、现场调试，最后使研制的系统可靠地投入运行。因为控制对象种类繁多，所以自动控制技术的内容极其丰富。机电一体化系统中的自动控制技术主要包括位置控制、速度控制、最优控制、自适应控制、模糊控制、神经网络控制等。

科普之窗
中国创造：外骨骼机器人

随着计算机技术的高速发展，自动控制技术与计算机技术的结合越来越密切，因而成为机电一体化中十分重要的关键技术。

外骨骼机器人、载人航天器都是自动控制技术的重要应用，扫描左侧二维码观看相关视频。

科普之窗
载人航天精神

五、伺服驱动技术

伺服驱动技术就是在控制指令的指挥下，控制驱动元件，使机械的运动部件按照指令要求运动，并具有良好的动态性能。伺服驱动包括电动、气动、液压等各种类型的传动装置。这些传动装置通过接口与计算机相连接，在计算机控制下，带动工作机械做回转、直线以及其他各种复杂运动。伺服驱动技术是直接执行操作的技术，伺服系统是实现电信号到机械动作的转换装置或部件，对机电一体化系统的动态性能、控制质量和功能具有决定性的作用。常见的伺服驱动系统主要有电气伺服（如步进电动机、直流伺服电动机、交流伺服电动机等）和液压伺服（如液压马达、脉冲液压缸等）两类。由于变频技术的进步，交流伺服驱动技术取得突破性进展，为机电一体化系统提供了高质量的伺服驱动单元，极大地促进了机电一体化技术的发展。

六、系统总体技术

系统总体技术是以整体的概念组织应用各种相关技术的应用技术。即从全局的角度和系统的目标出发，将系统分解为若干个子系统，从实现整个系统技术协调的观点来考虑每个子系统的技术方案，对于子系统与子系统之间的矛盾或子系统和系统整体之间的矛盾都要从总体协调的需要来选择解决方案。机电一体化系统是一个技术综合体，它利用系统总体技术将各有关技术协调配合、综合运用而达到整体系统的最佳化。

第四节 机电一体化系统设计的目标与方法

一、机电一体化产品和系统的分类

机电一体化产品和系统种类繁多。按机电一体化产品和系统的用途分类，有产业机械、信息机械、民用机械等；按机械和电子的功能和含量分类，有以机械装置为主体的机械电子产品和以电子装置为主体的电子产品；按机电结合的程度分类，有功能附加型、功能替代型和机电融合型。

目前机电一体化产品和系统的分类如图1-4所示。

二、现代机械的机电一体化目标

现代机械的机电一体化目标是综合利用机、电、信息、控制等各种相关技术的优势，扬长避短，以达到系统优化效果，取得显著的社会效益和技术经济效益。具体说来有以下几点：

1. 提高精度

机电一体化技术使机械传动部件减少，因而使由机械磨损、配合间隙及变形而引起的误差大为减小，同时由于机电一体化技术采用电子技术实现自动检测和自动控制，校正和补偿由各种干扰因素造成的动态误差，从而达到单纯机械装备所不能实现的工作精度。

2. 增强功能

现代高新技术的引入使机械产品具有多种复合功能，成为机电一体化产品和系统的一个显著特点。例如，数控加工中心可以在一次装夹中完成由多台普通机

信物百年
第一台国产电动轮自卸车

科普之窗
中国创造：慧眼卫星

图 1-4　机电一体化产品和系统的分类
（扫描左侧二维码观看典型机电一体化产品视频）

床才能完成的多道工序，同时还有自动检测工件和刀具、自动显示刀具运动轨迹、自动保护和自动故障诊断等极强的应用功能；又如超市中使用的电子秤，集称重、计价、打印等功能于一身。

3. 提高生产率

机电一体化系统可以有效地减少生产准备时间和辅助时间，缩短新产品的开发周期，提高产品的合格率，减少操作人员，从而提高生产率，降低生产成本。

4. 节约能源，降低能耗

通过采用低能耗的驱动机构、最佳调节控制和提高能源利用率等措施，机电一体化产品和系统可以取得良好的节能效果。例如，在微型计算机的控制下，风机、水泵能够随工况变速运行，其节电率可达30%以上；由于汽车电子点火器的点火时间和状态得到最佳控制，因而大大降低了耗油量。

5. 提高安全性、可靠性

机电一体化系统通常具有自动检测、监控子系统，因而可以对各种故障和危险自动采取保护措施并及时修正参数，提高系统的安全可靠性。特别是对于重型、大型设备和与人民生活生命息息相关的设备的故障预测、预报、遥测更是具有重要的意义。

6. 改善操作性和实用性

机电一体化系统的各相关子系统的动作顺序和功能协调关系由控制系统决定。随着计算机技术和自动控制技术的发展，可以通过简便的人-机界面操作实现复杂的功能控制和获得良好的使用效果。

7. 减轻劳动强度，改善劳动条件

减轻劳动强度包括繁重的体力劳动和复杂的脑力劳动。机电一体化系统能够由计算机完成设计制造和生产过程中极为复杂的人的智力活动和资料记忆查找工作，同时又能通过过程控制自动运行，从而替代人的紧张和单调重复操作以及在危险环境下的工作。

8. 简化结构，减轻重量

机电一体化系统采用先进的电力电子器件和传动技术，替代老式笨重的电气控制和机械变速结构，由微处理器和集成电路等微电子元件和程序逻辑软件完成过去靠机械传动链来实现的关联运动，从而使机电一体化产品和系统的体积变小，结构简化，重量减轻。

9. 降低价格

由于机械结构简化，材料消耗减少，制造成本降低，而且电子元器件的价格下降迅速，因此机电一体化产品和系统的价格日趋低廉，而使用性能、维修性能日趋完善，使用寿命不断延长。例如，石英晶振电子表以其功能强、使用方便和价格低廉等优势迅速占领了计时商品市场。

10. 增强柔性应用性能

为了满足市场多样性的要求，机电一体化系统可以通过编制用户程序来实现机电产品工作方式的改变，以适应各种用户对象及现场参数变化的需要。机电一体化系统的这种柔性应用功能构成了机械控制"软件化"和"智能化"特征。

三、机电一体化技术方向

按照微电子技术的发展、机电结合的深度以及机械产品发展的要求，机械系统的机电一体化技术方向可分为以下几类：

1）在原有机械系统的基础上采用微型计算机控制装置，使系统的性能提高，功能增强。例如，模糊控制洗衣机能根据衣物的洁净度自动控制洗涤过程，从而实现节水、节电、节时、节省洗衣粉用量的功能；机床的数控化是另一个典型的例子。

2）用电子装置局部替代机械传动装置和机械控制装置，以简化结构和增强控制灵活性。例如，数控机床的进给系统采用伺服系统，简化了传动链，提高了进给系统的动态性能；将传动电动机的电刷用电子装置替代形成的无刷电动机，具有性能可靠、结构简单、尺寸减小等优点。

3）用电子装置完全替代原来执行信息处理功能的机构，既简化了结构，又极大地丰富了信息传输的内容，提高了速度。例如，石英电子钟表、电子秤、按键式电话等。

4）用电子装置替代机械的主功能，形成特殊的加工能力。例如，电火花加工机床、线切割加工机床、激光加工机床等。

5）将机电技术完全融合形成新型机电一体化产品。例如，生产机械中的激光快速原型机；信息机械中的仿真机、打印机、复印机；检测机械中的 CT 扫描诊断仪、扫描隧道显微镜等。

四、机电一体化系统开发的设计思想

机电一体化的优势，在于它吸收了各相关学科之长并加以综合运用而取得整

体优化效果，因此在机电一体化系统开发的过程中，要特别强调技术融合和学科交叉的作用。机电一体化系统开发是一项多级别、多单元组成的系统工程。把系统的各单元有机地结合成系统后，各单元的功能不仅相互叠加，而且相互辅助、相互促进、相互提高，使整体的功能大于各单元功能的简单的和，即"整体大于部分的和"。当然，如果设计不当，由于各单元的差异性，在组成系统后会导致单元间的矛盾和摩擦，出现内耗，内耗过大，则可能出现整体小于部分之和的情况，从而失去了一体化的优势。因此，在开发的过程中，一方面要求设计机械系统时，应选择与控制系统的电气参数相匹配的机械系统参数；同时也要求设计控制系统时，应根据机械系统的固有结构参数来选择和确定电气参数。综合应用机械技术和微电子技术，使两者密切结合、相互协调、相互补充，充分体现机电一体化的优越性。

五、机电一体化系统设计方法

机电一体化方法本身具有并行性或者同步性，从产品设计到产品定型的各个阶段，机电一体化方法都大量采用系统建模和仿真的方法。各个子系统模型要由来自多个学科的设计者使用或更改，将这些模型转换成可放在一个可视化的环境中进行编程处理，就显得尤为重要。这样的可视环境包括框图、流程图、状态变换图以及键合图。如今，用得最多的可视化编程环境就是**框图**。这个环境特别灵活、廉价，而且还包含一个**编码产生器**选项，该选项能将框图转化成高级的 C 语言（或类似的其他语言），以适合目标系统的实施。许多供应商提供基于框图建模和仿真的软件包，如 MATRIXx、Easy5、Simulink、Agilent VEE、DASYLab、VisSim 以及 LabVIEW。

机电一体化是一种设计理念，是一种集成的工程设计方法。贯穿整个设计过程所涉及的各个领域的基本因素，在机电一体化设计中通过使用一种跨学科的思想和技术的仿真机制，提供了理想的环境来提高协同性，从而有助于在技术复杂的情况下得到新的解决方案。机电一体化通过将机械和电子工程、实时编程等技术紧密结合并集成在整个设计过程中，这是机电一体化装置或系统的一个非常重要的特征。机电一体化尽可能在设计过程中让驱动器、传感器、控制系统及计算机有机结合在一起。

从基本的设计开始，直至进入制造阶段，在每一阶段，机电一体化设计通过优化参数，在很短的周期内就生产出一个性能优良的产品。机电一体化利用控制系统提供一个能显示各类元器件之间交互关联的框架来进行系统分析，机电一体化系统的集成是通过软件（信息处理）和硬件（各类元器件）的结合来实现的。

硬件集成通过将机电一体化系统看作一个整体系统来设计，并且将传感器、驱动器、微型计算机和机械系统融合在一起，从而实现硬件集成。

软件集成主要基于高级的控制功能。

第五节　机电一体化系统设计过程

机电一体化系统设计是一门综合性的设计技术，是一项由多学科、多单元组成的系统工程。机电一体化系统运行有两个"相悖"的规律。一是"整体效应"规律：系统各单元有机地组合成系统后，各单元的功能不仅相互叠加，而且相互辅助、相互促进与提高，使系统整体的功能大于各单元功能的简单之和，即"整体大于部分和"。另一个相反的规律是系统"内耗规律"：由于各单元的差异性，在组成系统后，若对各单元的相互协调不当或约束不力，就会导致单元间的矛盾和摩擦，出现内耗，内耗过大，则可能出现"整体小于部分和"的情况。在设计机电一体化系统时，必须运用系统工程的观念和方法，把握好系统的组成和作用规律，以实现机电一体化系统功能的整体最佳化。

传统的机电系统设计方法试图在机械产品的开发阶段向系统的机械部分注入更多的性能和可靠性，然后再设计系统的控制部分，两者相加以提供更多的性能或可靠性，并用来修正设计过程中未发现的错误。因为这些设计步骤是按顺序发生的，所以传统的方法称为**串行工程**方法。

在串行设计方法中需要考虑的一个重要因素就是多学科系统所固有的复杂性。从本质上说，机电一体化设计是对当前现有的冗长而昂贵的设计过程的一种改进。各个学科的设计者为某一具体的项目而同步合作研究，这样就省去了由于设计不兼容而带来的问题，因为几乎没有返工，所以设计的时间也缩短了。设计时间的缩短也得益于那些强大的计算机仿真软件的广泛使用，减少了对原型系统的依赖。可以看出，越是传统的设计过程，越是将工程学科分离，越是没有能力适应设计中间的变化，从而越是依赖于多个物理原型系统。

机电一体化设计支持并行设计，其过程包括建模和仿真、样机原型系统和部署三个阶段。建模是将反映子系统的一些基本行为的简单模块（或方框）连在一起，从而形成复杂的模型。每个方框表示一个子系统，每个子系统对应一些物理上或功能上可实现的操作，还能**封装**成一个带输入/输出的模块，该模块的输入端仅限于输入信号、参数，输出端则限于输出信号。

因为机电一体化系统的模块化，它们非常适合用于一些需要重构的机电一体化设计。这些产品可以在设计阶段通过替换各种子系统模块实现重构，也可以在产品的生命周期内进行重构。由于机电一体化设计过程的许多环节依赖于基本计算机的任务（如信息融合、管理、设计测试等），因此一个高效的计算机辅助原型开发环境就显得非常重要。

一、机电一体化系统设计的重要特征

（1）建立模型 利用框图或者可视化界面来创建一些物理现象或抽象现象的模型，这些模型是直观的、易于理解的，并且能表现行为性能。

（2）仿真 求解模型的数字方法包含微分方程、离散化方程、混合方程、偏微分方程及隐式的非线性（或线性）方程。通常采用 MATLAB 软件能够让仿真更快地执行。

（3）项目管理 维护项目信息和子系统模型的数据，以供最终的重用。

（4）设计 基于模型参数和信号对性能函数进行约束优化的数字方法。

（5）分析 采用 MATLAB 软件对系统进行频域、时域和复数域的分析设计。

（6）实时接口 用实际硬件卡来代替部分模型，使用驱动器和传感器来与之交互，常称为**硬件半实物仿真**，或**快速原型**，必须实时运行。

（7）编码生成器 从框图或可视化建模界面生成有效的高级源代码。编译控制程序代码，并用于嵌入式处理器。

（8）嵌入式处理器接口 嵌入式处理器安装在最终产品之中并进行联机调试。

因为没有一个模型能够完全无误地复制现实，所以在产品模型和实际产品的性能之间总存在一些误差，这些误差称为**未建模误差**，这是许多基于模型的设计被用到实际产品设计失败的原因。机电一体化设计方法也使用基于模型的设计方法，因此建模和仿真非常关键。然而，在样机**原型系统**阶段考虑**未建模误差**，将它们的影响纳入设计阶段，这样可大大提高成功设计产品的概率。

二、硬件半实物仿真

在样机原型系统阶段，模型中许多非计算机子系统用实际硬件来代替，而传感器和驱动器提供必要的接口信号来连接硬件子系统和模型。这样的**模型**一部分是数学模型，一部分是实物。因为模型中的实物那一部分本来就是实时运行的，而数学模型中的那一部分是基于仿真时间运行的，所以两部分的同步就显得尤为重要。将数学模型、传感器和驱动器信息进行同步和融合的过程称为**实时接口**或**硬件半实物仿真**，这是建模和仿真环境的重要组成部分。

机电一体化系统的综合开发起始于建模和仿真，为静态的和动态的模型建模，转换成仿真模型，然后再编程并基于计算机控制，最后实施。在这样的氛围下，硬件半实物仿真占据了一大部分工作。在实时环境下使用可视化 MATLAB 仿真软件等工具，机电一体化产品的主要部分可以通过硬件半实物仿真方法来仿真。

图 1-5 所示的硬件半实物仿真模型，给出了机电一体化系统的不同组成部分。如果机械系统、传感器和驱动器都是实际的硬件，那么这个模型就可以用来仿真电子系统。另外，如果机械系统、驱动器及传感器系统都有合适的模型，那么电子系统就是仅有的硬件了。硬件半实物仿真中有不同的仿真方法，如电子仿真、驱动器和传感器仿真或单独的机械系统仿真等。

图 1-5　**硬件半实物仿真模型**

第六节　本课程的目的和要求

机电一体化系统设计是多学科的交叉和综合，涉及的学科和技术非常广泛，且其应用领域众多。要全面精通它，不但需要强化训练学科融合的思维能力、加强相应的实践环节，还要及时学习掌握新概念、新技术，将来才能成为机电一体化复合型人才。

为我国做出突出贡献的科学家、企业家中都有机电一体化人才的身影，扫描左侧二维码观看相关视频。

本课程的目的是研究怎样利用系统设计原理和综合集成技巧，将控制电动机、传感器、机械系统、微机控制系统、接口及控制软件等机电一体化要素组成各种性能优良的、可靠的机电一体化产品或系统。为了突出重点，本书以机械为基础，以机电结合为重点，以机械系统设计、检测传感器、控制电动机及选择、工业控制计算机系统、机电一体化系统设计实例作为该书的主要内容。学习本课程之前，

精神的追寻
科学家精神

精神的追寻
企业家精神

应具有机械、电子、控制和微机方面的基础知识。

本课程的具体要求是：

1）掌握机电一体化系统设计的基本概念、基本原理和基本知识。

2）掌握机电一体化系统设计中常用的机械量检测传感器、控制电动机的原理、结构、性能和应用。

3）掌握机电一体化系统设计中常用的机械系统设计、工业控制、计算机控制、接口设计的基本方法。

4）初步掌握机电一体化系统设计原理和综合集成技巧，进行总体方案的分析和设计。

思 考 题

1. 什么是机电一体化？机电一体化系统设计和传统的设计方法有何不同？

2. 查阅相关资料，进一步了解机电一体化技术的发展趋势及涉及的相关技术。

3. 简述使用机电一体化系统设计的好处？

4. 一个较完善的机电一体化系统应该包括哪些基本要素？简述各基本要素的功能。

5. 机电一体化相关技术包含哪几方面？

6. 简述现代机械的机电一体化系统设计的目标有哪些？

7. 例举常用的机电一体化产品的应用实例，分析其功能如何实现？分析各产品中相关技术的应用情况。

8. 机电一体化设备的特点？试分析机电一体化技术的组成及其相互关系，指出各组成单元包括的元器件及作用。

9. 以一维数控工作台为例，分析典型的机电一体化系统（产品）应包含哪五大要素？

10. 查阅相关资料，分析并理解下列机电一体化系统的设计目的，推荐合适的传感器和驱动器，完成下列指定任务。

（1）典型扫地机器人智能防撞和防跌落控制系统及控制方法

目的：利用新技术很好地控制扫地机器人的功能，不仅能使扫地机器人内在吸力全面提升，同时还能统筹扫地机器人一系列强大的外在功能，如智能防撞和智能防跌落等等。

（提示：控制系统如何感知被撞和跌落？如何控制扫地机器人的运动，实现防撞、防跌落？）

（2）汽车防抱死刹车控制系统

目的：在紧急制动情况下，通过自动调节刹车力来防止车轮被锁死。

（提示：控制系统如何感知车轮被锁死？也就是如何感知车轮不转？如何确定并施加刹车力，如何释放刹车？）

11. 扫描下方二维码观看大国工匠相关视频，思考如何将大国工匠的精神品质融入本课程的学习中。

大国工匠
大国工匠：大技贵精

大国工匠
大国工匠：大道无疆

大国工匠
大国工匠：大任担当

机械系统部件及其建模

机械系统是机电一体化系统的最基本要素，主要通过执行机构、传动机构和支承部件，完成规定的动作，传递功率、运动和信息，并支承连接相关部件等。机械系统通常是微型计算机控制伺服系统的有机组成部分，因此，在机械系统设计时，除考虑一般机械设计要求外，还必须考虑机械结构因素与整个伺服系统的性能参数、电气参数的匹配，以获得良好的伺服性能。

本章首先介绍机械系统常用部件数学模型的建立；然后分析机械传动系统的特性；最后介绍机电一体化系统中常用的机械传动装置。

扫描左侧二维码观看我国典型机械系统部件自主研发、攻关、制造的相关视频。

第一节　常用机械系统部件数学模型的建立

一、机械移动系统

机械移动系统的基本元素是质量、阻尼和弹簧，建立机械移动系统数学模型的基本原理是牛顿第二定律。下面举例说明机械平移系统的建模方法。

图 2-1a 所示为组合机床动力滑台铣平面的情况。

图 2-1　**动力滑台铣平面及其力学模型**

a）动力滑台铣平面　b）系统力学模型

设动力滑台的质量为 m，液压缸的刚度为 k，黏性阻尼系数为 c，外力为 $f(t)$。若不计动力滑台与支承之间的摩擦力，则系统可以简化为图 2-1b 所示的力学模型。由牛顿第二定律知，系统的运动方程为

$$m\ddot{x}+c\dot{x}+kx=f(t) \tag{2-1}$$

对式（2-1）取拉普拉斯变换，得到系统的传递函数

$$\frac{X(s)}{F(s)}=\frac{1}{ms^2+cs+k} \tag{2-2}$$

图 2-2 所示为单自由度隔振系统，同样可以得到与式（2-1）完全相同的运动方程，以及与式（2-2）完全相同的传递函数。

根据式（2-2）得到的二阶系统传递函数框图如图 2-3 所示。

图 2-4 所示为单轮汽车支承系统的力学模型。图中，m_1 为汽车质量；c 为减振器阻尼系数；k_1 为弹簧刚度；m_2 为汽车轮子的质量；k_2 为轮胎弹性刚度；$x_1(t)$

图 2-2　单自由度隔振系统　　　图 2-3　二阶系统传递函数框图

和 $x_2(t)$ 分别为 m_1 和 m_2 的绝对位移。由此可以得到系统的动力学方程为

$$m_1\ddot{x}_1 + c(\dot{x}_1 - \dot{x}_2) + k_1(x_1 - x_2) = 0 \tag{2-3}$$

$$m_2\ddot{x}_2 + c(\dot{x}_2 - \dot{x}_1) + k_1(x_2 - x_1) + k_2 x_2 = f(t) \tag{2-4}$$

对应于式（2-3）和式（2-4）的拉普拉斯变换为

$$m_1 s^2 X_1(s) + cs[X_1(s) - X_2(s)] + k_1[X_1(s) - X_2(s)] = 0 \tag{2-5}$$

$$m_2 s^2 X_2(s) + cs[X_2(s) - X_1(s)] + k_1[X_2(s) - X_1(s)] + k_2 X_2(s) = F(s) \tag{2-6}$$

根据式（2-5）和式（2-6）可以画出图 2-5 所示的系统框图。

图 2-4　单轮汽车支承系统的力学模型

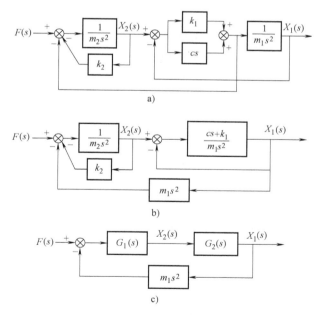

图 2-5　单轮汽车支承系统框图

a）系统框图　b）框图化简　c）化简后的框图

因此可以得到以作用力 $f(s)$ 为输入，分别以 $X_1(s)$ 和 $X_2(s)$ 为输出的传递函数

$$\frac{X_1(s)}{F(s)} = \frac{cs + k_1}{m_1 m_2 s^4 + (m_1 + m_2)cs^3 + (m_1 k_1 + m_1 k_2 + m_2 k_1)s^2 + ck_2 s + k_1 k_2} \tag{2-7}$$

$$\frac{X_2(s)}{F(s)} = \frac{m_1 s^2 + cs + k_1}{m_1 m_2 s^4 + (m_1 + m_2)cs^3 + (m_1 k_1 + m_1 k_2 + m_2 k_1)s^2 + ck_2 s + k_1 k_2} \tag{2-8}$$

二、机械转动系统

机械转动系统的基本元素是转动的物体、阻尼器和弹簧。建立机械转动系统数学模型的基本原理仍是牛顿第二定律。下面举例说明机械转动系统的建模方法。

简单扭摆的工作原理如图 2-6 所示，图中 J 为摆锤的转动惯量；c 为摆锤与空气间的黏性阻尼系数；k 为扭簧的弹性刚度；$T(t)$ 为加在摆锤上的扭矩；$\theta(t)$ 为摆锤转角。则系统的运动方程为

$$J\ddot{\theta} + c\dot{\theta} + k\theta = T(t) \tag{2-9}$$

对式（2-9）取拉普拉斯变换，得到系统的传递函数为

$$\frac{\theta(s)}{T(s)} = \frac{1}{Js^2 + cs + k} \tag{2-10}$$

可以看出，式（2-10）与式（2-2）具有相同的形式。

图 2-6　扭摆工作原理图

图 2-7　同步带驱动系统

打印机中的步进电动机-同步带驱动装置可以简化为图 2-7 所示的示意图。图中，k、c 分别为同步带的弹性刚度和阻尼系数；$T(t)$ 为步进电动机的驱动力矩；J_m、J_L 分别为步进电动机轴和负载的转动惯量；$\theta_i(t)$ 与 $\theta_o(t)$ 分别为输入轴和输出轴的转角。

输入轴和输出轴的动力学方程分别为

$$J_m \ddot{\theta}_i + c(\dot{\theta}_i - \dot{\theta}_o) + k(\theta_i - \theta_o) = T(t) \tag{2-11}$$

$$J_L \ddot{\theta}_o + c(\dot{\theta}_o - \dot{\theta}_i) + k(\theta_o - \theta_i) = 0 \tag{2-12}$$

对式（2-11）和式（2-12）取拉普拉斯变换得

$$J_m s^2 \theta_i(s) + (cs + k)[\theta_i(s) - \theta_o(s)] = T(s) \tag{2-13}$$

$$J_L s^2 \theta_o(s) + (cs + k)[\theta_o(s) - \theta_i(s)] = 0 \tag{2-14}$$

根据式（2-13）和式（2-14）可以得到同步带驱动系统框图如图 2-8 所示。该系统的以外力矩为输入、输出轴转角为输出的传递函数为

$$\begin{aligned}
\frac{\theta_o(s)}{T(s)} &= \frac{\dfrac{cs+k}{J_L s^2(J_m s^2 + cs + k)}}{1 + \dfrac{J_m s^2 + cs + k}{J_L s^2(J_m s^2 + cs + k)}} \\
&= \frac{cs+k}{J_L s^2(J_m s^2 + cs + k) + J_m s^2(cs + k)} \\
&= \frac{cs+k}{(J_L + J_m)s^2\left[\dfrac{J_L J_m}{J_L + J_m}s^2 + cs + k\right]}
\end{aligned} \tag{2-15}$$

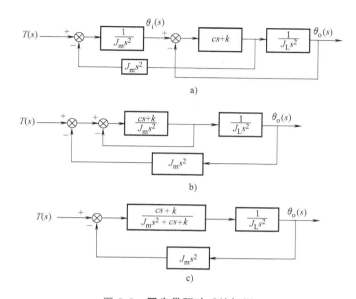

图 2-8　同步带驱动系统框图

a）系统框图　b）框图化简　c）化简后的框图

三、基本物理量的折算

在建立机械系统数学模型的过程中，经常会遇到基本物理量的折算问题，在此结合数控机床进给系统，介绍建模中的基本物理量的折算问题。

数控机床进给系统如图 2-9 所示，电动机通过两级减速齿轮 z_1、z_2、z_3、z_4 及丝杠螺母机构驱动工作台做直线运动。

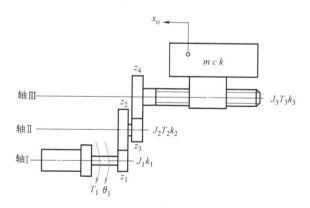

图 2-9　数控机床进给系统

图 2-9 中，J_1 为轴 I 部件和电动机转子构成的转动惯量；J_2、J_3 分别为轴 II、III 部件的转动惯量；k_1、k_2、k_3 分别为轴 I、II、III 的扭转刚度系数；k 为丝杠副的轴向刚度系数；m 为工作台质量；c 为工作台导轨黏性阻尼系数；T_1、T_2、T_3 分别为轴 I、II、III 的输入转矩。

1. 转动惯量的折算

将轴 I、II、III 上的转动惯量和工作台的质量都折算到轴 I 上，作为系统总转动惯量。设 T_1'、T_2'、T_3' 分别为轴 I、II、III 的负载转矩，ω_1、ω_2、ω_3 分别为轴

Ⅰ、Ⅱ、Ⅲ的角速度，v 为工作台的运动速度。

（1）轴Ⅰ、Ⅱ、Ⅲ转动惯量的折算　根据动力平衡原理，对于轴Ⅰ有

$$T_1 = J_2\dot{\omega}_1 + T_1' \tag{2-16}$$

对于轴Ⅱ有

$$T_2 = J_2\dot{\omega}_2 + T_2' \tag{2-17}$$

由于轴Ⅱ的输入转矩是从轴Ⅰ上的负载转矩获得的，且与它们的转速成反比，因此有

$$T_2 = \frac{z_2}{z_1}T_1' \tag{2-18}$$

又由传动关系知

$$\omega_2 = \frac{z_1}{z_2}\omega_1 \tag{2-19}$$

将式（2-18）和式（2-19）代入式（2-17）得

$$T_1' = J_2\left(\frac{z_1}{z_2}\right)^2\dot{\omega}_1 + \left(\frac{z_1}{z_2}\right)T_2' \tag{2-20}$$

对于轴Ⅲ有

$$T_3 = J_3\dot{\omega}_3 + T_3' \tag{2-21}$$

根据力学原理和传动关系，整理得

$$T_2' = J_3\left(\frac{z_1}{z_2}\right)\left(\frac{z_3}{z_4}\right)^2\dot{\omega}_1 + \left(\frac{z_3}{z_4}\right)T_3' \tag{2-22}$$

（2）工作台质量的折算　根据动力平衡关系，丝杠转动一周所做的功等于工作台前进一个导程时其惯性力所做的功，对于工作台和丝杠有

$$T_3'2\pi = m\dot{v}L \tag{2-23}$$

式中　L——丝杠导程（mm）。

根据传动关系有

$$v = \frac{L}{2\pi}\omega_3 = \frac{L}{2\pi}\left(\frac{z_1z_3}{z_2z_4}\right)\omega_1 \tag{2-24}$$

将式（2-24）代入式（2-23）得

$$T_3' = \left(\frac{L}{2\pi}\right)^2\left(\frac{z_1z_3}{z_2z_4}\right)m\dot{\omega}_1 \tag{2-25}$$

（3）折算到轴Ⅰ上的总转动惯量　将式（2-20）、式（2-22）、式（2-25）代入式（2-16）并整理得

$$T_1 = \left[J_1 + J_2\left(\frac{z_1}{z_2}\right)^2 + J_3\left(\frac{z_1z_3}{z_2z_4}\right)^2 + m\left(\frac{z_1z_3}{z_2z_4}\right)^2\left(\frac{L}{2\pi}\right)^2\right]\dot{\omega}_1$$
$$= J_\Sigma\dot{\omega}_1 \tag{2-26}$$

式中　J_Σ——系统折算到轴Ⅰ上的总转动惯量（kg·m²）。

$$J_\Sigma = J_1 + J_2\left(\frac{z_1}{z_2}\right)^2 + J_3\left(\frac{z_1z_3}{z_2z_4}\right)^2 + m\left(\frac{z_1z_3}{z_2z_4}\right)^2\left(\frac{L}{2\pi}\right)^2 \tag{2-27}$$

其中，第二项为轴Ⅱ转动惯量折算到轴Ⅰ上的当量转动惯量；第三项为轴Ⅲ转动惯量折算到轴Ⅰ上的当量转动惯量；第四项为工作台质量折算到轴Ⅰ上的当量转动惯量。

2. 黏性阻尼系数的折算

机械系统的相对运动元件之间存在着黏性阻尼，并以一定的形式表现出来。在机械系统的数学建模过程中，黏性阻尼同样需要折算到某一部件上，求出系统的当量阻尼系数。其基本方法是将摩擦阻力、流体阻力及负载阻力折算成与速度有关的黏性阻尼力，再利用摩擦阻力与黏性阻尼力所消耗的功相等这一原则，求出黏性阻尼系数，最后进行相应的当量阻尼系数折算。

在本例中，工作台的摩擦损失占主导地位，其他各环节的摩擦损失相对而言可以忽略不计。

当只考虑了阻尼力时，根据工作台和丝杠之间动力关系有

$$T_3 2\pi = cvL \tag{2-28}$$

即丝杠旋转一周所做的功等于工作台前进一个导程时其阻尼力所做的功。

根据力学原理和传动关系有

$$T_3 = \left(\frac{z_2 z_4}{z_1 z_3}\right) T_1, \quad v = \left(\frac{z_1 z_3}{z_2 z_4}\right) \omega_1 \frac{L}{2\pi}$$

将以上两式代入式（2-28），并整理得

$$T_1 = \left(\frac{z_1 z_3}{z_2 z_4}\right)^2 \left(\frac{L}{2\pi}\right)^2 c\omega_1 = c'\omega_1 \tag{2-29}$$

式中 c'——工作台导轨折算到轴 I 上的黏性阻尼系数

$$c' = \left(\frac{z_1 z_3}{z_2 z_4}\right)^2 \left(\frac{L}{2\pi}\right)^2 c \tag{2-30}$$

3. 刚度系数的折算

机械系统中各元件在工作时受到力和（或）力矩的作用，将产生伸长（或压缩）和/或扭转等弹性变形，这些变形将影响整个系统的精度和动态性能。在机械系统的数学建模中，需要将其折算成相应的当量扭转刚度系数和（或）线性刚度系数。

在本例中，首先将各轴的扭转角折算到轴 I 上，丝杠与工作台之间的轴向弹性变形会使轴 III 产生一个附加扭转角，因此也要折算到轴 I 上，然后求出折算到轴 I 上的系统的当量刚度系数。

图 2-10 弹性变形等效示意图

（1）轴向刚度系数的折算　当系统受到载荷作用时，丝杠副和螺母座都会产生轴向弹性变形，其示意图如图 2-10 所示。设丝杠的输入转矩为 T_3，丝杠和工作台之间的弹性变形为 δ，相应的丝杠附加转角为 $\Delta\theta_3$。根据动力平衡和传动关系，对于丝杠轴 III 有

$$T_3 2\pi = k\delta L \tag{2-31}$$

$$\delta = \frac{\Delta\theta_3}{2\pi} L \tag{2-32}$$

因此

$$T_3 = \left(\frac{L}{2\pi}\right)^2 k\Delta\theta_3 = k'\Delta\theta_3, \quad 即 \Delta\theta_3 = \frac{T_3}{k'} \tag{2-33}$$

式中 k'——附加扭转刚度系数。

$$k' = \left(\frac{L}{2\pi}\right)^2 k \tag{2-34}$$

（2）扭转刚度系数的折算 设 θ_1、θ_2、θ_3 分别为轴Ⅰ、Ⅱ、Ⅲ在输入转矩 T_1、T_2、T_3 作用下产生的扭转角，根据动力平衡和传动关系有

$$\theta_1 = \frac{T_1}{k_1} \tag{2-35}$$

$$\theta_2 = \frac{T_2}{k_2} = \left(\frac{z_2}{z_1}\right)\frac{T_1}{k_2} \tag{2-36}$$

$$\theta_3 = \frac{T_3}{k_3} = \left(\frac{z_2 z_4}{z_1 z_3}\right)\frac{T_1}{k_3} \tag{2-37}$$

因为丝杠和工作台之间的轴向弹性变形，使得轴Ⅲ产生了一个附加扭转角 $\Delta\theta_3$，所以轴Ⅲ上的实际扭转角 $\theta_{\text{Ⅲ}}$ 为

$$\theta_{\text{Ⅲ}} = \theta_3 + \Delta\theta_3 \tag{2-38}$$

将式（2-33）和式（2-37）代入式（2-38）得

$$\theta_{\text{Ⅲ}} = \frac{T_3}{k_3} + \frac{T_3}{k'} = \left(\frac{z_2 z_4}{z_1 z_3}\right)\left(\frac{1}{k_3} + \frac{1}{k'}\right)T_1 \tag{2-39}$$

将各轴的扭转角折算到轴Ⅰ上，得到系统的当量扭转角

$$\theta = \theta_1 + \left(\frac{z_2}{z_1}\right)\theta_2 + \left(\frac{z_2 z_4}{z_1 z_3}\right)\theta_{\text{Ⅲ}} \tag{2-40}$$

将式（2-35）、式（2-36）和式（2-39）代入式（2-40）得

$$\begin{aligned}
\theta &= \frac{T_1}{k_1} + \left(\frac{z_2}{z_1}\right)^2 \frac{T_1}{k_2} + \left(\frac{z_2 z_4}{z_1 z_3}\right)^2 \left(\frac{1}{k_3} + \frac{1}{k'}\right)T_1 \\
&= \left[\frac{1}{k_1} + \left(\frac{z_2}{z_1}\right)^2 \frac{1}{k_2} + \left(\frac{z_2 z_4}{z_1 z_3}\right)^2 \left(\frac{1}{k_3} + \frac{1}{k'}\right)\right]T_1 \\
&= \frac{T_1}{T_\Sigma}
\end{aligned} \tag{2-41}$$

式中 T_Σ——折算到轴Ⅰ上的当量转矩（N·m）。

折算到轴Ⅰ上的当量扭转刚度系数

$$k_\Sigma = \cfrac{1}{\cfrac{1}{k_1} + \left(\cfrac{z_2}{z_1}\right)^2 \cfrac{1}{k_2} + \left(\cfrac{z_2 z_4}{z_1 z_3}\right)^2 \left(\cfrac{1}{k_3} + \cfrac{1}{k'}\right)} \tag{2-42}$$

4. 系统的数学模型

将基本物理量折算到某一部件后，即可按单一部件对系统进行建模。在本例中，设输入量为轴Ⅰ的转角 x_i，输出量为工作台的线位移 x_o，则可以得到数控机床进给系统的数学模型

$$J_\Sigma \ddot{x}_o + c' \dot{x}_o + k_\Sigma x_o = \left(\frac{z_1 z_3}{z_2 z_4}\right)\left(\frac{L}{2\pi}\right)k_\Sigma x_i \tag{2-43}$$

对应于该二阶线性微分方程的传递函数为

$$G(s) = \frac{X_o(s)}{X_i(s)} = \frac{\left(\dfrac{z_1 z_3}{z_2 z_4}\right)\left(\dfrac{L}{2\pi}\right)k_\Sigma}{J_\Sigma s^2 + c's + k_\Sigma} = \left(\frac{z_1 z_3}{z_2 z_4}\right)\frac{L}{2\pi}\frac{\omega_n^2}{s^2 + 2\zeta\omega_n + \omega_n^2} \qquad (2\text{-}44)$$

式中　ω_n——系统的固有频率，$\omega_n = \sqrt{k_\Sigma / J_\Sigma}$；

　　　ζ——系统的阻尼比，$\zeta = c'/(2\sqrt{k_\Sigma J_\Sigma})$。

ω_n 和 ζ 是二阶系统的两个特征参数，对于不同的系统可由不同的物理量确定，对于机械系统而言，它们是由质量、阻尼系数和刚度系数等结构参数决定的。

第二节　机械传动系统的特性

一、机电一体化对机械传动的要求

机械的主功能是完成机械运动。一部机器必须完成相互协调的若干机械运动，每个机械运动可由单独的控制电动机、传动件和执行机构组成的若干子系统来完成，若干个机械运动则由计算机来协调与控制。这就要求设计机械的总体布局、机械选型和结构造型更加合理和多样化。

受技术发展水平的限制，机电一体化的各种元器件还不能完全满足要求，机械传动链还不能完全取消。但是，机电一体化机械系统中的机械传动装置，已不仅仅是变换转速和转矩的变换器，而成为伺服系统的组成部分，要根据伺服控制的要求来进行选择设计。近年来，由控制电动机直接驱动负载的"直接驱动"技术得到发展。但一般机械都需要低转速、大转矩的伺服电动机，并要考虑负载的非线性耦合性等因素对执行电动机的影响，从而增加了控制系统的复杂性，因此在一般情况下，应尽可能缩短传动链，但还不能取消传动链。在伺服控制中，还要考虑其对伺服系统的精度、稳定性和快速性的影响。开环伺服系统中传动链的传动精度，不仅取决于组成系统的各单个传动件的精度，还取决于传动链的系统精度。闭环伺服系统中的传动链，虽然对单个传动件的精度要求可以降低，但对系统精度仍有相当高的要求，以免在控制时因误差随机性太大不能补偿。此外，机电一体化系统中的传动链还需满足小型、轻量、高速、低冲击振动、低噪声和高可靠性等要求。

传动的主要性能取决于传动类型、传动方式、传动精度、动态特性及可靠性等。影响机电一体化系统中传动链动力学性能的因素一般有以下几个：

（1）负载的变化　负载包括工作负载、摩擦负载等。要合理选择驱动电动机和传动链，使之与负载变化相匹配。

（2）传动链惯性　惯性既影响传动链的启停特性，又影响控制系统的快速性、定位精度和速度偏差的大小。

（3）传动链固有频率　固有频率影响系统谐振和传动精度。

（4）间隙、摩擦、润滑和温升　它们影响传动精度和运动平稳性。

二、机械传动系统的特性

为满足机电一体化机械系统的良好伺服性能，不仅要求机械传动部件满足转动惯量小、摩擦小、阻尼合理、刚度大、抗振动性能好、间隙小的要求，还要求机械部分的动态特性与电动机速度环的动态特性相匹配。

1. 转动惯量

在满足系统刚度的条件下，机械部分的质量和转动惯量越小越好。转动惯量大会使机械负载增大、系统响应速度变慢、灵敏度降低、固有频率下降，容易产生谐振。同时，转动惯量的增大会使电气驱动部件的谐振频率降低，而阻尼增大。

机械传动部件的转动惯量与小惯量电动机驱动系统谐振频率的关系如图 2-11 所示。横坐标为折算到电动机轴上的外载荷转动惯量 J_e 与电动机转动惯量 J_m 之比。纵坐标为折算到电动机轴上的外载荷转动的谐振频率 ω_{oa} 与不带外载荷的谐振频率 ω_{oa}^* 之比。

（1）转动惯量的几种折算形式

1）圆柱体的转动惯量 J 为

$$J = \frac{1}{8}md^2 \qquad (2\text{-}45)$$

图 2-11　外载荷对谐振频率的影响

式中　m——圆柱体的质量（kg）；
　　　d——圆柱体的直径（m）。

2）直线运动物体的转动惯量。如图 2-12a 所示，由导程为 L_0 的丝杠驱动质量为 m_r 的工作台和质量为 m_w 的工件，折算到丝杠上的总折算转动惯量 J_{Tw} 为

$$J_{Tw} = (m_r + m_w)\left(\frac{L_0}{2\pi}\right)^2 \qquad (2\text{-}46)$$

图 2-12　直线运动物体的转动惯量

a）丝杠传动　b）齿轮齿条传动

如图 2-12b 所示，由齿轮齿条驱动的工作台与工件质量折算到节圆半径为 r_0 的小齿轮上的转动惯量 J_{Tw} 为

$$J_{Tw} = (m_r + m_w)r_0^2 \qquad (2\text{-}47)$$

3）传动齿轮。轴 1 上的传动齿轮 1 的转动惯量 J_1，折算到轴 2 上的折算转动惯量 J_{1c} 为

$$J_{1c} = i_{12}^2 J_1 \qquad (2\text{-}48)$$

式中　i_{12}——轴 1 与轴 2 间的总传动比。

（2）J_L　J_L 即转动物体的重量 G 与回转直径 D 的二次方的乘积。J_L 与转动惯量 J 的等价关系为

$$J_L = 4gJ \qquad (2\text{-}49)$$

式中　g——重力加速度（m/s²）。

1）转动物体的 J_L。

2）直线运动物体的 J_L。如图 2-13 所示，在导程为 $L_0(\mathrm{m})$ 的丝杠传动条件下，总重量为 $W(\mathrm{N})$ 的工作台与工件折算到丝杠上的等效 J_L 为

$$J_L = W\left(\frac{L_0}{\pi}\right)^2 \tag{2-50}$$

如图 2-14 所示，传动带上重量为 $W(\mathrm{N})$ 的物体折算到驱动轴上的等效 J_L 为

图 2-13　丝杠传动　　　　　　　图 2-14　传动带传动

$$J_L = 4W\left(\frac{v}{\omega}\right)^2 = 365W\left(\frac{v}{n}\right)^2 \tag{2-51}$$

式中　v——传送带上物体的速度（m/s）；
　　　ω——驱动轴的角速度（rad/s）；
　　　n——驱动轴的转速（r/min）。

如图 2-15 所示，车体重量为 $W(\mathrm{N})$，车轮直径为 $d(\mathrm{m})$ 的自动式台车的等效 J_L 为

$$J_L = Wd^2 \tag{2-52}$$

图 2-15　自动式台车

2. 摩擦

两物体接触面间的摩擦力在应用上可简化为黏性摩擦力、库仑摩擦力与静摩擦力三类，方向均与运动方向（或运动趋势方向）相反。黏性摩擦力大小与两物体相对运动的速度成正比，如图 2-16a 所示；库仑摩擦力是接触面对运动物体的阻力，大小为一常数，如图 2-16b 所示；静摩擦力是有相对运动趋势但仍处于静止状态时摩擦面间的摩擦力，其最大值发生在相对开始运动前的一瞬间，运动开始后静摩擦力即消失。

图 2-16　三类摩擦力与速度的关系
a）黏性摩擦　b）静摩擦与库仑摩擦

机械系统的摩擦特性随材料和表面状态的不同有很大差异。例如机械导轨在质量为 3200kg 的重物作用下，不同导轨表现出不同的摩擦特性，如图 2-17 所示。滑动导轨易产生爬行现象，低速运动稳定性差。滚动导轨和静压导轨不产生爬行，但有微小超程。贴塑导轨的特性接近于滚动导轨，但是各种高分子塑料与金属的摩擦特性有较大的差别。另外，摩擦力与机械传动部件的弹性变形产生位置误差，

运动反向时，位置误差形成回程误差（回差）。

图 2-17 不同导轨的摩擦特性

综上所述，机电一体化系统对机械传动部件的摩擦特性的要求为：静摩擦力尽可能小；动摩擦力应为尽可能小的正斜率，反之，若为负斜率，则易产生爬行、降低精度、减少寿命。

3. 阻尼

由振动理论知，运动中的机械部件易产生振动，其振幅取决于系统的阻尼和固有频率，系统的阻尼越大，最大振幅越小，且衰减越快；线性阻尼下的振动为实模态，非线性阻尼下的振动为复模态。机械部件振动时，金属材料的内摩擦较小（附加的非金属减振材料内摩擦较大），而运动副（特别是导轨）的摩擦阻尼占主导地位。在实际应用中一般将摩擦阻尼简化为黏性摩擦的线性阻尼。

阻尼对弹性系统振动特性的主要影响如下：

1）系统的静摩擦阻尼越大，系统的失动量和反转误差越大，使定位精度降低，加上摩擦-速度特性的负斜率，易产生爬行，降低机械的性能。

2）系统的黏性摩擦阻尼越大，系统的稳态误差越大，精度越低。

3）对于质量大、刚度低的机械系统，为了减少振幅、加速振动衰减，可增大黏性摩擦阻尼。

机械传动部件一般可简化为式（2-1）所示的二阶振动系统，其阻尼比 ζ 为

$$\zeta = \frac{c}{2\sqrt{mk}} \tag{2-53}$$

式中　c——黏性阻尼系数；

　　　m——系统的质量（kg）；

　　　k——系统的刚度。

实际应用中一般取 $0.4 \leqslant \zeta \leqslant 0.8$ 的欠阻尼，既能保证振荡在一定的范围内过渡过程较平稳、过渡过程时间较短，又具有较高的灵敏度。

4. 刚度

由力学知识知，刚度为使弹性体产生单位变形量所需的作用力。机械系统的刚度包括构件产生各种基本变形时的刚度和两接触面的接触刚度两类。静态力和变形之比为静刚度；动态力（交变力、冲击力）和变形之比动刚度。

对于伺服系统的失动量来说，系统刚度越大，失动量越小。对于伺服系统的稳定性来说，刚度对开环系统的稳定性没有影响，而对闭环系统的稳定性有很大

影响，提高刚度可增加闭环系统的稳定性。但是，刚度的提高往往伴随着转动惯量、摩擦和成本的增加，在方案设计中要综合考虑。

5. 谐振频率

包括机械传动部件在内的弹性系统，若阻尼不计，可简化为质量、弹簧系统。对于质量为 m、拉压刚度系数为 k 的单自由度直线运动弹性系统，其固有频率 ω 为

$$\omega = \frac{1}{2\pi}\sqrt{\frac{k}{m}} \tag{2-54}$$

对于转动惯量为 J、扭转刚度系数为 k 的单自由度扭转运动弹性系统，其固有频率 ω 为

$$\omega = \frac{1}{2\pi}\sqrt{\frac{k}{J}} \tag{2-55}$$

当外界的激振频率接近或等于系统的固有频率时，系统将产生谐振而不能正常工作。机械传动部件实际上是个多自由度系统，有一个基本固有频率和若干高阶固有频率，分别称为机械传动部件的一阶谐振频率（ω_{0mech1}）和 n 阶谐振频率（ω_{0mechn}）。

电气驱动部件是位于位置调节环之内的速度调节环。为减少机械传动部件的转动反馈对电动机动态性能的影响，机械部件的谐振频率 ω_{0mech} 必须大于电气驱动部件的谐振频率 ω_{0A}。以进给驱动系统为例，系统中各谐振频率的相互关系见表 2-1。

表 2-1　进给驱动系统各谐振频率的相互关系

位置调节环的谐振频率 ω_{0p}	$40\sim120\text{rad/s}$
电气驱动部件（速度环）的谐振频率 ω_{0A}	$(2\sim3)\omega_{0p}$
机械传动部件第一个谐振频率 ω_{0mech1}	$(2\sim3)\omega_{0A}$
机械传动部件第 n 个谐振频率 ω_{0mechn}	$(2\sim3)\omega_{0mech(n-1)}$

6. 间隙

间隙将使机械传动系统产生回程误差，影响伺服系统中位置环的稳定性。有间隙时，应减小位置环增益。

间隙的主要形式有齿轮传动的齿侧间隙、丝杠副的传动间隙、轴承的轴向间隙、联轴器的扭转间隙等。在机电一体化系统中，为了保证系统良好的动态性能，要尽可能避免间隙的出现。当间隙出现时，要采取消隙措施。

第三节　常用机械传动及方案选择

机电一体化系统中的机械传动装置不仅是转矩和转速的变换器，而且是伺服系统的重要组成部分，因此机电一体化系统的机械传动装置应具有良好的伺服性能，要求其转动惯量小、摩擦小、阻尼合理、刚性大、抗振性好、间隙小，并满足小型、轻量、高速、低噪声和高可靠性。

一、齿轮传动

齿轮传动是机电一体化系统中使用最多的机械传动装置，主要原因是齿轮传动的瞬时传动比为常数，传动精确，且强度大、能承受重载、结构紧凑、摩擦力

小、效率高。

1. 齿轮传动总传动比的选择

用于伺服系统的齿轮传动一般是减速系统，其输入是高速、小转矩，输出是低速、大转矩。要求齿轮系统不但有足够的强度，还要有尽可能小的转动惯量，在同样的驱动功率下，其加速度响应为最大。此外，齿轮副的啮合间隙会造成不明显的传动死区。在闭环系统中，传动死区能使系统以 1~5 倍的间隙角产生低频振荡，为此，要调小齿侧间隙，或采用消隙装置。在上述条件下，通常采用负载角加速度最大原则选择总传动比，以提高伺服系统的响应速度。

图 2-18　**电动机驱动齿轮系统和负载的计算模型**

设惯量为 J_m 的伺服电动机，通过传动比为 i 的齿轮系 G 克服摩擦阻抗力矩 T_{LF} 驱动惯性负载 J_L，其传动模型如图 2-18 所示。

其传动比为

$$i = \theta_m/\theta_L = \dot{\theta}_m/\dot{\theta}_L = \ddot{\theta}_m/\ddot{\theta}_L > 1 \tag{2-56}$$

式中　θ_m、$\dot{\theta}_m$、$\ddot{\theta}_m$——电动机的角位移(°)、角速度 [(°)/s]、角加速度 [(°)/s²]；

　　　θ_L、$\dot{\theta}_L$、$\ddot{\theta}_L$——负载的角位移 (°)、角速度 [(°)/s]、角加速度 [(°)/s²]。

T_{LF} 折算到电动机轴上的阻抗力矩为 T_{LF}/i，J_L 折算到电动机轴上的转动惯量为 J_L/i^2，因此电动机轴上的等效转动惯量 T_d 为

$$T_d = T_m - \frac{T_{LF}}{i} = \left(J_m + \frac{J_L}{i^2}\right)\ddot{\theta}_m = \left(J_m + \frac{J_L}{i^2}\right)i\ddot{\theta}_L \tag{2-57}$$

或

$$\ddot{\theta}_m = \frac{T_m i - T_{LF}}{J_m i^2 + J_L} = \frac{i T_d}{J_m i^2 + J_L} \tag{2-58}$$

根据负载角加速度最大原则，令 $\dfrac{\partial \dot{\theta}_L}{\partial i} = 0$，则

$$i = \frac{T_{LF}}{T_m} + \sqrt{\left(\frac{T_{LF}}{T_m}\right)^2 + \frac{J_L}{J_m}}$$

若不计摩擦，即 $T_{LF} = 0$，则

$$i = \sqrt{J_L/J_m}$$

2. 齿轮传动链的级数和各级传动比的分配

虽然周转轮系可以满足总传动比的要求，且结构紧凑，但由于效率等原因，常用多级圆柱齿轮传动副串联组成齿轮系。齿轮副级数的确定和各级传动比的分配，按以下三种原则进行。

（1）等效转动惯量最小原则

1）小功率传动装置。电动机驱动的两级齿轮传动系统如图 2-19 所示。假定各主动小齿轮具有相同的转动惯量 J_1，轴与轴承转动惯量不计，各齿轮均为实心圆柱体，且齿宽和材料均相同，传动效率为 1，则

$$i_2 = \sqrt{\frac{i_1^4 - 1}{2}} \tag{2-59}$$

图 2-19　**电动机驱动的两级齿轮传动系统**

当 $i_1^4 \geqslant 1$ 时，

$$i_2 \approx i_1^2/\sqrt{2} \ 或 \ i_1 \approx (\sqrt{2}\,i)^{1/3} \tag{2-60}$$

式中　i_1、i_2——齿轮系中第一、二级齿轮副的传动比；

　　　　i——齿轮系总传动比，$i = i_1 i_2$。

同理，对于 n 级齿轮传动系统，总传动比

$$i_1 = 2^{\frac{2^n-n-1}{2(2^n-1)}} i^{\frac{1}{2^n-1}} \tag{2-61}$$

$$i_k = \sqrt{2}\left(\frac{i}{2^{n/2}}\right)^{\frac{2^{k-1}}{2^n-1}} (k = 2 \sim n) \tag{2-62}$$

由此可见，各级传动比分配的结果应为"前小后大"。

2）大功率传动装置。大功率传动装置传递的转矩大，各级齿轮副的模数、齿宽、直径等参数逐级增加。这时小功率传动的假定不适用，可用图 2-20 来确定传动级数和传动比，分配结果仍为"前小后大"。图 2-20 中，J_e 为该系统的转动惯量折算到电动机轴上的等效转动惯量。

（2）质量最小原则

1）小功率传动装置。仍以图 2-19 所示的齿轮传动系统为例，假设条件不变，若齿轮直径为 d_i（$i = 1$，2，3，4），宽度为 b，密度为 ρ，则齿轮的质量和 m 为

$$m = \sum_{i=1}^4 m_i = \pi \rho b \sum_{i=1}^4 (d_i/2)^2 \tag{2-63}$$

根据假设条件 $d_1 = d_3$，而 $i = i_1 i_2$，则

$$m = \pi \rho b d_1^2 (2 + i_1^2 + i^2/i_1^2)/4$$

令 $\mathrm{d}m/\mathrm{d}i_1 = 0$，得

$$i_1 = i_2 \tag{2-64}$$

同理，对 n 级传动可得

$$i_1 = i_2 = \cdots = i_n \tag{2-65}$$

2）大功率传动装置。仍以图 2-19 所示的齿轮传动系统为例，假设所有主动小齿轮的模数 m_1、m_3，分度圆直径 d_1、d_3，齿宽 b_1、b_3，都与所在轴上的转矩 T_1、T_3 的三次方根成正比，即

$$m_3/m_1 = d_3/d_1 = b_3/b_1 = \sqrt[3]{T_3/T_1} = \sqrt[3]{i_1} \tag{2-66}$$

另设每个齿轮副中齿宽相等，即 $b_1 = b_2$，$b_3 = b_4$，可得

$$i = i_1 \sqrt{2i_1 + 1} \tag{2-67}$$

a)

b)

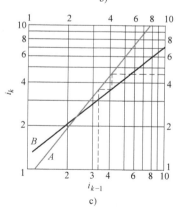

c)

图 2-20　**大功率传动系统级数和传动比曲线**
a）级数曲线　b）第一级传动比曲线
c）其他级传动比曲线

$$i_2 = \sqrt{2i_1 + 1} \tag{2-68}$$

所得各级传动比应为"前大后小"。

（3）输出轴转角误差最小原则　在减速齿轮传动链中，从输入端到输出端的各级传动比按"前小后大"原则排列，则总转角误差较小，且低速级的转角误差占的比例很大。因此，为了提高齿轮传动精度，应减少传动级数，并使末级齿轮的传动比尽可能大，制造精度尽量高。

（4）三种原则的选择　上述三种原则的选择，应根据具体的工作条件综合考虑。

1）对于以提高传动精度和减小回程误差为主的降速齿轮传动链，可按输出轴转角误差最小原则设计。若为增速传动链，则应在开始几级就增速。

2）对于要求运动平稳、启停频繁和动态性能好的伺服减速传动链，可按等效转动惯量最小和输出轴转角误差最小原则进行设计。对于负载变化的齿轮传动装置，各级传动比最好采用不可约的比数，避免同时啮合。

3）对于要求质量尽可能小的降速传动链，可按质量最小原则进行设计。

4）对于传动比很大的齿轮传动链，可把定轴轮系和行星轮系结合使用。

二、滚珠花键

滚珠花键传动如图 2-21 所示。花键轴的外圆上均布三条凸起轨道，配有六条负载滚珠列，相对应有六条退出滚珠列。轨道横截面为近似滚珠的凹圆形，以减小接触应力。承受载荷转矩时，三条负载滚珠列自动定心。反转时，另三条负载滚珠列自动定心。这种结构使切向间隙（角冲量）减小，必要时还可用一个花键螺母的旋转方向施加预紧力后再锁紧，刚度高，定位准确。外筒上开键槽，以备连接其他传动件。保持架使滚珠互不摩擦，且拆卸时不会脱落。用橡胶密封垫防尘以提高使用寿命，通过油孔润滑以减少磨损。

图 2-21　**滚珠花键传动**

1—保持架　2—橡胶密封圈　3—键槽　4—外筒　5—油孔
6—负载滚珠列　7—退出滚珠列　8—花键轴

外筒与花键轴之间既可以轴带筒或以筒带轴做回转运动，又可以做灵活、轻便的相对直线运动，因此，滚动花键既是一种传动装置，又是一种直线运动支承。它可用于机器人、机床、自动搬运车等各种机械。

三、谐波齿轮减速器

谐波齿轮减速器的工作原理如图 2-22 所示。若将刚轮 4 固定，外装柔性轴承

3 的波发生器凸轮 2 装入柔轮 1，使原为圆环形的柔轮产生弹性变形。柔轮两端的齿与刚轮的齿完全啮合，而柔轮短轴两端的齿与刚轮的齿完全脱开，长轴与短轴间的齿侧逐渐啮入和啮出。当高速轴带动波发生器凸轮和柔性轴承逆时针连续转动时，柔轮上原来与刚轮啮合的齿对开始啮出后脱开，再转入啮入，然后重新啮合，这样柔轮就相对于刚轮沿着与波发生器相反的方向低速旋转，通过低速轴输出运动。若将柔轮 1 固定，由刚轮 4 输出运动，则其工作原理完全相同，只是刚轮的转向将与波发生器的转向相同。

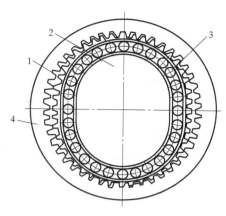

图 2-22　谐波齿轮减速器的工作原理
1—柔轮　2—波发生器凸轮
3—柔性轴承　4—刚轮

谐波齿轮减速器的结构如图 2-23 所示。输入轴 1 带动波发生器凸轮 3，经柔性轴承 4，使柔轮 2 的齿在产生弹性变形的同时，与刚轮 5 的齿相互作用，完成减速功能，柔轮的低速自转通过输出轴输出。

图 2-23　谐波齿轮减速器的结构
1—输入轴　2—柔轮　3—波发生器凸轮　4—柔性轴承　5—刚轮

谐波齿轮传动与一般齿轮传动相比较，有下列特点：

（1）传动比大　单级谐波齿轮传动比为 50~500。多级或复式谐波齿轮传动比更大，可达 30000 以上。

（2）承载能力大　在传输额定输出转矩时，谐波齿轮传动同时啮合的齿对数可达总齿对数的 30%~40%。

（3）传动精度高　在同样的制造精度条件下，谐波齿轮的传动精度比一般齿轮的传动精度至少要高一级。

（4）齿侧间隙小　通过调整齿侧隙可减到最小，以减少传动回差。

（5）传动平稳　基本上无冲击振动。

（6）结构简单、体积小、重量轻　在传动比和承载能力相同的条件下，谐波齿轮减速器比一般齿轮减速器的体积和质量减少 1/2~1/3。

四、同步带传动

同步带传动是综合了普通带传动和链传动优点的一种传动，它在带的工作面及带轮外周上均制有啮合齿，通过带齿与轮齿做啮合传动。为保证带和带轮做无滑差的同步传动，同步带采用了承载后无弹性变形的高强力材料，以保证带的节距不变。故它具有传动比准确、传动效率高（可达98%）、能吸振、噪声低、传动平稳、能高速传动、维护保养方便等优点，故使用范围较广。其主要缺点是安装精度要求高、中心距要求严格，具有一定的蠕变性。图2-24所示为同步带在打印机字车送进系统中的应用实例。

图 2-24　**打印机中间步带传动系统**

1—带轮　2—驱动轴　3—从动轮　4—伺服电动机　5—电动机齿轮　6—字车　7—色带驱动手柄
8—销　9—连接环　10—字车驱动同步带　11—支架　12—带张力调节螺杆　13—色带驱动带
14—压带轮　15—色带驱动轮　16—色带驱动轴　17—导杆

同步带的结构如图2-25所示。它由加强筋1、带齿2和带背3组成。带轮的结构如图2-26所示，带轮齿形有梯形齿形和圆弧齿形。国内有关同步带传动部件的国家标准有GB/T 11616—2013、GB/T 11362—2008等，有专门生产厂家生产，可供选用。

在传动比已定的情况下，带轮齿数少可使同步带传动结构紧凑，节省材料和制造费用。但小带轮齿数过少，将使同时啮合的齿数减少，易造成单个带齿承受过大载荷而断裂破坏。此外，小带轮齿数过少导致带轮直径减小，同步带的弯曲应力增大，使同步带过早疲劳破坏。为此对小带轮齿数应有一定限制，同步带与带轮同时啮合齿数 $z_m \geq 6$。

五、机械传动系统方案的选择

机电一体化系统或产品对机械系统要求精度高、运行平稳、工作可靠，这不仅是机械传动和结构本身的问题，而且要通过控制装置，使机械传动部分与伺服电动机的动态性能相匹配，在设计过程中要综合考虑这几部分的相互影响。

如前所述，对于伺服机械传动系统，一般要求具有高的机械固有频率、高刚度、合适的阻尼、线性的传递性能、小惯量等，这些都是保证伺服系统具有良好的伺服特性（精度、快速响应、稳定性）所必需的。设计过程中应考虑多种设计方案，优化评价决策，反复比较，选出最佳方案。

图 2-25　**同步带的结构**
1—加强筋　2—带齿
3—带背

图 2-26　**带轮的结构**
ϕ—带轮槽半角　d_a—带轮顶圆直径　P_b—外圆节距
d—带轮节圆直径　δ—带轮节顶距

以数控机床进给系统为例，可以有以下几种选择：丝杠传动、齿条传动和蜗杆传动（蜗轮、旋转工作台）。如图 2-27 所示，若丝杠行程大于 4m，则刚度难以保证，因此可选择齿条传动。

图 2-27　**机床进给系统方案举例**

当选择丝杠传动后，丝杠与伺服电动机的连接关系有直接传动和中间用齿轮或同步带传动两种。在同样的工作条件下，选择不同类型的电动机，相应的丝杠尺寸和齿轮传动比也不同。

思　考　题

1. 要想使所设计的机电一体化产品的机械系统具有体积小、重量轻、刚度好、精度高、速度快、动作灵活、安全可靠，在设计时应注意哪些问题？

2. 查阅相关资料，列举典型机电一体化产品设计时，对机械传动有哪些基本要求？应采取哪些措施改善机械本体性能，以满足机电系统要求。

3. 在机电一体化系统设计中，齿轮传动比的最佳匹配选择原则、各级传动比的最佳分配原则都有那些？

4. 齿轮传动副的间隙调整作用是什么？调整方法有哪些？

5. 丝杠螺母传动系统的基本传动有哪几种形式？常见滚珠丝杠有哪几种结构形式？滚珠丝杠副轴向间隙调整和预紧的目的是什么？

6. 简要说明同步齿形带、谐波齿轮传动的组成和特点是什么？

7. 常见导轨按结构形式可分为哪几类？按运动性质可分为哪几类？简述静压导轨、静压轴承的工作原理。

8. 简述导轨润滑的目的是什么？导轨润滑的方式有哪些？为防止导轨爬行现象，可采取哪些措施？

9. 什么是机械系统的等效构件和等效动力学模型？如何计算等效力、等效质量、等效力矩和等效转动惯量？

第三章

检测传感器及其接口电路

传感器在机电一体化设备中是不可缺少的组成部分。它是整个设备的感觉器官，监测着整个设备的工作过程，使其保持最佳工作状况，同时可用作数显装置。在闭环伺服系统中，传感器又用作位置环的检测反馈元件，其性能直接影响到工作机械的运动性能、控制精度和智能水平。因而要求传感器灵敏度高、动态特性好，特别要求其稳定可靠、抗干扰性强且能适应不同环境。

检测传感器种类很多，而在机电一体化产品中，控制系统的控制对象主要是伺服驱动单元和执行机构，传感器主要用于检测位移、速度、加速度、运动轨迹以及机器操作和加工过程参数等机械运动参数。本章将在介绍传感器的相关知识的基础上，重点介绍位移、速度、加速度、位置四种类型的机械量检测与控制传感器，以及后续处理接口电路。

第一节 传 感 器

一、传感器技术

传感器是借助于检测元件接收一种形式的信息，并按一定规律将它转换成另一种信息的装置。它获取的信息，可以是各种物理量、化学量和生产量，而且转换后的信息也可以是各种形式。由于电信号是最易于处理和便于传输的，因此目前大多数的传感器将获取的信息转换为电信号。

目前，传感器应用领域已经十分广泛，在国防、航空、航天、交通运输、能源、机械、石油、化工、轻工、纺织等工业部门和环境保护、生物医学工程等方面都大量地采用各种各样的传感器。

二、传感器的分类及要求

用于测量与控制的传感器种类繁多。同一被测量，可以用不同的传感器来测量；而同一工作原理的传感器，又可测量不同类型的被测量。因此，传感器分类的方法很多。传感器通常采用两种方法来分类：一种是以被测参量来分；另一种是以传感器的工作原理来分。传感器的分类见表 3-1。

表 3-1 传感器的分类

分类方法	形 式	说 明
按构成原理分	结构型	以其转换元件结构参数变化实现信号转换
	物理型	以其转换元件物理特性变化实现信号转换
按基本效应分	物理型、化学型、生物型等	分别以转换中的物理效应、化学效应、生物效应等命名
按能量关系分	能量转换型（自源型）	传感器输出量直接由被测量能量转换而得
	能量控制型（外源型）	传感器输出量能量由外源供给，但受被测输入量控制
按作用原理分	应变式、电容式、压电式、热电式等	以传感器对信号转换的作用原理命名

（续）

分类方法	形　式	说　明
按输入量分	位移、压力、温度、流量、气体等	以被测量命名，也就是按用途来分类的
按输出量分	模拟式	输出量为模拟信号
	数字式	输出量为数字信号

三、传感器的性能与选用原则

1. 传感器的性能

传感器的输入-输出特性即是传感器的基本特性。由于输入信息的状态不同，传感器所表现的基本特性也不同，因此存在所谓的静态特性和动态特性。

（1）传感器的静态特性　传感器在静态信号作用下，其输入-输出关系称为静态特性，如图 3-1 所示。图 3-1a 所示为理想特性曲线，图 3-1b 所示为只包含偶次项的特性曲线，图 3-1c 所示为只包含奇次项的特性曲线。衡量传感器静态特性的重要指标是线性度、灵敏度、迟滞性和重复性。

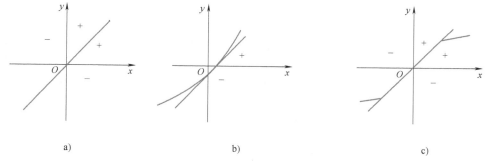

a)　　　　　　　　　b)　　　　　　　　　c)

图 3-1　传感器的静态特性

1）线性度。传感器的实际特性曲线与拟合直线之间的偏差称为传感器的非线性误差（线性度），如图 3-2 所示。

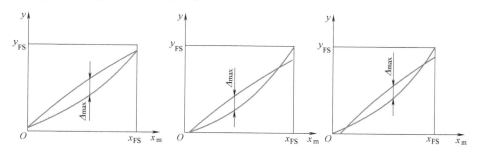

图 3-2　传感器输出-输入特性的线性度

2）灵敏度。灵敏度是指传感器在静态信号输入情况下，输出变化量对输入变化量的比值 S，即

$$S = \frac{输出变化量}{输入变化量} = \frac{\mathrm{d}y}{\mathrm{d}x} \tag{3-1}$$

对线性传感器，它的灵敏度就是它的静态特性的斜率，非线性传感器的灵敏度为一变量。一般希望传感器的灵敏度高一些，并且在满量程范围内是恒定的，即传感器的输入-输出特性为直线。

3）迟滞性。迟滞性表明传感器在正（输入量增大）、反（输入量减少）行程期间输入-输出特性曲线不重合的程度，如图3-3所示。产生迟滞性现象的主要原因是机械的间隙、摩擦或磁滞等因素。

4）重复性。重复性表示传感器在输入量按同一方向做全程多次测试时所得特性曲线的不一致程度，如图3-4所示。

图 3-3　迟滞性

图 3-4　重复性

（2）传感器的动态特性　在传感器实际测试工作中，大量的被测信号是动态信号，不仅需要精确地测量信号幅值的大小，而且需要测量和记录动态信号的变化过程，这就要求传感器能迅速准确地测出信号幅值的大小和不失真地再现被测信号随时间变化的实时、准确波形。

传感器的动态特性是指传感器对输入信号响应的特性。一个动态特性好的传感器，其输出能再现输入变化规律（变化曲线）。但实际上除了具有理想的比例特性环节外，输出信号不可能与输入信号具有完全相同的时间函数，这种输出与输入之间的差异叫作动态误差。

2. 传感器的选用原则

传感器是测量与控制系统的首要环节，通常应该具有快速、准确、可靠而又经济地实现信息转换的基本要求，即：

1）足够的容量。传感器的工作范围或量程要足够大，且具有一定的过载能力。

2）与测量或控制系统的匹配性好，转换灵敏度高。要求其输出信号与被测输入信号成确定关系（通常为线性），且比值要大。

3）精度适当，且稳定性高。传感器的静态响应与动态响应的准确度能满足要求，并且长期稳定。

4）反应速度快，工作可靠性好。

5）适用性和适应性强。动作能量小，对被测对象的状态影响小，内部噪声小又不易受外界干扰的影响，使用安全等。

6）使用经济。成本低，寿命长，且易于使用、维修和校准。

在实际的传感器选用过程中，能完全满足上述要求的传感器是很少的。人们应根据应用的目的、使用环境、被测对象情况、精度要求和信号处理等具体条件做全面综合考虑。

第二节　位移测量传感器

位移测量是线性位移测量和角位移测量的总称，位移测量在机电一体化领域中应用十分广泛。常用的直线位移测量传感器有电感传感器、电容传感器、感应同步器、光栅传感器等，常用的角位移传感器有电容传感器、光电编码盘等。

一、电容传感器

电容传感器是将被测非电量的变化转换为电容量变化的一种传感器。这种传感器具有结构简单，分辨力高，可实现非接触测量，并能在高温、辐射和强烈振动等恶劣条件下工作等优点，因此在自动检测中得到了普遍应用。

现以平板式电容器来说明电容传感器的工作原理。电容是由两个金属电极和中间的一层电介质构成的。当两极板间加上电压时，电极上就会储存有效电荷，因此电容器实际上是一个储存电场能的元件。平板式电容器在忽略边缘效应时，其电容量 C 可表示为

$$C = \frac{\varepsilon_0 \varepsilon_r A}{\delta} \tag{3-2}$$

式中　ε_0——真空介电常数（F/m），大小为 8.85×10^{-12} F/m；

$\quad\quad\varepsilon_r$——极板间介质的相对介电常数；

$\quad\quad A$——极板的有效面积（m^2）；

$\quad\quad\delta$——两板极间的距离（m）。

由式（3-2）可知，当其中的 δ、A、ε_r 三个变量中任意一个发生变化时，都会引起电容量的变化，通过测量电路就可转换为电量输出。根据上述工作原理，电容传感器可分为变极距型电容传感器、变面积型电容传感器和变介质型电容传感器三种。

1. 变极距型电容传感器

图 3-5a 所示为变极距型电容传感器的原理图。其中一个电极板固定不动（称为固定极板），另一极板可左右移动（称为动极板），引起极板间距离的相应变化，从而引起电容量的变化。因此只要测出电容变化量，便可测得极板间距的变化量，即动极板的位移量。变极距型电容传感器的初始电容 C_0 可表达为

$$C_0 = \frac{\varepsilon_0 \varepsilon_r A}{\delta_0} \tag{3-3}$$

原理动画

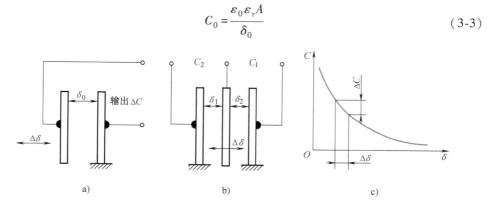

a)　　　　　　　　　　　b)　　　　　　　　　　　c)

图 3-5　变极距型电容传感器的原理图

当动极板因被测量变化而向左移动使 δ_0 减小 $\Delta\delta$ 时，电容量增大 ΔC，则有

$$C_0 + \Delta C = \frac{\varepsilon_0 \varepsilon_r A}{\delta_0 - \Delta\delta} = C_0 \frac{1}{(1 - \Delta\delta/\delta_0)} \tag{3-4}$$

可见，传感器输出特性 $C = f(\delta)$ 是非线性的，如图 3-5c 所示，电容相对变化量为

$$\frac{\Delta C}{C_0} = \frac{\Delta\delta}{\delta_0}\left(1 - \frac{\Delta\delta}{\delta_0}\right)^{-1} \tag{3-5}$$

如果满足条件 $(\Delta\delta/\delta_0) \ll 1$，则式（3-4）可按级数展开为

$$\frac{\Delta C}{C_0} = \frac{\Delta\delta}{\delta_0}\left[1 + \frac{\Delta\delta}{\delta_0} + \left(\frac{\Delta\delta}{\delta_0}\right)^2 + \left(\frac{\Delta\delta}{\delta_0}\right)^3 + \cdots\right] \tag{3-6}$$

略去高次（非线性）项，可得近似的线性关系和灵敏度 S 分别为

$$\frac{\Delta C}{C_0} \approx \frac{\Delta\delta}{\delta_0} \tag{3-7}$$

$$S = \frac{\Delta C}{\Delta\delta} = \frac{C_0}{\delta_0} = \frac{\varepsilon_0 \varepsilon_r A}{\delta_0^2} \tag{3-8}$$

如果考虑级数展开式中的线性项及二次项，则

$$\frac{\Delta C}{C_0} = \frac{\Delta\delta}{\delta_0}\left(1 + \frac{\Delta\delta}{\delta_0}\right) \tag{3-9}$$

因此，以式（3-7）为传感器的特性使用时，其相对非线性误差 e_f 为

$$e_f = \frac{|(\Delta\delta/\delta_0)^2|}{|(\Delta\delta/\delta_0)|} \times 100\% = |\Delta\delta/\delta_0| \times 100\% \tag{3-10}$$

由上述讨论可知：①变极距型电容传感器只有在 $\Delta\delta/\delta_0$ 很小（小测量范围）时，才有近似的线性输出；②灵敏度 S 与初始极距的平方成正比，故可采用减小 δ_0 的办法来提高灵敏度。

由式（3-10）可见，δ_0 的减小会导致非线性误差增大。为了改善这种状况，可采用差动变极距式电容传感器，这种传感器的结构如图 3-5b 所示。它有三个极板，其中两个极板固定不动，只有中间极板可以产生移动。当中间活动极板处在平衡位置时，即 $\delta_1 = \delta_2 = \delta_0$，则 $C_1 = C_2 = C_0$，如果活动极板向右移动 $\Delta\delta$，则 $\delta_1 = \delta_0 - \Delta\delta$，$\delta_2 = \delta_0 + \Delta\delta$，采用上述相同的近似线性处理方法，可得传感器电容量总的相对变化为

$$\frac{\Delta C}{C_0} = \frac{C_1 - C_2}{C_0} = 2\frac{\Delta\delta}{\delta_0} \tag{3-11}$$

传感器相对非线性误差 e_f 为

$$e_f = \pm\left|\frac{\Delta\delta}{\delta_0}\right|^2 \times 100\%$$

不难看出，变极距型电容传感器改成差动式之后，非线性误差大大减少，而且灵敏度也提高了一倍。

2. 变面积型电容传感器

变面积型电容传感器的原理图如图 3-6 所示。它与变极距型不同的是，被测量通过动极板移动，引起两极板有效覆盖面积 A 改变，从而得到电容的变化。设动极板相对固定极板沿长度 X_0 方向平移 ΔX 时，则电容为

$$C = C_0 - \Delta C = \frac{\varepsilon_0 \varepsilon_r (X_0 - \Delta X) b}{\delta_0} \tag{3-12}$$

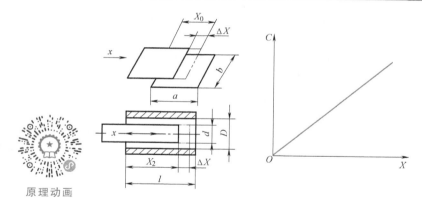

图 3-6 变面积型电容传感器的原理图

式中，$C_0 = \varepsilon_0\varepsilon_r X_0 b / \delta_0$ 为初始电容。电容的相对变化量为

$$\frac{\Delta C}{C_0} = \frac{\Delta X}{X_0} \tag{3-13}$$

很明显，这种传感器的输出特性呈线性。因而其量程不受线性范围的限制，适合于测量较大的直线位移和角位移。它的灵敏度为

$$S = \frac{\Delta C}{\Delta l} = \frac{\varepsilon_0\varepsilon_r b}{\delta_0} \tag{3-14}$$

必须指出，上述讨论只在初始极距 δ_0 精确保持不变时成立，否则将导致测量误差。为减小这种影响，可以采用图 3-6 所示的中间极板移动的结构。

3. 电容传感器的信号调节电路

电容传感器的电阻值很小，且感应被测量后其输出电信号很弱，必须借助调节电路将这些微弱信号转换成电压、电流、频率等信号进行显示、传输或记录等。常用信号调节和转换电路有调频式信号调节电路、运算放大器式信号调节电路和脉冲宽度调制信号调节电路等。

（1）运算放大器式信号调节电路 运算放大器的放大倍数 K 非常大，而且输入阻抗 Z_i 很高，从而能够克服变极距型电容传感器的非线性，同时使其输出电压与输入位移（极距变化）呈线性关系，图 3-7 所示为运算放大器式信号调节电路原理，图中 C_x 为电容传感器的电容；U_i 是交流电源电压；U_o 是输出信号电压。由运算放大器工作原理可得

图 3-7 运算放大器式信号调节电路原理

$$\left.\begin{array}{l}\dot{U}_i = \dfrac{\dot{I}_i}{j\omega C} \\[2mm] \dot{U}_o = \dfrac{\dot{I}_{cx}}{j\omega C_x} \\[2mm] \dot{I}_i = -\dot{I}_{cx}\end{array}\right\} \Rightarrow \dot{U}_o = -\dot{U}_i\frac{C}{C_x} \tag{3-15}$$

如果传感器是一只平板电容式传感器，则 $C_x = \dfrac{\varepsilon A}{d}$，代入式（3-15）中得

$$\dot{U}_o = -\dot{U}_i \frac{Cd}{\varepsilon A} \tag{3-16}$$

由上面分析可知，运算放大器输出电压与电容极板间距 d 呈线性关系，解决了变极距型电容传感器的非线性问题。上述分析的条件是：$K \to \infty$，$Z_i \to \infty$。但在实际中，K 和 Z_i 不可能满足条件，电容传感器总是存在一定的非线性误差，这些误差在一定测量范围内可忽略不计。

（2）调频式信号调节电路　调频式信号调节电路是把电容传感器作为振荡器谐振回路的一部分，当输入量导致电容量发生变化时，振荡器的振荡频率发生变化，将频率变化在鉴频器中变换为振幅的变化，经放大器放大后就可用仪表指示了。调频式信号调节电路原理框图如图 3-8 所示。

图 3-8　调频式信号调节电路原理框图

图 3-8 中调频振荡器的振荡频率为

$$f = \frac{1}{2\pi\sqrt{LC}} \tag{3-17}$$

式中　L——振荡回路的电感。

C——振荡回路的总电容，$C = C_1 + C_2 + C_x$。其中，C_1 为振荡回路固有电容；C_2 为传感器的引线分布电容；$C_x = C_0 \pm \Delta C$ 为传感器的电容。

当被测信号为 0 时，$\Delta C = 0$，则 $C = C_0 + C_1 + C_2$，于是振荡器有一个固有频率 f_0，其表达式为

$$f_0 = \frac{1}{2\pi\sqrt{(C_1 + C_2 + C_0)L}} \tag{3-18}$$

当被测信号不为 0 时，$\Delta C \neq 0$，于是振荡器频率有相应变化，此时频率为

$$f = \frac{1}{2\pi\sqrt{(C_1 + C_2 + C_0 \mp \Delta C)L}} = f_0 \pm \Delta f \tag{3-19}$$

调频式信号调节电路具有较高的灵敏度，可以测量小至 $0.01\mu m$ 级的位移变化量。信号的输出频率易于用数字仪器测量，并可以直接与计算机通信，抗干扰能力强，可以发送、接收，以达到遥测遥控的目的。

（3）脉冲宽度调制信号调节电路　脉冲宽度调制信号调节电路如图 3-9 所示。图中，C_{x1}、C_{x2} 为差动式电容传感器，电阻 $R_1 = R_2$，A_1、A_2 为比较器。当双稳态触发器处于某一状态，$Q = 1$，$\overline{Q} = 0$ 时，A 点的高电位通过 R_1 对 C_{x1} 进行充电，时间常数为 $\tau_1 = R_1 C_{x1}$，直至 F 点电位高于参考电位 U_r 时，比较器 A_1 输出正跃变信号。与此同时，因 $\overline{Q} = 0$，电容器 C_{x2} 上已充电电流通过 VD_2 迅速放电至零电平。A_1 输出的正跃变信号激励触发器翻转，使 $Q = 0$，$\overline{Q} = 1$，于是 A 点变为低电位。C_{x1} 通过 VD_1 迅速放电，而 B 点高电位通过 R_2 对 C_{x2} 进行充电，时间常数为 $\tau_2 = R_2 C_{x2}$，直至 G 点电位高于参考电位 U_r 时，比较器 A_2 输出正跃变信号，使触发器发生翻转。重复前述过程，电路各点波形如图 3-10 所示。

当差动电容器 $C_{x1} = C_{x2}$ 时，电路各点波形如图 3-10a 所示，A、B 两点间的平

图 3-9　脉冲宽度调制信号调节电路

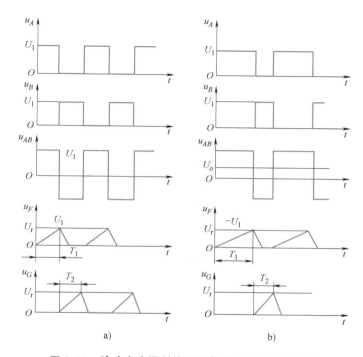

a)　　　　　　　　　　　　　b)

图 3-10　脉冲宽度调制信号调节电路各点电压波形

a) $C_{x1} = C_{x2}$　b) $C_{x1} > C_{x2}$

均电压值为零。当差动电容 $C_{x1} > C_{x2}$ 时，则 $\tau_1 = R_1 C_{x1} > \tau_2 = R_2 C_{x2}$。由于充放电时间常数变化，使电路中各点电压波形产生相应改变，电路各点波形如图 3-10b 所示，此时 u_A、u_B 脉冲宽度不再相等，一个周期（$T_1 + T_2$）时间内的平均电压值不为零。此 u_{AB} 电压经过低通滤波器滤波后，可获得 U_o 输出，为

$$U_o = U_A - U_B = U_1 \frac{T_1 - T_2}{T_1 + T_2} \tag{3-20}$$

式中　U_1——触发器输出的高电平；

　　　T_1——传感器电容 C_{x1} 充电至 U_r 时所需时间；

　　　T_2——传感器电容 C_{x2} 充电至 U_r 时所需时间。

　　根据电工技术知识可知

$$T_1 = R_1 C_{x1} \ln \frac{U_1}{U_1 - U_r}, \quad T_2 = R_2 C_{x2} \ln \frac{U_2}{U_2 - U_r} \tag{3-21}$$

将 T_1、T_2 代入式（3-20）中得

$$U_o = \frac{C_{x1} - C_{x2}}{C_{x1} + C_{x2}} U_1 \tag{3-22}$$

把平行板电容器的公式 $C_{x1} = \frac{\varepsilon A}{d_1}$ 和 $C_{x2} = \frac{\varepsilon A}{d_2}$ 代入式（3-22），在极板间距离变化的情况下可以得到

$$U_o = \frac{d_1 - d_2}{d_1 + d_2} U_1 \tag{3-23}$$

式中，d_1、d_2 分别为 C_{x1}、C_{x2} 极板间距离。

当差动电容 $C_{x1} = C_{x2} = C_0$，即 $d_1 = d_2 = d_0$ 时，得到 $U_o = 0$；当 $C_{x1} \neq C_{x2}$，设 $C_{x1} > C_{x2}$，即 $d_1 = d_0 - \Delta d$，$d_2 = d_0 + \Delta d$ 时，则有

$$U_o = \frac{\Delta d}{d_0} U_1 \tag{3-24}$$

同理，在变面积型电容传感器中，有

$$U_o = \frac{\Delta A}{A} U_1 \tag{3-25}$$

由以上分析可见，差动式脉冲宽度调制信号调节电路适用于变极板间距离以及变面积差动式电容传感器，具有线性特性，且转换效率高，不需要解调器，不需要对元器件提出线性要求，经过低通滤波器和放大器就有较大的直流输出，调节频率的变化对输出没有影响。

4. 电容传感器在工程实际中的应用

（1）作为接近开关用来检测软包装内的液体　在软包装液体生产线（牛奶或其他饮料的生产线等）上，由于灌装设备的故障，有漏装或少装的情况发生。采用电容式接近开关，可以检测纸袋中（或塑料袋中）有无液体或是否装足装够的情况，如图 3-11 所示。

当电容式接近开关检测到无牛奶或未装足牛奶的纸袋时，电容器的介电常数发生变化，引起电容器电容量发生变化，使输出电压变化，从而给出一个开关信号，等移动一个距离时，由推杆将不合格品推出。

图 3-11　检测牛奶是否漏装或装够生产线示意图

这里需要指出的是，可以透过罐、管道、瓶、纸袋、塑料袋来检测，但它们必须是由非金属材料制成的。

（2）电容式液位计　电容式液位计可以连续测量水池、水塔、水井和江河湖海的水位以及导电液体（比如酒、醋、酱油等）的液位。如图 3-12 所示，当液位

计放入液体中时，导线心以绝缘层为介质与周围的液体形成柱形电容器。

由图 3-12 可知，柱形电容器的电容量为

$$C_x = \frac{2\pi\varepsilon h_x}{\ln(d_2/d_1)} \qquad (3\text{-}26)$$

式中　ε——导线心绝缘层的介电常数；

　　　h_x——待测水位高度；

　　　d_1——导线心的直径；

　　　d_2——绝缘层的外径。

电容式液位计配以适当的测量电路可以得到与被测液位成比例的电信号输出。

（3）对机械量精度进行测量　电容传感器还可以用于测量振动位移，以及测量转轴的回转精度和轴心动态偏摆等，属于动态非接触式测量，

图 3-12　**电容式液位计**

如图 3-13 所示。图 3-13a 中电容传感器和被测物体分别构成电容的两个电极，当被测物发生振动时，电容两极板之间的距离发生变化，从而改变电容的大小，再经测量电路实现测量。图 3-13b 所示电容传感器中，在旋转轴外侧相互垂直的位置放置两个电容极板，作为定极板，被测旋转轴作为电容传感器的动极板。测量时，首先调整好电容极板与被测旋转轴之间的原始间距，当轴旋转时因轴承间隙等原因产生径向位移和摆动时，定极板和动极板之间的距离发生变化，传感器的电容量也相应地发生变化，再经过测量转换电路即可测得轴的回转精度和轴心的偏摆。

图 3-13　**电容传感器在振动位移测量中的应用**

a）振幅测量　　b）轴的回转精度和轴心偏摆测量

二、电感传感器

电感传感器是利用电磁感应原理，把被测位移量变化成线圈自感或互感变化的装置。电感传感器结构简单，输出功率大，输出阻抗大，抗干扰能力强，但它的动态响应慢，不宜做快速动态测试。

1. 自感传感器原理

由物理学磁路知识，线圈的自感系数为

$$L = W^2/R_{\text{M}} \qquad (3\text{-}27)$$

式中　W——线圈匝数；

　　　R_{M}——磁路总磁阻。

如图 3-14 所示，当铁心与衔铁之间有一很小的空气隙 δ 时，可以认为气隙间

磁场是均匀的，磁路是封闭的。当不考虑磁路损失时，总磁阻为

图 3-14　自感传感器的原理图

a）变气隙型　b）变截面面积型

1—线圈　2—铁心　3—衔铁　4—测杆　5—被测件

$$R_{\mathrm{M}} = \sum_{i=1}^{n} \frac{l_i}{\mu_i S_i} + 2\frac{\delta}{\mu_0 S} \tag{3-28}$$

式中　l_i——铁磁材料相应段的长度（m）；

$\quad\quad S_i$——相应段的截面面积（m^2）；

$\quad\quad \mu_i$——相应段的磁导率（H/m）；

$\quad\quad \delta$——气隙厚度（m）；

$\quad\quad S$——气隙截面面积（m^2）；

$\quad\quad \mu_0$——真空磁导率（H/m），空气的磁导率近似等于真空磁导率。

其中，第一项为导磁材料的磁阻（1/H）；第二项为气隙的磁阻（1/H）。

考虑到铁磁材料的磁导率 μ_i 比空气的磁导率 μ_0 大得多，计算总磁阻时，第一项可忽略不计，则

$$R_{\mathrm{M}} \approx 2\delta/(\mu_0 S) \tag{3-29}$$

$$L = W^2 \frac{\mu_0 S}{2\delta} \tag{3-30}$$

根据式（3-30），可以分别改变气隙厚度 δ、气隙截面面积 S 来改变 L。自感系数 L 与气隙厚度 δ 成反比，有非线性误差，灵敏系数 K_{L} 高。自感系数 L 与截面面积 S 成正比，呈线性关系，灵敏系数 K_{L} 较低。

另外，利用某些铁磁材料的压磁效应改变磁导率，可设计成压磁式传感器。

2. 变气隙式电感传感器

图 3-14a 所示为变气隙型电感传感器示意图。由式（3-30）可知，当气隙减少 $\Delta\delta$ 时，使自感系数 L 增加 ΔL。一般取 $\delta = 0.1 \sim 0.5\mathrm{mm}$。由此可得

$$\Delta L = \frac{W^2 \mu_0 S}{2}\left(\frac{1}{\delta - \Delta\delta} - \frac{1}{\delta}\right) = L\frac{\Delta\delta}{\delta - \Delta\delta} = L\frac{\Delta\delta/\delta}{1 - \Delta\delta/\delta} \tag{3-31}$$

显然，$\Delta\delta/\delta < 1$，利用幂级数展开式，有

$$\frac{\Delta L}{L} = \frac{\Delta\delta}{\delta}\left[1 + \frac{\Delta\delta}{\delta} + \left(\frac{\Delta\delta}{\delta}\right)^2 + \left(\frac{\Delta\delta}{\delta}\right)^3 + \cdots\right] \tag{3-32}$$

去掉高次项，做线性化处理，有

$$\frac{\Delta L}{L} \approx \frac{\Delta\delta}{\delta} \tag{3-33}$$

定义变气隙型电感传感器灵敏系数为

$$K_L = \frac{\Delta L/L}{\Delta \delta} = \frac{1}{\delta} \tag{3-34}$$

在实际中大都采用差动式变气隙型电感
传感器,如图 3-15 所示。当衔铁由平衡
位置向左变动 $\Delta\delta$,左气隙为 $\delta_0 - \Delta\delta$,左
线圈电感增加 ΔL;右气隙为 $\delta_0 + \Delta\delta$,右
线圈电感减少 ΔL,则电感总变化量为

$$\Delta L' = L_0 \frac{2\Delta\delta}{\delta_0 - \frac{(\Delta\delta)^2}{\delta_0}} \tag{3-35}$$

不计分母中 $(\Delta\delta)^2/\delta_0$,则有

$$\Delta L' = L_0 \frac{2\Delta\delta}{\delta_0} \tag{3-36}$$

图 3-15 **差动式变气隙型电感传感器**

定义差动式的灵敏系数为

$$K_L' = \frac{\Delta L'/L_0}{\Delta\delta} = \frac{2}{\delta_0} \tag{3-37}$$

由此可见,灵敏度提高了一倍,非线性误差减小。

3. 电感传感器的信号调节电路

电感传感器的信号调节电路有交流电桥式、变压器式交流电桥以及谐振式等
形式。

(1) 电感传感器的等效电路 从电路角度看,电感传感器的线圈并非是纯电
感,该电感由有功分量和无功分量两部分组成。
有功分量包括线圈线绕电阻和涡流损耗电阻及磁
滞损耗电阻,这些都可折合成有功电阻,其总电
阻可用 R 来表示。无功分量包含线圈的自感 L
和绕线间的分布电容,为简便起见可视为集中参
数,用 C 来表示。于是可得到电感传感器的等
效电路如图 3-16 所示。

图 3-16 中,L 为线圈的自感,R 为折合有功
电阻的总电阻,C 为并联寄生电容。图 3-16 的
等效线圈阻抗为

图 3-16 **电感传感器的
等效电路**

$$Z = \frac{(R+j\omega L)\frac{-j}{\omega C}}{R+j\omega L - \frac{j}{\omega C}} \tag{3-38}$$

将式 (3-38) 有理化并应用品质因数 $Q = \omega L/R$,可得

$$Z = \frac{R}{(1-\omega^2 LC)^2 + \left(\frac{\omega^2 LC}{Q}\right)^2} + \frac{j\omega L\left(1-\omega^2 LC - \frac{\omega^2 LC}{Q^2}\right)}{(1-\omega^2 LC)^2 + \left(\frac{\omega^2 LC}{Q}\right)^2} \tag{3-39}$$

当 $Q >> \omega^2 LC$ 且 $\omega^2 LC << 1$ 时,式 (3-39) 可近似为

$$Z = \frac{R}{(1-\omega^2 LC)^2} + j\omega \frac{L}{(1-\omega^2 LC)^2} \tag{3-40}$$

令

$$R' = \frac{R}{(1-\omega^2 LC)^2}, \quad L' = \frac{L}{(1-\omega^2 LC)^2}$$

则

$$Z = R' + j\omega L' \tag{3-41}$$

从以上分析可以看出，并联电容的存在，使有效串联损耗电阻及有效电感增加，而有效品质因数 Q 值减小，在有效阻抗不大的情况下，它会使灵敏度有所提高，从而引起传感器性能的变化。因此在测量中若更换连接电缆线的长度，在激励频率较高时则应对传感器的灵敏度重新进行校准。

（2）交流电桥式信号调节电路　图 3-17 所示为交流电桥式信号调节电路，把传感器的两个线圈作为电桥的两个桥臂 Z_1 和 Z_2，另外两个相邻的桥臂用纯电阻 R 代替。设 $Z_1 = Z + \Delta Z_1$，$Z_2 = Z - \Delta Z_2$，Z 是衔铁在中间位置时单个线圈的复阻抗，ΔZ_1、ΔZ_2 分别是衔铁偏离中心位置时两线圈阻抗的变化量。对于高品质因数 Q 值的差动式电感传感器，有 $\Delta Z_1 + \Delta Z_2 \approx j\omega(\Delta L_1 + \Delta L_2)$，则电桥输出电压为

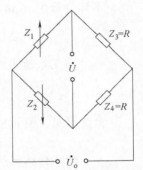

$$\dot{U}_o = \frac{R\Delta Z}{Z(Z+R)}\dot{U} \propto (\Delta L_1 + \Delta L_2) \tag{3-42}$$

图 3-17　交流电桥式信号调节电路

当衔铁往左移动 $\Delta\delta$ 时，两个线圈的电感变化量分别为 ΔL_1、ΔL_2，差动式传感器电感的总变化量 $\Delta L = \Delta L_1 + \Delta L_2$，具体表达式为

$$\Delta L = \Delta L_1 + \Delta L_2 = 2L_0 \frac{\Delta\delta}{\delta_0}\left[1 + \left(\frac{\Delta\delta}{\delta_0}\right)^2 + \left(\frac{\Delta\delta}{\delta_0}\right)^4 + \cdots\right] \tag{3-43}$$

对式（3-43）进行线性处理，即忽略高次项得

$$\frac{\Delta L}{L_0} = 2\frac{\Delta\delta}{\delta_0} \tag{3-44}$$

灵敏度 K_0 为

$$K_0 = \frac{\dfrac{\Delta L}{L_0}}{\Delta\delta} = \frac{2}{\delta_0} \tag{3-45}$$

（3）变压器式交流电桥信号调节电路　变压器式交流电桥信号调节电路如图 3-18 所示，电桥两臂 Z_1、Z_2 为传感器线圈阻抗，另外两桥臂为交流变压器二次绕组的 1/2 阻抗。当负载阻抗为无穷大时，桥路输出电压

$$\dot{U}_o = \frac{Z_1}{Z_1+Z_2}\dot{U} - \frac{1}{2}\dot{U} = \frac{Z_1 - Z_2}{Z_1 + Z_2}\frac{\dot{U}}{2} \tag{3-46}$$

图 3-18　变压器式交流电桥
信号调节电路

当传感器的衔铁处于中间位置，即 $Z_1 =$

$Z_2 = Z$，此时有 $\dot{U}_o = 0$，电桥平衡。

当传感器衔铁左移时，如 $Z_1 = Z + \Delta Z$，$Z_2 = Z - \Delta Z$，此时

$$\dot{U}_o = -\frac{\Delta Z}{Z} \frac{\dot{U}}{2} = -\frac{\Delta L}{L} \frac{\dot{U}}{2} \qquad (3\text{-}47)$$

当传感器衔铁右移时，如 $Z_1 = Z - \Delta Z$，$Z_2 = Z + \Delta Z$，此时

$$\dot{U}_o = -\frac{\Delta Z}{Z} \frac{\dot{U}}{2} = \frac{\Delta L}{L} \frac{\dot{U}}{2} \qquad (3\text{-}48)$$

由式（3-47）及式（3-48）可知，衔铁左右移动相同距离时，输出电压相位相反，大小随衔铁的位移而变化。由于 $\dot{U}$ 是交流电压，输出指示无法判断位移方向，必须配合相敏检波电路来解决。

（4）谐振式信号调节电路　谐振式信号调节电路有谐振式调幅电路（图3-19）和谐振式调频电路（图3-21）。在调幅电路中，传感器电感 L 与电容 C、变压器一次绕组串联在一起，接入交流电源 $\dot{U}$，变压器二次绕组将有电压 $\dot{U}_o$ 输出，输出电压的频率与电源频率相同，而幅值随着电感 L 而变化。图3-19b 所示为输出电压 $\dot{U}$ 与电感 L 的关系曲线，其中 L_0 为谐振点的电感值。此电路灵敏度很高，但线性差，适用于线性度要求不高的场合。

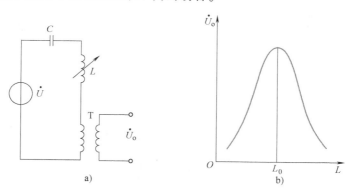

图 3-19　谐振式调幅电路

a）调幅电路　b）输出电压与电感的关系曲线

调频电路的基本原理是传感器电感 L 的变化将引起输出电压频率的变化。通常把传感器电感 L 和电容 C 接入一个振荡回路中，其振荡频率 $f = 1/(2\pi\sqrt{LC})$。当 L 变化时，振荡频率随之变化，根据 f 的大小即可测出被测量的值。图3-20b 所示为 f 与 L 的关系曲线，它具有严重的非线性关系。

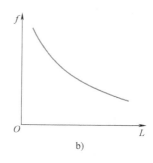

图 3-20　谐振式调频电路

a）调频电路　b）振荡频率与电感的关系曲线

4. 电感传感器的应用

图 3-21 所示为变隙式电感压力传感器的结构。它由膜盒、铁心、衔铁及线圈等组成，衔铁与膜盒的上端连在一起。

当压力进入膜盒时，膜盒的顶端在压力 p 的作用下产生与压力 p 大小成正比的位移，于是衔铁也发生移动，从而使气隙发生变化，流过线圈的电流也发生相应的变化，电流表 A 的示值就反映了被测压力的大小。

图 3-22 所示为变隙式差动电感压力传感器。它主要由 C 形弹簧管、衔铁、铁心和线圈等组成。

当被测压力进入 C 形弹簧管时，C 形弹簧管产生变形，其自由端发生位移，带动与自由端连接成一体的衔铁运动，使线圈 1 和线圈 2 中的电感发生大小相等、符号相反的变化。即一个电感量增大，另一个电感量减小。电感的这种变化通过电桥电路转换成电压输出。由于输出电压与被测压力之间成比例关系，因此只要用检测仪表测量出输出电压，即可得知被测压力的大小。

图 3-21　变隙式电感压力传感器的结构

图 3-22　变隙式差动电感压力传感器

图 3-23 所示为电感式滚柱直径分选装置。从振动料斗来的被测滚柱，经气缸活塞推杆推送到电感测微器的钨钢测头下方，不同的滚柱直径略有差别，从而引起衔铁在两线圈的位置不同，输出信号经相敏检波电路、电压放大电路，送往计算机进行 A-D 转换，经运算驱动电磁铁动作，从而按滚柱直径的大小进行落料，以实现自动分选功能。

三、光栅传感器

光栅传感器主要用于长度和角度的精密测量以及数控系统的位置检测等，在坐标测量仪和数控机床的伺服系统中有着广泛的应用。

光栅按工作原理和用途，可分为物理光栅和计量光栅。物理光栅是利用光栅的衍射现象，主要用于光谱分析和光波波长的检测。计量光栅则利用光栅的莫尔

图 3-23　**电感式滚柱直径分选装置**

1—气缸　2—活塞　3—推杆　4—被测滚柱　5—落料管　6—电感测微器　7—钨钢测头
8—限位挡板　9—电磁翻板　10—容器（料斗）

条纹现象，主要应用于线位移和角位移的检测。

计量光栅按应用场合不同有透射光栅和反射光栅；按用途不同有测量线位移的长光栅和测量角位移的圆光栅；按光栅的表面结构不同有幅值（黑白）光栅和相位（闪耀）光栅。除了上述光栅外，目前还研制了激光全息光栅和偏振光栅等新型光栅。本书以黑白透镜光栅为例，介绍测量位移的光栅传感器。

1. 光栅的结构及测量原理

（1）光栅的结构　在镀膜玻璃上均匀刻制许多有明暗相间、等间距分布的细小条纹（又称为刻线），这就是光栅，图 3-24 为透射光栅的示意图。图中 a 为栅线的宽度（不透光），b 为栅线间宽（透光），$a+b=W$ 称为光栅的栅距（也称光栅常数）。通常 $a=b=W/2$，也可刻成 $a:b=1.1:0.9$。目前常用的光栅每毫米刻成 10 条、25 条、50 条、100 条线条，用于精密测量的光栅每毫米为 250 条、500 条线条。

（2）光栅的测量原理　把两块栅距相等的光栅（光栅 1、光栅 2）面向叠合在一起，中间留有很小的间隙，并使两者的栅线之间形成一个很小的夹角 θ，如图 3-25 所示，这样就可以看到在近于垂直栅线方向上出现明暗相间的条纹，这些条纹叫莫尔条纹。

图 3-24　**透射光栅示意图**

图 3-25　**光栅莫尔条纹的形成**

原理动画

由图 3-25 可见，在 d—d 线上，两块光栅的栅线重合，透光面积最大，形成条纹的亮带，它是由一系列四棱形图案构成的；在 f—f 线上，两块光栅的栅线错开，形成条纹的暗带，它是由一些黑色叉线图案组成的。因此莫尔条纹是由两块光栅的遮光和透光效应形成的。

莫尔条纹测量位移具有以下三个方面的特点。

1）位移的放大作用。当光栅每移动一个光栅栅距 W 时，莫尔条纹也跟着移动一个条纹宽度 B_H，如果光栅做反向移动，条纹移动方向也相反。莫尔条纹的间距 B_H 与两光栅线纹夹角 θ 之间的关系为

$$B_H = \frac{W}{\sin\dfrac{\theta}{2}} \approx \frac{W}{\theta} \tag{3-49}$$

θ 越小，B_H 越大，这相当于把栅距 W 放大了 $\dfrac{1}{\theta}$ 倍。例如 $\theta = 0.1°$，则 $\dfrac{1}{\theta} \approx 573$，即莫尔条纹宽度 B_H 是栅距 W 的 573 倍，这相当于把栅距放大了 573 倍，说明光栅具有位移放大作用，从而提高了测量的灵敏度。

2）莫尔条纹移动方向。如光栅 1 沿着刻线垂直方向向右移动时，莫尔条纹将沿着光栅 2 的栅线向上移动；反之，当光栅 1 向左移动时，莫尔条纹沿着光栅 2 的栅线向下移动。因此根据莫尔条纹移动方向就可以对光栅 1 的运动进行辨向。

3）误差的平均效应。莫尔条纹由光栅的大量刻线形成，对线纹的刻划误差有平均抵消作用，能在很大程度上消除短周期误差的影响。

2. 光栅传感器的组成

光栅传感器作为一个完整的测量装置包括光栅读数头、光栅数显表两大部分。光栅读数头利用光栅原理把输入量（位移量）转换成相应的电信号；光栅数显表是实现细分、辨向和显示功能的电子系统。

3. 光栅测量系统

光栅测量系统的基本构成如图 3-26 所示。光栅移动时产生的莫尔条纹明暗信号可以用光电元件接受，图 3-26 中的 a、b、c、d 是四块光电池，用于接收莫尔条纹移动时的光强变化，可将光信号转换为电信号。光电池输出信号波形如图 3-27 所示。该信号是一个近似正弦周期信号，之所以称为"近似"正弦信号，是因为最后输出的波形是在理想三角形的基础上被削顶和削底的结果，原因在于为了使两块光栅不致发生摩擦，它们之间有间隙存在，再加上衍射、刻线边缘总有毛糙不平和弯曲等。

图 3-26 光栅测量系统的基本构成

光电池输出信号经光栅测量系统差动放大、整形后的信号变化波形如图 3-28 所示。四块光电池输出信号经整形后的信号相位彼此相差 90°。

对这些信号进行适当的处理后，即可变成光栅位移量的测量脉冲。

图 3-27　光电池输出信号波形

图 3-28　光栅移动时光电池测量信号

四、感应同步器

感应同步器是一种应用电磁感应原理把两个平面绕组间的位移量转换成电信号的一种检测元件，有直线式和圆盘式两种，分别用作检测直线位移和转角。

如图 3-29 所示，直线感应同步器由定尺和滑尺两部分组成。定尺一般长为 250mm，上面均匀分布节距 $W=2mm$ 的绕组；滑尺长 100mm，表面布有两个绕组，即正弦绕组和余弦绕组。当余弦绕组与定尺上的绕组相位相同时，正弦绕组与定尺上的绕组错开 1/4 节距。

图 3-29　直线感应同步器

感应同步器的工作方式根据其励磁绕组供电电压形式不同，分为鉴相测量方式（简称鉴相式）和鉴幅测量方式（简称鉴幅式）。

1. 鉴相式

所谓鉴相式就是根据感应电动势的相位来鉴别位移量。如果将滑尺的正弦绕组和余弦绕组分别供给幅值、频率均相等，但相位相差 90° 的励磁电压，即 $U_A = U_m\cos\omega t$，$U_B = U_m\sin\omega t$ 时，则定尺上的绕组由于电磁感应作用产生与励磁电压同频率的交变感应电动势。

图 3-30 说明了感应电动势幅值与定尺和滑尺相对位置的关系。如果只对余弦

绕组 A 加交流励磁电压 U_A，则绕组 A 中有电流通过，因而在绕组 A 周围产生交变磁场。在图 3-30 中 1 位置，定尺上的绕组和滑尺上的余弦绕组 A 完全重合，此时磁通交链最多，因而感应电动势幅值最大。在图 3-30 中 2 位置，定尺上的绕组交链的磁通相互抵消，因而感应电动势幅值为零。滑尺继续滑动的情况见图中 3、4、5 位置。可以看出，滑尺在定尺上滑动一个节距，定尺上的绕组感应电动势变化了一个周期，即

图 3-30　感应电动势幅值与定尺和滑尺相对位置的关系

$$e_A = KU_A\cos\theta \tag{3-50}$$

式中　K——滑尺和定尺的电磁耦合系数；

　　　θ——滑尺和定尺相对位移的折算角。

若绕组的节距为 W，相对位移为 L，则 $\theta = (L/W) \times 360°$。

同样，当仅对正弦绕组 B 施加交流励磁电压 U_B 时，定尺上的绕组感应电动势为

$$e_B = -KU_B\sin\theta \tag{3-51}$$

对滑尺上两个绕组同时加励磁电压，则定尺上的绕组所感应的总电动势为

$$\begin{aligned} e &= KU_A\cos\theta - KU_B\sin\theta \\ &= KU_m\sin\omega t\cos\theta - KU_m\cos\omega t\sin\theta \\ &= KU_m\sin(\omega t - \theta) \end{aligned} \tag{3-52}$$

由式（3-52）可以看出，感应同步器把滑尺相对定尺的位移 L 的变化转成感应电动势相角 θ 的变化。因此，只要测得相角 θ，就可以知道滑尺的相对位移

$$L = \frac{\theta}{360°}W \tag{3-53}$$

2. 鉴幅式

在滑尺的两个绕组上施加频率和相位均相同，但幅值不同的交流励磁电压 U_A 和 U_B，

$$U_A = U_m\sin\theta_1\sin\omega t \tag{3-54}$$

$$U_B = U_m \cos\theta_1 \sin\omega t \tag{3-55}$$

式中　θ_1——指令位移角。

设此时滑尺上的绕组与定尺上的绕组的相对位移角为 θ，则定尺上的绕组的感应电动势为

$$
\begin{aligned}
e &= KU_A \cos\theta - KU_B \sin\theta \\
&= KU_m(\sin\theta_1 \cos\theta - \cos\theta_1 \sin\theta)\sin\omega t \\
&= KU_m \sin(\theta_1 - \theta)\sin\omega t
\end{aligned}
\tag{3-56}
$$

式（3-56）把感应同步器的位移与感应电动势幅值 $KU_m \sin(\theta_1 - \theta)$ 联系起来，当 $\theta = \theta_1$ 时，$e = 0$。这就是鉴幅测量方式的基本原理。

五、光电编码器

光电编码器是一种旋转式位置传感器，在现代伺服系统中广泛应用于角位移或角速度的测量，它的转轴通常与被测旋转轴连接，随被测轴一起转动。它能将被测轴的角位移转换成二进制编码或一串脉冲，它是一种常用的旋转角度、旋转速度脉冲数字化测量传感器。

编码器具有高精度、高分辨力和高可靠性等优点，在数控测量系统中应用非常广泛。

编码器按其结构形式有接触式、光电式、电磁式等，后两种为非接触式编码器。非接触式编码器具有非接触、体积小、寿命长且分辨力高的特点。这三种编码器相比较，光电编码器的性价比最高，它作为精密位移传感器在自动测量和自动控制技术中得到了广泛的应用。

光电编码器主要由安装在旋转轴上的光电编码圆盘（码盘）、窄缝以及安装在码盘两边的光源和光敏元件等组成，如图 3-31 所示。码盘由光学玻璃制成，其上刻有许多同心码道，每位码道上都有按一定规律排列的透光和不透光部分，即亮区和暗区，光源将光投射在码盘上。当码盘随工作轴一起转动时，每转过一个缝隙就发生一次光线明暗变化。经过光敏元件变换成一次电信号的强弱变化（近似于正弦信号），通过信号处理电路对其整形、放大后，获得 U_A、U_B 脉冲输出信号。脉冲数就等于码盘旋转的缝隙数。

图 3-31　**光电编码器的基本结构**

光电编码器种类很多，常用的分为增量编码器和绝对编码器。两种旋转编码器均可直接安装在被测旋转轴上，以测出轴的旋转角度位置和速度变化。

增量编码器输出的是一系列脉冲，需要一个计数系统对脉冲进行加减（正向

或反向旋转时）累计计数；增量编码器对角位移测量一般还需要一个基准数据，即零位基准才能完成。增量编码器具有结构简单、体积小、价格低、精度高、响应速度快、性能稳定等优点，应用更为广泛。在高分辨力和大量程角速度/位移测量系统中，增量编码器更具优越性。

绝对编码器每一个位置对应一个确定的数字码，因此它的示值与测量的中间过程无关，只与测量的起始和终止位置有关，它在任意位置都可给出与位置相对应的固定数字码输出，能方便地与数字系统（如微机）连接。因其每一个位置绝对唯一、抗干扰、无需掉电记忆，故已经越来越广泛地应用于各种工业系统中的角度、长度测量和定位控制。绝对编码器能直接给出对应于每个转角的数字信息，便于计算机处理，但当进给数大于一转时，需做特别处理，而且必须用减速齿轮将两个以上的编码器连接起来，组成多级检测装置，导致其结构复杂、成本高。

1. 增量编码器

增量编码器的结构如图 3-32 所示。增量编码器是将位移转换成周期性变化的电信号，再把这个电信号转变成计数脉冲，用脉冲的个数表示位移的大小。增量编码器的工作原理如图 3-33 所示。码盘周边上刻有节距相等的辐射状窄缝，形成

图 3-32　增量编码器的结构

1—转轴　2—光源　3—光挡板　4—零位标志光槽　5—光敏元件　6—码盘　7—接线端子

均匀分布的透明区和不透明区，在码盘两边分别安装有光源与光敏元件。当码盘随工作轴一起转动时，转过一个缝隙就发生一次光线的明暗变化，经过光敏元件变换成一次近似于正弦信号的强弱变化电信号，然后对它进行整形和放大后，获得脉冲输出信号。脉冲数就等于转过的缝隙数。如果将上述脉冲信号送到计数器中进行计数，则计数值就反映了圆盘转过的角度。增量编码器的最小测量分辨角

图 3-33　增量编码器的工作原理

度为 360°/码盘边缘的透光槽数，例如码盘边缘的透光槽数为 1024 个，则其能分辨的最小角度 $\alpha = 360°/1024 = 0.352°$。

为了辨别码盘的旋转方向，在鉴向盘上刻有 A、B 两组透明检测窄缝，其距离

是码盘上的两个狭缝距离的 $(n+1)/4$ 倍（n 为码盘光栅条纹数），即彼此错开 1/4 节距，以使 A、B 两个光电变换器的输出信号在相位上相差 90°。鉴向盘与码盘平行，工作时鉴向盘静止不动，码盘与转轴一起转动，光源发出的光投射到码盘与鉴向盘上。当码盘上的不透明区正好与鉴向盘上的透明窄缝对齐时，光线被全部遮住，光电变换器输出电压为最小；当码盘上的透明区正好与鉴向盘上的透明窄缝对齐时，光线全部通过，光电变换器输出电压为最大。码盘每转过一个刻线周期，光电变换器将输出一个近似的正弦波电压，且光电变换器 A、B 保证两者所产生的电信号在相位上相差 1/4 周期（相位差为 90°）。在输出的波形图中，如果 A 相超前 B 相，对应电动机正转；如果 B 相超前 A 相，就对应电动机反转。数控装置正是利用这一相位关系来判断电动机旋转方向的。

此外，为了得到码盘转动的绝对位置，还须设置一个基准点。如图 3-32 所示，增量编码器的里圈还有一条透光条纹（零位标志光槽），码盘每转一圈，零位标志光槽对应的光敏元件产生一个零位 Z 脉冲信号，称为"一转脉冲"。在数控机床进给驱动所用的编码器上，零位 Z 脉冲可用于精确确定机床的参考点，而在主轴伺服系统的电动机上，则可用于主轴准停及螺纹加工等。

在实际应用过程中，为了提高抗干扰能力和长距离传输，输出信号有差动输出、电平输出和集电极开路（OC 门）输出等形式。欧姆龙增量式光电脉冲编码器脉冲信号集电极开路输出原理如图 3-34 所示；增量式光电脉冲编码器脉冲信号集电极开路输出与 PLC 接线图如图 3-35 所示。

图 3-34　欧姆龙增量式光电脉冲编码器脉冲信号集电极开路输出原理

a）E6C2-C 型 PNP 型晶体管集电极开路输出　b）E6C2-C 型 NPN 型晶体管集电极开路输出

图 3-35　增量式光电脉冲编码器脉冲信号集电极开路输出与 PLC 接线图

a）NPN 型晶体管输出式编码器与 S7-200 连接　b）PNP 型晶体管输出式编码器与 CPM1A 接线

2. 绝对编码器

绝对编码器是指编码器内部的所有位置值，在编码器生产出厂后，其量程内所有的位置已经"绝对"地确定在编码器内，在初始化原点后，每一个位置独立并具有唯一性，它的内部及外部每一次数据刷新读取，都不依赖于前次的数据读取，无论是编码器内部还是编码器外部，都不应存在"计数"与前次读数的累加计算。

如图 3-36 所示，绝对编码器是依据计算机原理中的位码设计的，比如 2 位码（01B）、4 位码（1101B）、8 位码（0000 1100B）、16 位码、32 位码，把这些位码反映到绝对编码器的码盘上，就是有许多道光通道刻线，依次以 2 线、4 线、8 线、16 线……编排，这样在编码器的每一个位置，通过读取每道刻线的通、暗，获得一组从 $2^0 \sim 2^{n-1}$ 唯一的二进制编码（格雷码），这就称为 n 位绝对编码器。在它的圆形码盘上沿径向有若干同心码盘，每条道上有透光和不透光的扇形区相间组成，相邻码道的扇区数量是双倍关系，码盘上的码道数是它的二进制数码的位数，在码盘的一侧是光源，另一侧对应每一个码道有一个光敏元件，当码盘处于不同位置时，各光敏元件根据受光照与否转换出相应的电平信号，形成二进制数。

图 3-36　绝对编码器的结构及工作原理

绝对编码器最高响应转换由编码器的分辨力以及最高响应频率决定。因此，旋转速度超过绝对编码器的最高响应转速时，则无法输出与转速和转角相对应的正确脉冲信号。

绝对编码器分单圈绝对编码器和多圈绝对编码器。

（1）单圈绝对编码器　在转动中测量码盘各道刻线，以获取唯一的编码，当转动超过 360°时，编码又回到原点，这样就不符合绝对编码唯一的原则，这样的编码只能用于旋转范围 360°以内的测量，称为单圈绝对编码器。

（2）多圈绝对编码器　编码器生产厂家运用钟表齿轮机械原理，当中心码盘旋转时，通过齿轮传动另一组码盘（或多组齿轮、多组码盘），在单圈编码的基础上再增加圈数的编码，以扩大编码器的测量范围，这样的绝对编码器就称为多圈绝对编码器。

当测量旋转范围超过 360°，就要用到多圈绝对编码器。多圈绝对编码器同样是由机械位置确定编码，每个位置编码唯一不重复，而且无需记忆。多圈绝对编码器的另一个优点是由于测量范围大，实际使用往往富裕较多，这样在安装时不必要费劲找零点，只需将某一中间位置作为起始点就可以了，大大简化了安装调试难度。

第三节 速度、加速度传感器

一、直流测速机

直流测速机是一种测速元件，实际上它就是一台微型的直流发电机。根据发电机磁极励磁方式的不同，直流测速机可分为电磁式和永磁式两种。如以电枢的结构不同来分，有无槽电枢、有槽电枢、空心杯电枢和圆盘电枢等。近年来，又出现了永磁式直线测速机。常用的为永磁式测速机。

测速机的结构有多种，但原理基本相同。图 3-37 所示为永磁式测速机的电路原理图。恒定磁通由定子产生，当转子在磁场中旋转时，电枢绕组中即产生交变的电动势，经换向器和电刷转换成与转子速度成正比的直流电动势。

直流测速机的输出特性曲线如图 3-38 所示。从图 3-38 中可以看出，当负载电阻 $R_L \to \infty$ 时，其输出电压 U_o 与转速 n 成正比。随着负载电阻 R_L 变小，其输出电压下降，而且输出电压与转速之间并不能严格保持线性关系。由此可见，对于要求精度比较高的直流测速机，除采取其他措施外，负载电阻 R_L 应尽量大。

图 3-37 **永磁式测速机的电路原理图**

图 3-38 **直流测速机的输出特性曲线**

直流测速机的特点是输出特性曲线的斜率大、线性好，但由于有电刷和换向器，构造和维护比较复杂，摩擦转矩较大。

直流测速机在机电控制系统中，主要用作测速和校正元件。在使用中，为了提高检测灵敏度，尽可能把它直接连接到电动机轴上。有的电动机本身就已安装了测速机。

二、光电编码器测量转速

转速可由编码器发出的脉冲频率或周期来测量。利用脉冲频率测量是在给定的时间内对编码器发出的脉冲计数，然后由式（3-57）求出其转速 n（单位为 r/min）：

$$n = \frac{N_t}{N} \frac{60}{t} \qquad (3-57)$$

式中 t——测速采样时间；

N_t——t 时间内测得的脉冲个数；

N——编码器每转脉冲数（与所用编码器型号有关）。

图 3-39a 所示为用脉冲频率法测转速的原理。在给定时间 t 内，使门电路选通，编码器输出脉冲允许进入计数器计数，这样可计算出 t 时间内编码器的平均转速。

利用脉冲周期法测量转速，是通过计数编码器一个脉冲间隔内（脉冲周期）

标准时钟脉冲个数来计算其转速 n（单位为 r/min）：

$$n = \frac{60}{2N_2NT} \qquad (3\text{-}58)$$

式中　N——编码器每转脉冲数；

　　　N_2——编码器一个脉冲间隔内标准时钟脉冲输出个数；

　　　T——标准时钟脉冲周期（s）。

图 3-39b 所示为用脉冲周期法测量转速的原理。当编码器输出脉冲正半周时选通门电路，标准时钟脉冲通过控制门进入计数器计数，计数器输出 N_2，即可用式（3-58）计算出其转速。

图 3-39　光电编码器测速原理

a）用脉冲频率测速简图　b）用脉冲周期测速简图

第四节　位置传感器

位置传感器和位移传感器不一样，它所测量的不是一段距离的变化量，而是通过检测，确定是否已到达某一位置。因此，它只需要产生能反映某种状态的开关量就可以了。位置传感器分接触式和接近式两种。所谓接触式位置传感器就是能获取两个物体是否已接触的信息的一种传感器；而接近式位置传感器是用来判别在某一范围内是否有某一物体的一种传感器。

一、接触式位置传感器

这类传感器用微动开关之类的触点器件便可构成，它分以下两种。

1. 由微动开关制成的位置传感器

它用于检测物体位置，有图 3-40 所示的几种构造和分布形式。

图 3-40　由微动开关制成的位置传感器

a）构造　b）分布形式

2. 二维矩阵式配置的位置传感器

如图 3-41 所示，它一般用于机器人手掌内侧。在手掌内侧常安装有多个二维触觉传感器，用以检测自身与某物体的接触位置，以及被握物体的中心位置和倾斜度，甚至还可识别物体的大小和形状。

图 3-41　二维矩阵式配置的位置传感器

1—柔软电极　2—柔软绝缘体

二、接近式位置传感器

接近式位置传感器按其工作原理主要分为电磁式、光电式、静电容式、气压式和超声波式。其工作原理如图 3-42 所示。本书重点介绍前三种常用的接近式位置传感器。

图 3-42　接近式位置传感器的工作原理

1. 电磁式接近传感器

当一个永久磁铁或一个通有高频电流的线圈接近一个铁磁体时，它们的磁力线分布将发生变化，因此，可以用另一组线圈检测这种变化。当铁磁体靠近或远离磁场时，它所引起的磁通量变化将在线圈中感应出一个电流脉冲，其幅值正比于磁通的变化率。图 3-43 给出了线圈两端的电压

图 3-43　电压-速度曲线

随铁磁体进入磁场的速度而变化的曲线，其电压极性取决于物体进入磁场还是离开磁场。因此，对此电压进行积分便可得出一个二值信号。当积分值小于特定的阈值时，积分器输出低电平；反之，则输出高电平，此时表示已接近某一物体。

2. 电容式接近传感器

电容式接近传感器是一个以电极为检测端的静电电容式接近开关，它由高频振荡电路、检波电路、放大电路、整形电路及输出电路组成。平时检测电极与大地之间存在一定的电容量，它成为振荡电路的一个组成部分。当被检测物体接近检测电极时，由于检测电极加有电压，检测物体就会受到静电感应而产生极化现象，被测物体越靠近检测电极，检测电极上的电荷就越多，由于检测电极的静电电容 $C=Q/U$，因此电荷 Q 的增多，使电容 C 随之增大，从而使振荡电路的振荡减弱，甚至停止振荡。振荡电路的振荡与停振这两种状态被检测电路转换为开关信

号后向外输出。

电磁式接近传感器只能检测电磁材料，对其他非电磁材料则无能为力。而电容式接近传感器却能克服以上缺点，它几乎能检测所有的固体和液体材料。

3. 光电式接近传感器

这种传感器具有体积小、可靠性高、检测位置精度高、响应速度快、易与 TTL 及 CMOS 电路兼容等优点，它分透光型和反射型两种。

在透光型光电传感器中，发光器件和受光器件相对放置，中间留有间隙。当被测物体到达这一间隙时，发射光被遮住，从而接收器件（光敏元件）便可检测出物体已经到达。这种传感器的接口电路如图 3-44 所示。

反射型光电传感器发出的光经被测物体反射后再落到检测器件上，由于是检测反射光，因此得到的输出电流较小。另外，对于不同的物体表面，信噪比也不一样，因此，设定限幅电平就显得非常重要。图 3-45 所示为这种传感器的典型应用，它的电路和透射型传感器大致相同，只是接收器的发射极电阻 R_2 用得较大且为可调，这主要是因为反射型传感器的光电流较小且有很大的分散性。

图 3-44　透光型光电传感器的接口电路

图 3-45　反射型光电传感器的典型应用

第五节　传感器前期信号处理

传感器所感知、检测、转换和传递的信息表现为形式不同的电信号。按传感器输出电信号的参量形式，可分为电压输出、电流输出和频率输出。其中以电压输出型为最多。在电流输出和频率输出型传感器中，除了少数直接利用其电流或频率输出信号外，大多数采用电流-电压变换器或频率-电压变换器，从而将它们转换成电压输出型传感器。因此，本节重点介绍电压输出型传感器的前期信号处理。

由于传感器输出的信号往往较弱，因此必须先将其放大。随着集成运算放大器性能的不断完善和价格的不断下降，传感器的信号放大采用集成运算放大器的越来越多。一般运算放大器的原理和特点已在电子技术课程中介绍，本书不再叙述。本书主要介绍几种典型的传感器信号放大器。

一、测量放大器

在许多检测技术应用场合，传感器输出的信号往往较弱，而且其中还包含工频、静电和电磁耦合等共模干扰，对这种信号的放大就需要放大电路具有很高的共模抑制比以及高增益、低噪声和高输入阻抗。习惯上将具有这种特点的放大器称为测量放大器或仪表放大器。

图 3-46 所示为三个运算放大器组成的测量放大器，差动输入端 U_1 和 U_2 分别

是两个运算放大器（A_1、A_2）的同相输入端，因此输入阻抗很高。采用对称电路结构，而且传感器输出信号直接加到输入端上，从而保证了较强的抑制共模信号的能力。A_3 实际上是一个差动跟随器，其增益近似为 1。

测量放大器的放大倍数由下列公式确定

$$A_U = \frac{U_o}{U_2 - U_1} \tag{3-59}$$

$$A_U = \frac{R_f}{R}\left(1 + \frac{R_{f1} + R_{f2}}{R_w}\right) \tag{3-60}$$

这种电路，只要运算放大器 A_1 和 A_2 性能对称（主要输入阻抗和电压增益对称），其漂移将大大减小，具有高输入阻抗和高共模抑制比，对微小的差模电压很敏感，并适用于测量远距离传输过来的信号，因而十分适宜于与微小信号输出的传感器配合使用。

R_w 是用来调整放大倍数的外接电阻，最好用多圈电位器。例如在图 3-46 中，若左边两个运算放大器采用 7650，则放大效果将非常好。

目前，还有许多高性能的专用测量芯片出现，如 AD521/AD522 等也是一种运算放大器，它比普通运算放大器性能优良，体积小，结构简单，成本低。下面具体介绍一下 AD522 集成测量放大器的特点及应用。

图 3-46　测量放大器的工作原理

图 3-47　AD522 典型接法

AD522 主要可用于恶劣环境下要求进行高精度数据采集的场合，由于 AD522 具有低电压漂移（$2\mu V/℃$），低非线性 [0.005%（增益 $G = 100$）]，高共模抑制比 [大于 110dB（$G = 1000$）]，低噪声 [$1.5\mu V$（P-P）]（$0.1 \sim 100Hz$）]，低失调电压（$100\mu V$）等特点，因而可用于许多 12 位数据采集系统中。图 3-47 所示为 AD522 的典型应用。

AD522 的另一个特点是设有数据防护端，用于提高交流输入时的共模抑制比。对远处传感器送来的信号，通常采用屏蔽电缆传送到测量放大器，电缆线上分布参量 R_G 会使其产生相移，当出现交流共模信号时，这些相移将使共模抑制比降低。利用数据防护端可以克服上述影响（图 3-48）。对于无此端子的仪器用放大器，如 AD524、AD624 等，可在 R_G 端取得共模电压，再用一个运算放大器作为它的输出缓冲屏蔽驱动器。运算放大器应选用具有很低偏流的场效应管运算放大器，以减少偏流流经增益电阻时对增益产生的误差。

二、程控增益放大器

经过处理的模拟信号，在送入计算机进行处理前，必须进行量化，即进行模-

图 3-48　AD522 的典型应用

数变换，变换后的数字信号才能为计算机接收和处理。

当模拟信号送到模-数变换器时，为减少转换误差，一般希望送来的模拟信号在模-数变换器输入的允许范围内尽可能达到最大值，然而，当被测参量变化范围较大时，经传感器转换后的模拟信号变化也较大，在这种情况下，如果单纯只使用一个放大倍数的放大器，在进行小信号转换时将会引入较大的误差，无法满足上述要求。为解决这个问题，工程上常采用通过改变放大器增益的方法来实现不同幅度信号的放大，如万用表、示波器等许多测量仪器原量程变换等。然而，在计算机自动测控系统中，往往不希望、有时也不可能利用手动办法来实现增益变换，而希望利用计算机采用软件控制的办法来实现增益的自动变换，具有这种功能的放大器就叫程控增益放大器。

图 3-49 所示即为利用改变反馈电阻阻值的办法来实现量程变换的可变换增益放大器电路。当开关 S_1 闭合，而其余两个开关断开时，其放大倍数为

$$A_{Uf} = -\frac{R_1}{R} \qquad (3-61)$$

而当 S_2 闭合，S_1 和 S_3 断开时，放大倍数为

$$A_{Uf} = -\frac{R_2}{R} \qquad (3-62)$$

图 3-49　可变换增益放大器

选择不同的开关闭合，即可实现增益的变换，如果利用软件对开关闭合进行选择，即可实现程控增益变换。

利用程控增益放大器与模-数转换器组合，配合一定的软件，很容易实现输出信号的增益控制或量程变换，间接地提高输入信号的分辨力；它和数-模转换电路配合使用，可构成减法器电路；与乘法数-模转换器配合使用，可构成可编程低通滤波器电路，可以适当地调节信号和抑制干扰。因此，程控增益放大器目前有着极为广泛的应用。

图 3-50 所示为利用 AD521 测量放大器与模拟开关结合组成的程控增益放大器，通过改变 4052 的 D_0、D_1 的值来改变 AD521 放大器 2 引脚与 14 引脚之间的外接电阻的办法来实现增益控制。

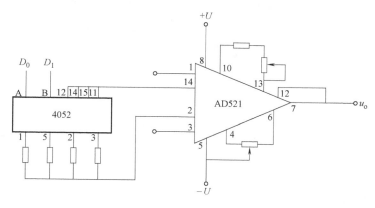

图 3-50 AD521 构成的程控增益放大器

有些测量放大器，其电路中已将译码电路和模拟开关结合在一起，有的甚至将设定增益所需的电阻也集成于同一组件中，为计算机控制提供了极为便利的条件。AD524 即是常用的一种集成可编程增益控制测量放大器。图 3-51 所示为 AD524 的结构原理。其特点是具有低失调电压（50μV），低失调电压漂移（0.5μV/℃），低噪声 [0.3μV（P-P），0.1~10Hz]，低非线性（0.003%，增益 $G=1$ 时），高共模抑制比（120dB，增益 $G=1000$ 时），增益带宽为 25MHz，以及具有输入保护等。由图 3-51 可知，对于 1、10、100 和 1000 倍的整数倍增益，无须外接电阻即可实现，在具体使用时只需一个模拟开关来控制即可达到目的；对于其他倍数的增益控制，也可以用一般的改变增益调节电压的方法来实现程控增益。

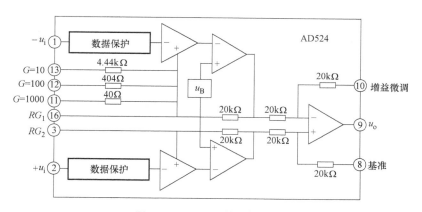

图 3-51 AD524 的结构原理

三、隔离放大器

在有强电或强电磁干扰的环境中，为了防止电网电压等对测量回路的损坏，其信号输入通道采用隔离技术，能完成这种任务，具有这种功能的放大器称为隔离放大器。

一般来讲，隔离放大器是指对输入、输出和电源在电流和电阻彼此隔离使之没有直接耦合的测量放大器。由于隔离放大器采用了浮离式设计，消除了输入、输出端之间的耦合，因此还具有以下特点：

1) 保护系统元件不受高共模电压的损害，防止高压对低压信号系统的损坏。

2) 泄漏电流低，对于测量放大器的输入端无须提供偏流返回通路。

3) 共模抑制比高，能对直流和低频信号（电压或电流）进行准确、安全的测量。

目前，隔离放大器中采用的耦合方式主要有两种：变压器耦合和光电耦合。利用变压器耦合实现载波调制，通常具有较高的线性度和隔离性能，但是带宽一般在 1kHz 以下；利用光电耦合方式实现载波调制，可获得 10kHz 的带宽，但其隔离性能不如变压器耦合。这两种方法均需对差动输入级提供隔离电源，以便达到预定的隔离性能。

图 3-52 所示为 284 型隔离放大器的电路结构。为提高微电流和低频信号的测量精度，减小漂移，其电路采用调制式放大，其内部分为输入、输出和电源三个彼此相互隔离的部分，并由低泄漏高频载波变压器耦合在一起。通过变压器的耦合，将电源电压送到输入电路，并将信号从输入电路送出。输入部分包括双极前置放大器、调制器；输出部分包括解调器和滤波器，一般在滤波器后还有缓冲放大器。

图 3-52 284 型隔离放大器的电路结构

第六节 传感器接口技术

一、传感器信号的采样/保持

当传感器将非电物理量转换成电量，并经放大、滤波等系列处理后，需经模-数转换器变换成数字量，才能输入到计算机系统。

在对模拟信号进行模-数转换时，从启动变换到变换结束的数字量输出，需要一定的时间，即 A-D 转换器的孔径时间。当输入信号频率提高时，由于孔径时间的存在，会造成较大的转换误差。要防止这种误差的产生，必须在 A-D 转换开始时将信号电平保持住，而在 A-D 转换后又能跟踪输入信号的变化，也就是使输入信号处于采样状态。能完成这种功能的器件叫采样/保持器。由上面的分析可知，采样/保持器在保持阶段相当于一个"模拟信号存储器"。

在模拟量输出通道，为使输出得到一个平滑的模拟信号，或对多通道进行分时控制，也常采用采样/保持器。

二、采样/保持器原理

采样/保持器由存储器电容 C、模拟开关 S 等组成。如图 3-53 所示，当 S 接通时，输出信号跟踪输入信号，称采样阶段。当 S 断开时，电容 C 两端一直保持 S 断开时的电压（称保持阶段）。由此构成一个简单的采样/保持器。实际上为使采样/保持器具有足够的精度，一般在输入级和输出级均采用缓冲器，以减少信号源的输出阻抗，增加负载的输入阻抗。在电容选择时，使其大小适宜，以保证其时间常数适中，并且其漏泄要小。

图 3-53　采样/保持原理

随着大规模集成电路技术的发展，目前已生产出多种集成采样/保持器，如可用于一般目的的 AD582、AD583、LF198 系列等；用于高速场合的 HTS-0025、HTS-0010、HTC-0300 等；用于高分辨力场合的 SHA1144 等。为了使用方便，有些采样/保持器的内部还设有保持电容，如 AD389、AD585 等。

集成采样/保持器的特点如下：

1）采样速度快、精度高，一般在 $2 \sim 2.5\mu s$，即达到 $\pm 0.01\% \sim \pm 0.003\%$ 的精度。

2）下降速度慢，如 AD585、AD348 为 $0.5mV/ms$，SD389 为 $0.1\mu V/ms$。

正因为集成采样/保持器有许多优点，因此得到了极为广泛的应用。下面以 LF398 为例，介绍集成采样/保持器的原理。

图 3-54 所示为 LF398 采样/保持器的原理。由图 3-54 可知，其内部由输入缓冲级、输出驱动级和控制电路三部分组成。

图 3-54　LF398 采样/保持器的原理

控制电路中 A_3 主要起到比较器的作用；其中 7 引脚为控制逻辑参考电压输入端，8 引脚为控制逻辑电压输入端。当输入控制逻辑电平高于参考端电压时，A_3 输出一个低电平信号驱动开关 S 闭合，此时输入经 A_1 后跟随输出到 A_2，再由 A_2

的输出端跟随输出，同时向保持电容（接6端）充电；而当控制端逻辑电平低于参考电压时，A_3 输出一个正电平信号使开关S断开，以达到非采样时间内保持器仍保持原来输入的目的。因此，A_1、A_2 是跟随器，其作用主要是对保持电容输入和输出端进行阻抗变换，以提高采样/保持器的性能。

与LF398结构相同的还有LF198、LF298等，它们都是由场效应管构成，具有采样速度高、保持电压下降慢以及精度高等特点。当作为单一放大器时，其直流增益精度为0.002%，采样时间小于6μs时精度可达0.01%；输入偏置电压的调整只需在偏置端（2引脚）调整即可，并且在不降低偏置电流的情况下，带宽允许为1MHz。其主要技术指标如下：

1）工作电压：±5～±18V。

2）采样时间：小于10μs。

3）可与TTL、PMOS、CMOS兼容。

4）当保持电容为0.01μF时，典型保持步长为0.5mV。

5）低输入漂移，保持状态下输入特性不变。

6）在采样或保持状态时高电源抑制。

图3-55所示为LF398的外引脚。图3-56所示为LF398的典型应用。在有些情况下，还可采用两级采样-保持串联的方法。根据选用不同的保持电容，使前一级具有较高的采样速度而后一级保持电压下降速率慢，两级结合构成一个采样速度快而下降速度慢的高精度采样/保持电路，此时的采样/保持总时间为两个采样/保持电路时间之和。

图 3-55　LF398 的外引脚　　　　图 3-56　LF398 的典型应用

第七节　传感器非线性补偿原理

在机电一体化测控系统中，特别是需要对被测参量进行显示时，总是希望传感器及检测电路的输入-输出特性呈线性关系，使测量对象在整个刻度范围内灵敏度一致，以便于读数及对系统进行分析处理。但是，很多检测元件如热敏电阻、光敏管、应变片等具有不同程度的非线性特性，这就使得较大范围的动态检测存在着很大的误差。以往在使用模拟电路组成检测回路时，为了进行非线性补偿，通常用硬件电路组成各种补偿电路，如常用的信息反馈式补偿回路使用对数放大器、反对数放大器等，这不但增加了电路的复杂性，而且也很难达到理想的补偿。随着计算机技术的广泛应用，这种非线性补偿完全可以用计算机软件来完成，其补偿过程较简单，精确度也高，又减少了硬件电路的复杂性。计算机在完成了非线性参数的线性化处理以后，要进行工程量转换，即标度转换，才能显示或打印带物理单位的数值，其校正框图如图 3-57。本节主要介绍计算机软件实现传感器非线性化补偿处理。

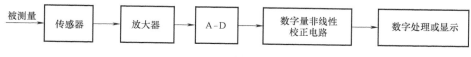

图 3-57　数字量非线性校正框图

用软件进行"线性化"处理，方法有三种：计算法、查表法和插值法。

一、计算法

当输出电信号与传感器的参数之间有确定的数学表达式时，就可采用计算法进行非线性补偿，即在软件中编制一段完成数学表达式计算的程序，被测参数经过采样、滤波和标度变换后直接进入计算机程序进行计算，计算后的数值即为经过线性化处理的输出参数。

在实际工程上，被测参数和输出电压常常是一组测定的数据。这时如果仍想采用计算法进行线性化处理，则可以应用曲线拟合的方法对被测参数和输出电压进行拟合，得出误差最小的近似表达式。

二、查表法

在机电一体化测控系统中，有些参数的计算是非常复杂的，如一些非线性参数，它们不是用一般算术运算就可以得出来的，而需要涉及指数、对数、三角函数，以及积分、微分等运算，所有这些运算用汇编语言编写程序都比较复杂，有些甚至无法建立相应的数学模型。为了解决这些问题，可以采用查表法。

所谓查表法，就是把事先计算或测得的数据按一定顺序编制成表格，查表程序的任务就是根据被测参数的值或者中间结果，查出最终所需要的结果。查表法是一种非数值计算方法，利用这种方法可以完成数据补偿、计算、转换等各种工作，它具有编写程序简单、执行速度快等优点。

表的排列不同，查表的方法也不同。常用的查表方法有顺序查表法、计算查表法、对分搜索法等，下面只介绍顺序查表法。顺序查表法是针对无序排列表格的一种方法。因为在无序表格中，所有各项的排列均无一定的规律，所以只能按照顺序从第一项开始逐项寻找，直到找到所要查找的关键字为止。如在以 DATA 为首地址的存储单元中，有一长度为 100 个字节的无序表格，设要查找的关键字放在 HWORO 单元中，试用软件进行查找。若找到，则将关键字所在的内存单元地址存于 R2、R3 寄存器中；若未找到，则将 R2、R3 寄存器清零。由于待查找的是无序表格，因此只能按单元逐个搜索，根据题意可画出程序流程图，如图 3-58 所示。

顺序查表法虽然比较"笨"，但对于无序表格和较短的表格而言，仍是一种比较常用的方法。

三、插值法

查表法占用的内存单元较多，表格的编制比较麻烦，因此在机电一体化测试

图 3-58 **顺序查表法子程序流程图**

系统中常利用计算机的运算能力，使用插值计算方法来减少列表点和测量次数。

1. 插值原理

设某传感器的输出特性曲线（例如电阻-温度特性曲线），如图 3-59 所示。

由图 3-59 可以看出，当已知某一输入值 x 以后，要想求出值 y 并非易事，因为其函数关系式 $y=f(x)$ 并不是简单的线性方程。为使问题简化，可以把该曲线按一定要求分成若干段，然后把相邻两分段点用直接连起来（如图中虚线所示），用此直线代替相应的各段曲线，即可求出输入 x 所对应的输出值 y。例如，设 x 在 (x_i, x_{i+1}) 之间，则对应的逼近值为

图 3-59 **分段性插值原理**

$$y=y_i+\frac{y_{i+1}-y_i}{x_{i+1}-x_i}(x-x_i) \qquad (3-63)$$

将式（3-63）进行化简，可得

$$y=y_i+k_i(x-x_i) \qquad (3-64)$$
$$y=y_{i0}+k_i x$$

其中

$$y_{i0}=y_i-k_i x_i \qquad (3-65)$$

$$k_i=\frac{y_{i+1}-y_i}{x_{i+1}-x_i}$$

k_i 为直线的斜率。式（3-64）是点斜式直线方程，而式（3-65）为截距式直线方程。在此两式中，只要 n 取得足够大，即可获得良好的插值精度。

2. 插值的计算机实现方法

下边以点斜式直线方程（3-64）为例，介绍用计算机实现线性插值的方法。

第一步，用试验法测出传感器的变化曲线 $y=f(x)$。为准确起见，要多测几次，以便求出一个比较精确的输入-输出曲线。

第二步，将上述曲线进行分段，选取各插值基点。为了使基点的选取更合理，不同的曲线采用不同的方法分段。主要有以下两种方法：

（1）等距分段法　等距分段法即沿 x 轴等距离地选取插值基点。这种方法的主要优点是使式（3-63）中的 $x_{i+1}-x_i=$ 常数，因而使计算变得简单。但是函数的曲率和斜率变化比较大时，会产生一定的误差；要想减少误差，必须把基点分得很细，这样势必占用较多的内存，并使计算机插值计算所占用的机时加长。

（2）非等距分段法　非等距分段法的特点是函数基点的分段不是等距的，通常将常用刻度范围插值距离划分小一点，而使非常用刻度区域的插值距离大一点，但非等值插值点的选取比较麻烦。

第三步，确定并计算出各插值点 x_i、y_i 值及两相邻插值点的拟合直线的斜率 k_i，并存放在存储器中。

第四步，计算 $x-x_i$。

第五步，找出 x 所在的区域（x_i，x_{i+1}），并从存储器中取出该段的斜率的 k_i。

第六步，计算 $k_i(x-x_i)$。

第七步，计算结果 $y=y_i+k_i(x-x_i)$。

对于非线性参数的处理，除了前边讲过的几种以外，还有许多其他方法，如最小二乘拟合法、函数逼近法、数值积分法等。对于机电一体化测控系统来说，具体采用哪种方法来进行非线性计算机处理，应根据实际情况和具体被测对象要求而定。

第八节　数字滤波

在机电一体化测控系统的输入信号中，一般都含各种噪声和干扰，它们主要来自被测信号本身、传感器或外界的干扰。为了提高信号输入的可靠性，减少虚假信息的影响，可采用软件方法实现数字滤波。数字滤波就是通过一定的计算或判断来提高信噪比，它与硬件 RC 滤波器相比具有以下优点：

1）数字滤波是用程序实现的，不需要增加任何硬件设备，也不存在阻抗匹配问题，滤波程序可以被多个通道共用，不但节约投资，还可提高可靠性、稳定性。

2）可以对频率很低的信号实现滤波，而模拟 RC 滤波器由于受电容容量的限制，滤波频率不可能太低。

3）灵活性好，可以用不同的滤波程序实现不同的滤波方法，或根据需要改变滤波器的参数。

因为用软件实现数字滤波具有上述特点，所以数字滤波在机电一体化测控系统中得到了越来越广泛的应用。

常用的数字滤波方法有很多种，在实际应用过程中可以根据不同的测量参数进行选择。下面介绍几种常用的数字滤波方法及编程方法。

一、算术平均值法

算术平均值法是连续取 N 个采样值进行平均。其数学表达式为

$$Y=\frac{1}{N}\sum_{i=1}^{N}x_i \tag{3-66}$$

式中 x_i——第 i 次采样值；

$\quad\quad Y$——数字滤波的输出；

$\quad\quad N$——采样次数。

N 的选取应按具体情况决定。若 N 大，则平滑度高，但灵敏度低，计算量大。一般而言，对于流量信号，推荐取 $N=12$；对于压力信号，推荐取 $N=4$。算术平均值法的程序流程如图 3-60 所示。

二、中值滤波法

中值滤波法是在三个采样周期内，连续采样读入三个检测信号 X_1、X_2、X_3，从中选择一个居中的数据作为有效信号，以算式表示为

$$若 X_1 < X_2 < X_3，则 X_2 为有效信号。$$

三次采样输入中有一次发生干扰，则不管这个干扰发生在什么位置，都将被剔除掉。若发生的两次干扰是同向作用，则同样可以滤去。若发生的两次干扰是

图 3-60　算术平均值法的程序流程

图 3-61　中值滤波法的程序流程

同向作用或三次都发生干扰，则中值滤波无能为力，中值滤波能有效地滤去由于偶然因素引起的波动或采样器不稳定造成的误码等引起的脉冲干扰。对缓慢变化的过程变量采用中值滤波有效，中值滤波不宜用于快速变化的过程参数。中值滤波法的程序流程如图 3-61 所示。

三、防脉冲干扰平均值法

将算术平均值法和中值滤波法结合起来，便可得到防脉冲干扰平均值法。它是先用中值滤波原理滤除由于脉冲干扰引起的误差的采样值，然后把剩下的采样值进行算术平均。

若 $X_1 < X_2 < \cdots < X_N$，则

$$Y = (X_2 + X_2 + \cdots + X_{N-1})/(N-2) \tag{3-67}$$

式中，$3 < N < 14$。

可以看出，防脉冲干扰平均值法兼顾了算术平均值法和中值滤波的优点，在快、慢速系统中都能削弱干扰，提高控制质量。当采样点数为 3 时，它是中值滤波法。

四、程序判断滤波法

1. 限幅滤波（上、下限滤波）法

若 $|X_k - X_{k-1}| < \Delta X_0$，则以本次采样值 X_k 为真实信号。

若 $|X_k - X_{k-1}| > \Delta X_0$，则以上次采样值 X_{k-1} 为真实信号。

其中，ΔX_0 表示误差上、下限的允许值，ΔX_0 的选择取决于采样周期 T 及信号 X 的动态响应。

2. 限速滤波法

设采样时刻 t_1、t_2、t_3 的采样值为 X_1、X_2、X_3。

若 $|X_2 - X_1| < \Delta X_0$，则取 X_2 为真实信号。

若 $|X_2 - X_1| \geq \Delta X_0$，则先保留 X_2，再与 X_3 进行比较，若 $|X_3 - X_2| < \Delta X_0$，则取 X_2 为真实信号；若 $|X_3 - X_2| \geq \Delta X_0$，则取 $(X_2 + X_3)/2$ 为真实信号。

实用中，常取 $\Delta X = (|X_1 - X_2| + |X_2 - X_3|)/2$

限速滤波法较为折衷，既照顾了采样的实时性，也照顾了采样值变化的连续性。

思　考　题

1. 简述传感检测系统的构成及各环节的作用？在传感检测系统中为什么要进行标度变换？

2. 查阅相关资料，简述机器人、数控机床、汽车等典型机电一体化产品常用哪些类型的传感器？请列举五种类型及其工作原理。

3. 简述传感器的静态特性、动态特性以及传感器的主要性能指标，举例说明机电一体化系统设计选择应用传感器的原则。

4. 简述增量式和绝对式脉冲旋转编码器的工作原理及用途。增量式脉冲编码器是如何检测数控机床进给轴的进给速度和进给行程的？试分析增量式脉冲旋转编码器的辨向原理。

5. 试分析用旋转编码器测量旋转速度和旋转加速度的工作原理。

6. 一个八位绝对式旋转编码器的最小分辨率为多少？如果要求此编码器的每个最小分辨率对应的马盘弧度长度至少为 0.01mm，码盘半径应为多大？

7. 简述光栅数字传感器为何要引入细分技术？细分的基本原理是什么？

8. 光栅数字传感器是如何测量位移的？试简述其测量系统的工作原理。

第四章

控制电动机及其选择与计算

    控制电动机是伺服控制系统的动力部件，它是将电能转换为机械能的一种能量转换装置。由于其可在很宽的速度和负载范围内进行连续、精确的控制，因而在各种机电一体化系统中得到了广泛的应用。

    控制电动机有回转驱动和直线驱动两种，通过电压、电流、频率（包括指令脉冲）等控制，实现定速、变速驱动或反复起动、停止的增量驱动以及复杂的驱动。图 4-1 所示为伺服电动机控制方式的基本形式。开环系统无检测装置，常用步进电动机驱动实现，每输入一个指令脉冲，步进电动机就旋转一定角度，它的旋转速度由指令脉冲频率控制，转角大小由脉冲个数决定。由于开环系统没有检测装置，误差无法测出和补偿，因此开环系统精度不高。闭环系统和半闭环系统有检测装置，闭环系统的检测装置装在移动部件上，可直接检测移动部件的位移，系统采用了反馈和误差补偿技术，因而可很精确地控制移动部件的移动距离。半闭环系统的检测装置装到伺服电动机上，在伺服电动机的尾部装有编码器或测速发电机，分别检测移动部件的位移和速度。由于传动件不可避免地存在受力变形和消除传动间隙等问题，因而半闭环系统控制精度不如闭环系统。

图 4-1 伺服电动机控制方式的基本形式

    本章主要介绍常用的步进电动机、直流伺服电动机、交流伺服电动机和直线电动机的工作原理、控制原理及其选用计算方法。

第一节 步进电动机及其控制

一、步进电动机的工作原理

    步进电动机是将电脉冲控制信号转换成机械角位移的执行元件。每接收一个电脉冲，在驱动电源的作用下，步进电动机转子就转过一个相应的步距角。转子角位移的大小及转速分别与输入的控制电脉冲数及其频率成正比，并在时间上与输入脉冲同步，只要控制输入电脉冲的数量、频率以及电动机绕组通电相序即可获得所需的转角、转速及转向，因此用微机很容易实现步进电动机的开环数字控制。

　　如图 4-2 所示，步进电动机一般由前后端盖、轴承、中心轴、转子铁心、定子铁心、定子组件、波纹垫圈、螺钉等部分构成。步进电动机也叫步进器，它利用电磁学原理，将电能转换为机械能，是由缠绕在电动机定子齿槽上的线圈驱动的。通常情况下，一根绕成圈状的金属丝叫作螺线管，而在电动机中，绕在定子齿槽上的金属丝则叫作绕组、线圈或相。

图 4-2　**步进电动机的结构组成**

图 4-3 所示为反应式步进电动机的结构简图。其定子有 6 个均匀分布的磁极，

每两个相对磁极组成一相，即有 U-U、V-V、W-W 三相，磁极上缠绕励磁绕组。

步进电动机的工作原理如图 4-4 所示，假定转子具有均匀分布的 4 个齿，齿宽及间距一致，故齿距为 360°/4 = 90°，三对磁极上的齿（即齿距）也为 90°均布，但在圆周方向依次错过 1/3 齿距（30°）。如果先将电脉冲加到 U 相励磁绕组，定子 U 相磁极就产生磁通，并对转子产生磁吸力，使转子离 U 相磁极最近的两个齿与定子的 U 相磁极对齐，V 磁极上的齿相对于转子齿在逆时针方向错过了 30°，W 磁极上的齿将错过 60°。当 U 相断电，再将电脉冲电流通入 V 相励磁绕组，在磁吸力的作用下，使转子与 V 相磁极靠得最近的另两个齿与定子的 V 相磁极对齐，由图 4-4 可以看出，转子沿着逆时针方向转过了 30°角。给 W 相通电，转子逆时针再转过 30°角；如此按照 U→V→W→U 的顺序通电，转子则沿逆时针方向一步步地转动，每步转过 30°，这个角度就叫步距角。显然，单位时间内通入的电脉冲数越多，即电脉冲频率越高，电动机转速就越高。如果按照 U→W→V→U 的顺序通电，步进电动机则沿顺时针方向一步步地转动。从一相通电换到另一相通电称为一拍，每一拍转子转动一个步距角。像上述的步进电动机，三相励磁绕组依次单独通电运行，换接三次完成一个通电循环，称为三相单三拍通电方式。

图 4-3 步进电动机的结构简图　　原理动画　　图 4-4 步进电动机的工作原理

如果使两相励磁绕组同时通电，即按 UV→VW→WU→UV… 的顺序通电，这种通电方式称为三相双三拍，其步距角仍为 30°。步进电动机还可以按三相六拍通电方式工作，即按 U→UV→V→VW→W→WU→U… 的顺序通电，换接六次完成一个通电循环。这种通电方式的步距角为 15°，是三拍通电时的一半。

步进电动机的步距角越小，意味着所能达到的位置控制精度越高。

二、步进电动机的特点

根据上述工作原理，可以看出步进电动机具有以下几个基本特点：

1) 步进电动机受数字脉冲信号控制，输出角位移与输入脉冲数成正比，即

$$\theta = N\beta \tag{4-1}$$

式中　θ——电动机转过的角度（°）；

N——控制脉冲数；

β——步距角（°）。

2) 步进电动机的转速与输入的脉冲频率成正比，即

$$n = \frac{\beta}{360} \times 60f = \frac{\beta f}{6} \tag{4-2}$$

式中　　n——电动机转速（r/min）；

　　　　f——控制脉冲频率（Hz）。

3）步进电动机的转向可以通过改变通电顺序来改变。

4）步进电动机具有自锁能力，一旦停止输入脉冲，只要维持绕组通电，电动机就可以保持在该固定位置。

5）步进电动机工作状态不易受各种干扰因素（如电源电压的波动、电流的大小与波形的变化、温度等）影响，只要干扰未引起步进电动机产生"丢步"，就不会影响其正常工作。

6）步进电动机的步距角有误差，一般为步距角的 3% ~ 5%。转子转过一定步数以后也会出现累积误差，但转子转过一转以后，其累积误差为"零"，不会长期积累。

7）没有电刷，可靠性较高，因此电动机的寿命仅仅取决于轴承的寿命。

8）电动机的响应仅由数字输入脉冲确定，采用开环控制方式的控制电动机系统结构简单，控制成本低。

9）步进电动机机体温度过高会使电动机的磁性材料退磁，从而导致力矩下降乃至于失步，因此电动机外表允许的最高温度应取决于不同电动机磁性材料的退磁点。一般来讲，磁性材料的退磁点都在 130℃ 以上，有的甚至高达 200℃ 以上，因此步进电动机外表温度在 80~90℃ 完全正常。

10）步进电动机的力矩会随转速的升高而下降。当步进电动机转动时，电动机各相绕组的电感将形成一个反向电动势；频率越高，反向电动势越大。在它的作用下，电动机随频率（或速度）的增大而相电流减小，从而导致力矩下降。

11）步进电动机低速时可以正常运转，但若高于一定速度就无法起动，并伴有啸叫声。步进电动机有一个技术参数：空载起动频率，即步进电动机驱动器在空载情况下能够正常起动的脉冲频率，如果脉冲频率高于该值，则电动机不能正常起动，可能发生丢步或堵转。在有负载的情况下，起动频率应更低。如果要使电动机达到高速转动，则脉冲频率应该有加速过程，即起动频率较低，然后按一定加速度升到所希望的高频（电动机转速从低速升到高速）。

12）步进电动机难以运转到较高的转速和难以获得较大的转矩。步进电动机超过负载时会破坏同步，高速工作时会发出振动和噪声。

步进电动机有结构简单、成本低、易于可靠地获得较高位置精度等显著特点，被广泛应用于开环结构的机电一体化系统，在数字化制造时代发挥着重大的作用。伴随着不同的数字化技术的发展以及步进电动机本身技术的提高，步进电动机将会在更多的领域得到应用。

三、步进电动机的运行特性及性能指标

1. 步距角 α

步进电动机在控制系统每给一个脉冲信号时，电动机转子转过角度的理论值称为步距角。即

$$\alpha = \frac{360°}{mzk} \tag{4-3}$$

式中　　m——定子相数；

　　　　z——转子齿数；

　　　　k——通电系数。如 m 相 m 拍，则 $k=1$；如 m 相 $2m$ 拍，则 $k=2$。

步距角 α 越小，步进电动机的分辨力越高。最常见的步进电动机步距角有 $0.36°/0.72°$，$0.6°/1.2°$，$0.75°/1.5°$，$0.9°/1.8°$，$1°/2°$，$1.5°/3°$等。

2. 静态特性

1）步进电动机的静态特性是指它在稳定状态时的特性，包括静转矩、矩-角特性及静态稳定区。在空载状态下，给步进电动机某相通以直流电流，转子齿的中心线与定子齿的中心线相重合，转子上没有转矩输出，此时的位置为转子初始稳定平衡位置。如果在电动机转子轴上加一负载转矩 T_L，则转子齿的中心线与定子齿的中心线将错过一个角度 θ_L 才能重新稳定下来。此时转子上的电磁转矩 T_j 与负载转矩 T_L 相等。该 T_j 为静态转矩，θ_L 为失调角。当 $\theta_L = \pm90°$，其静态转矩 T_{jmax} 为最大静转矩。静态转矩越大，自锁力矩越大，静态误差就越小。一般产品说明书中标示的最大静转矩就是指在额定电流下的 T_{jmax}。

当失调角 θ_L 在 $-\pi \sim \pi$ 的范围内，若去掉负载转矩 T_L，转子仍能回到初始稳定平衡位置。因此，在 $-\pi < \theta_L < \pi$ 的区域称为步进电动机的静态稳定区。

2）步进电动机的线圈通直流电时，带负载转子的电磁转矩与负载转矩平衡而产生的恢复电磁转矩称为静态转矩或静止转矩；静态转矩与失调角的关系称为角度-静态转矩特性，这就是步进电动机的静态特性，如图 4-5 所示。

因为转子为永磁体，产生的气隙磁密为正弦分布，所以理论上静态转矩特性曲线为正弦波。此角度-静态转矩特性为步进电动机产生电磁转矩能力的重要指标，最大转矩越大越好，转矩波形

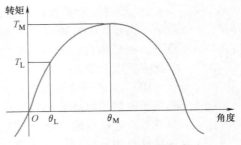

图 4-5　步进电动机的角度-静态
转矩特性曲线

越接近正弦越好。实际上磁极下存在齿槽转矩，使合成转矩发生畸变，如果两相电动机的齿槽转矩为静态转矩角度周期的 4 倍谐波，加在正弦的静态转矩上，则图 4-5 中所示的转矩为

$$T_L = T_M \sin[(\theta_L/\theta_M)\pi/2] \tag{4-4}$$

式中，T_L 与 T_M 分别表示负载转矩和最大静态转矩（或称把持转矩），相对应的功率角为 θ_L 和 θ_M，此位移角的变化决定了步进电动机的位置精度。根据式（4-4）得到

$$\theta_L = (2\theta_M/\pi)\arcsin(T_L/T_M) \tag{4-5}$$

3. 动态转矩特性

步进电动机的动态转矩特性直接影响到控制电动机系统的快速响应及工作稳定性、可靠性。它包括脉冲频率-转矩特性和脉冲频率-惯量特性。

（1）脉冲频率-转矩特性　在运动状态下，步进电动机输出转矩随控制脉冲频率不同而改变，即步进电动机动态转矩脉冲频率-转矩特性，是选用步进电动机的重要特性。如图 4-6 所示，纵轴为动态转矩，横轴为响应脉冲频率。步进电动机的动态转矩产生包括失步转矩和牵入转矩两个转矩。牵入转矩范围为从零到最大自起动脉冲频率或最大自起动频率区域。牵入转矩曲线与坐标轴包围的区域称为自起动区域。电动机同步进行正反转起动运行，在牵入转矩曲线与失步转矩曲线之间为运行区域，电动机在此区域内可带相应负载同步连续运行，超出范围的负载转矩将不能连续运行，出现失步现象。步进电动机为开环驱动控制，其负载转矩

与电磁转矩之间要有裕度，其值应为 50% ~ 80%。

图 4-6 步进电动机的动态转矩脉冲频率-转矩特性曲线

失步转矩与牵入转矩在响应脉冲频率为零时相等。随着响应脉冲频率的增加，步进控制电动机带负载能力会下降。由图 4-6 可以看出，为了得到步进电动机控制系统起步加速时所需的大转矩，在控制步进电动机起步运行开始，响应脉冲频率应缓慢增加，以便利用步进电动机低速下的大转矩特性，减少加速时间。

（2）脉冲频率-惯量特性　步进电动机在带惯性负载快速起动时，须有足够的起动加速度。因此，如果负载的惯量增加，则起动脉冲频率就下降，为此，在选择步进电动机时对两者要进行综合考虑。KP6P8-501 型步进电动机的动态转矩脉冲频率-惯量特性曲线如图 4-7 所示。

图 4-7 KP6P8-501 型步进电动机的动态转矩脉冲频率-惯量特性曲线

（3）暂态转矩特性　由于步进电动机的转子惯量作用，即使空载运行一步，也会产生超越角，并在超越角与返回角之间来回振荡，经过衰减后静止于所定角度，此为步进电动机的暂态响应特性。图 4-8 所示为步进电动机的暂态响应特性曲线，纵轴为转子的转动角度 θ，横轴为暂态响应时间 t。ΔT 为上升时间，$\Delta \theta$ 表示超越角，转子从自由静止到设定位置的时间

图 4-8 步进电动机的暂态响应特性曲线

（通常到达步距角的±5%误差范围的时间）称为稳定时间。

稳定时间越短，快速性越好。为了加快机构的运行速度，使稳定时间变短，步进电动机的阻尼（制动）变得很重要。

四、步进电动机的驱动控制

1. 步进电动机的驱动控制原理

步进电动机不能直接接到直流或交流电源上工作，必须使用专用的驱动电源（步进电动机驱动器）。步进电动机驱动器由环形脉冲分配器、与被驱动的步进电动机每相对应的功率放大器控制器组成。如图 4-9 所示，步进电动机驱动器将计算机数控（CNC）装置（脉冲信号发生器）送来的脉冲控制信号和旋转方向控制信号，按要求的配电方式自动地循环分配给步进电动机各相驱动绕组，以驱动步进电动机转子正反向旋转。

图 4-9　步进电动机的驱动控制原理

步进电动机驱动器为一种将电脉冲转化为角位移的执行机构，当步进电动机驱动器接收到一个脉冲信号，它就驱动步进电动机按设定的方向转动一个固定的角度（称为步距角），它的旋转是以固定的角度一步一步运行的。如图 4-10 所示，CNC 装置发的控制脉冲越快，步进电动机就转得越快，控制脉冲发得越多，步进电动机转的角度就越多。步进控制系统可以通过控制脉冲个数来控制角位移量，从而达到准确定位的目的；同时可以通过控制脉冲频率来控制电动机转动的速度和加速度，从而达到调速和定位的目的。

图 4-10　步距角为 0.72°的步进电动机控制脉冲与转角、转速关系

a）控制脉冲数与步进电动机转角关系　b）控制脉冲频率与步进电动机转速关系

2. 步进电动机驱动器控制接线方式

步进电动机驱动器控制接线方式如图 4-11 和图 4-12 所示。

图 4-11 步进电动机驱动器控制脉冲信号共阳极接线方式

图 4-12 步进电动机驱动器控制脉冲信号共阴极接线方式

3. 步进电动机驱动器应用举例

图 4-13 所示为 KD3605M 三相数字式步进驱动器及步进电动机。KD3605M 驱动器是基于全新一代 32 位数字信号处理器技术的高性能三相数字式步进驱动器，在内部采用类似伺服的控制原理、独特的电路设计和优越的软件算法处理，即使在低细分条件下也可以使电动机低速运行平稳，几乎没有振动和噪声；平滑、精确的电流控制技术大大减小了电动机发热；驱动电压为 DC 20~50V，适配电流在 5.5A 以下和外径为 42~86mm 的各种型号的三相混合式步进电动机。在点胶机、激光雕刻等中、

低速应用领域，其平稳性、低振动、低噪声性能优势明显，可大大提高设备性能。

KD3605M 三相数字式步进驱动器指示灯及引脚如图 4-14 所示，其控制脉冲信号时序图如图 4-15 所示。

图 4-13　KD3605M 三相数字式步进驱动器及步进电动机

a）步进驱动器　b）步进电动机

指示灯及引脚功能说明		
标记符号	功　能	注　释
PWR	电源指示灯	通电时，指示灯亮
ALARM	故障指示灯	电流过高，电压过低或过高时，红色指示灯亮
PU+	脉冲信号光电隔离正端	接信号电源，+5～+24V均可驱动，高于+5V需在PU-端接限流电阻
PU-	脉冲信号光电隔离负端	下降沿有效，每当脉冲由高变低时电动机走一步，内置输入电阻220Ω，要求：低电平0～0.5V，高电平4～5V，脉冲宽度＞2.5μs
DR+	方向信号光电隔离正端	接信号电源，+5～+24V均可驱动，高于+5V需在DR-端接限流电阻
DR-	方向信号光电隔离负端	用于改变电动机方向，内置输入电阻220Ω，要求：低电平0～0.5V，高电平4～5V，脉冲宽度＜2.5μs
MF+	电动机释放信号光电隔离正端	接信号电源，+5～+24V均可驱动，高于+5V需在MF-端接限流电阻
MF-	电动机释放信号光电隔离负端	有效(低电平)时关断电动机线圈电流，电动机处于自由状态
+V	电源正极	20～50V直流输入，电源功率大于150W
-V	电源负极	
U	接步进电动机U相绕组	当U与V接线调换时，可以将电动机方向反向
V	接步进电动机V相绕组	
W	接步进电动机W相绕组	
N	保留	空脚

左侧标注（图 4-14 左图引脚）：
电源指示灯(绿)
故障指示灯(红)
步进脉冲信号+　PU+
步进脉冲信号-　PU-
方向控制信号+　DR+
方向控制信号-　DR-
电动机释放信号+　MF+
电动机释放信号-　MF-
细分设定表　SW8 SW7 SW6 SW5
锁机电流选择　SW4 SW3
电流设定表　SW2 SW1
DC 20～50V　-V　+V
U
V
W
N

图 4-14　KD3605M 三相数字式步进驱动器指示灯及引脚

PU 步进脉冲信号　＜1μs　＜1μs　2.5μs

DR 方向控制信号　＞125μs

MF 电动机释放信号　＜1μs

图 4-15　驱动控制器控制脉冲信号时序图

五、步进电动机的选用

选用步进电动机时，首先根据机械结构草图计算机械传动装置及负载折算到电动机轴上的等效转动惯量，然后分别计算各种工况下所需的等效力矩，再根据步进电动机最大静转矩和起动、运行矩频特性选择合适的步进电动机。

1. 转矩和惯量匹配条件

为了使步进电动机具有良好的起动能力及较快的响应速度，通常推荐

$$T_L/T_{jmax} \leqslant 0.5 \text{ 及 } J_L/J_m \leqslant 4$$

式中　T_{jmax}——步进电动机的最大静转矩（N·m）；

T_L——换算到电动机轴上的负载转矩（N·m）；

J_m——步进电动机转子的最大转动惯量（kg·m²）；

J_L——折算步进电动机转子上的等效转动惯量（kg·m²）。

根据上述条件，初步选择步进电动机的型号。然后，根据动力学公式检查其起动能力和运动参数。

由于步进电动机的起动矩-频特性曲线是在空载下绘出的，检查其起动能力时应考虑惯性负载对起动转矩的影响，即从起动惯-频特性曲线上找出带惯性负载的起动频率，然后再查其起动转矩和计算起动时间。当在起动惯-矩特性曲线上查不到带惯性负载时的最大起动频率，可用式（4-6）近似计算

$$f_L = \frac{f_m}{\sqrt{1+J_L/J_m}} \tag{4-6}$$

式中　f_L——带惯性负载的最大起动频率（Hz 或脉冲/s）；

f_m——电动机本身的最大空载起动频率（Hz 或脉冲/s）；

J_m——电动机转子的转动惯量（kg·m²）；

J_L——换算到电动机轴上的转动惯量（kg·m²）。

当 $J_L/J_m = 3$ 时，$f_L = 0.5f_m$。

不同 J_L/J_m 下的矩-频特性如图 4-16 所示。由此可见，J_L/J_m 比值增大，自起动最大频率减小，其加减速时间将会延长，这就失去了快速性，甚至难于起动。

图 4-16　不同 J_L/J_m 下的矩-频特性

2. 步矩角的选择和精度

步矩角的选择是由脉冲当量等因素来决定的。步进电动机的步距角精度将会影响开环系统的精度。电动机的转角 $\theta = N\beta \pm \Delta\beta$，其中 $\Delta\beta$ 为步矩角精度，它是在空载条件下，在 360°范围内转子从任意位置步进运行时，每隔指定的步数，测定其实际角位移与理论角位移之差，称为静止角度误差，并用正负峰值之间的 1/2 来表示。其误差越小，电动机精度越高。$\Delta\beta$ 一般为 β 的 ±(3% ~ 5%)，它不受 N 值大小的影响，也不会产生累积误差。

六、闭环步进驱动器在木工雕刻机上的应用

目前家具厂商采用的木工雕刻机大部分用的还是普通开环的步进电动机系统，由于步进电动机转速低，步距角大，使得雕刻机的雕刻速度慢，并且雕刻精度较差，这就直接影响了家具厂的生产率和生产品质，而且步进电动机系统容易产生丢步，发生错误时也不能及时纠正，从而造成材料的损失。交流伺服系统作为高转速和高细分精度的运动控制系统，在此有着无与伦比的优势，但是交流伺服系统价格较贵，不利于降低成本。

某科技有限公司凭借多年运动控制行业的专业背景，研发出了闭环步进系统（或称混合伺服系统），有效地平衡了步进、伺服在速度、精度、价格三方面的矛盾，具有很高的性价比。该系统的混合伺服电动机在恒转矩输出下转速能达到 2000r/min，编码器线数为 2500 脉冲/r，驱动器内部采用 4 倍频技术对控制脉冲进行 4 细分后可使电动机每圈分辨力达 10000 脉冲/r。显然，无论其速度还是精度都大大超过了木工雕刻机的要求。

图 4-17 所示为应用于木工雕刻机的某科技有限公司生产的闭环步进驱动原理。该步进驱动器采用最新的专用电动机控制数字信号处理器芯片和矢量闭环控制技术，解决了开环步进电动机丢步的问题，同时明显提升了电动机的高速性能，降低了电动机发热，减小了电动机振动，提升了机器加工速度和精度，降低了机器能耗。产品系列适配两相 28/42/57/60/86 混合伺服电动机，质量稳定，性能优越，方便传统步进驱动方案升级，为用户创造最大利润价值。数字信号处理器式闭环驱动器主要应用于雕刻机、切割机、端子机、机器人、激光设备、广告设备、包装设备等自动化设备。在用户期望性能提升、降低成本替代进口伺服系统的设备中具有极佳的市场推广价值。

CNC装置　　　　　　MAA860-IE闭环步进驱动器　　　86mm系列闭环步进电动机

图 4-17　某科技公司的闭环步进驱动原理

图 4-18 所示为采用该科技公司闭环步进驱动器的木工数控雕刻机，它包括以下几个部分：

数控系统：采用用户已研制开发的数控系统。

主轴系统：采用一体式的电主轴，由变频器驱动。

进给驱动系统：采用滚珠丝杠、弹性联轴器、线性导轨、伺服驱动系统。

该木工雕刻机数控系统的工作过程由以下几部分组成：

图 4-18　采用某科技公司闭环步进驱动器的木工数控雕刻机

1）图样制作：将待雕刻的图案文字信息，按照标准的指令格式编写成程序，由输入部分送入计算机。

2）图样解析：经过计算机处理、运算，将各个坐标轴的分量送至各个轴的驱动电路。

3）刀具加工：驱动电路带动各个轴转动，并进行反馈控制，将主轴电动机移送到精确的位置。

4）重复上述步骤，最终完成待雕刻的图案或文字。

第二节　直流伺服电动机及其控制

直流伺服电动机是用直流电供电的电动机，当它在机电一体化设备中作为驱动元件时，其功能是将输入的受控电压/电流能量，转换为电枢轴上的角位移或角速度输出。

一、直流伺服电动机及其驱动

直流伺服电动机的工作原理，与普通直流电动机基本相同，由于伺服电动机要满足小的机电时间常数、调速范围宽、输出力矩大、低速转矩脉动小、动态响应等要求，因而两者在结构上有较大不同。直流伺服电动机通常用永久磁铁励磁，现常用稀土永磁材料。稀土材料矫顽力高，剩磁磁能积高，可以使定子的结构十分紧凑，从而使电动机体积大大缩小。当电动机的电枢做成特殊形式，就能满足伺服电动机性能的要求。图 4-19 所示为电枢做成空心杯的直流伺服电动机的结构示意图。直流伺服电动机需要有电刷、换向器以使电枢绕组流过的电流换向，但电刷和换向器使直流电动机的应用受到限制。

随着大功率开关器件、新型永磁材料等新材料新技术的发展，使无刷直流电动机得以产生、发展，并被广泛应用。无刷直流伺服电动机转子用永磁体制成，电枢在定子上，转子上装有转子位置检测器，电刷和换向器用逆变器和转子位置检测器以及控制电路所代替。无刷的优越性是显而易见的。无刷直流电动机的定子铁心中嵌放对称的多相绕组，绕组分别与逆变器中各开关管相连接，如图 4-20 所示。绕组相数可以是二相、三相或四相。转子结构有多种形式，不同的转子结

图 4-19　电枢做成空心杯的直流伺服电动机的结构示意图
1—机壳　2—磁钢　3—电枢杯　4—电刷

构具有自身性能上的特点。图 4-21 所示是转子铁心外圆粘贴瓦片型稀土永磁体径向磁化的结构示意图。其中紧圈是保护永磁体在工作时不被甩出。转子位置传感器是检测转子磁极相对定子电枢绕组轴线的位置，并向控制器提供位置信号。转子位置传感器常见的有霍尔元件、电磁传感器、光电传感器、接近开关等。

下面以三相绕组星形接法 120°导电型无刷直流电动机为例，简述其工作原理。

图 4-20　无刷直流伺服电动机的工作原理

**图 4-21　无刷直流伺服电动机的
转子结构示意图**
1—紧圈　2—稀土永磁体　3—铁心　4—转轴

如图 4-20 所示，当转子磁极在某一位置时，转子位置传感器输出磁极位置信号，经控制换向器驱动逆变器，使功率开关管 V_1、V_6 导通，绕组 A、B 导通，电流由电源正极 $V_1 \rightarrow A \rightarrow B \rightarrow V_6 \rightarrow$ 电源负极流过，在定子电枢绕组磁场和转子磁场的相互作用下，转子顺时针方向转动。转子转过 60°电角度时，转子传感器输出磁极位置信号，经控制换向电路驱动逆变器，使功率开关管 V_6 截止，V_2 导通，V_1 仍导通，电流由电源正极 $V_1 \rightarrow A \rightarrow C \rightarrow V_2 \rightarrow$ 电源负极流通，使转子顺时针再转过 60°电角度。依此类推，往复循环。一个循环内，功率开关管导通顺序为（V_1，V_6）$\rightarrow$（V_1，V_2）$\rightarrow$（V_3，V_2）$\rightarrow$（V_3，V_4）$\rightarrow$（V_5，V_4）$\rightarrow$（V_5，V_6）$\rightarrow$（V_1，V_6）。每个功率开关管导通时间是 120°电角度，每次同时有两个管导通，每相绕组通电时间相当于转子转过 120°电角度。三相绕组与各功率开关管导通顺序及各相理想电流波形如图 4-22 所示。

有刷直流电动机线圈内的电流是交变的，但由于有机械的换向器和电刷的存

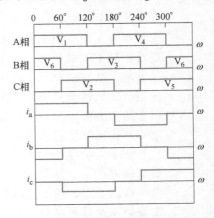

**图 4-22　三相星形接法无刷直流电动机
功率开关管导通顺序及各相理想电流波形**

在，使人感觉到直流的存在，因此称为直流电动机。由图 4-22 可看出，无刷直流电动机线圈内的电流是交变的，但用电力电子器件做成的逆变器代替了机械换向器，而逆变器所需的直流输入是由交流整流而来的，故无刷直流伺服电动机也常归为交流伺服电动机。

二、直流伺服电动机的特点

直流伺服电动机有如下特点：

1）稳定性好。直流伺服电动机具有下垂的机械性能，能在较宽的速度范围内稳定运行。

2）可控性好。直流伺服电动机具有线性的调节特性，能使转速正比于控制电压的大小；转向取决于控制电压的极性（或相位）；控制电压为零时，转子惯性很小，能立即停止。

3）响应迅速。直流伺服电动机具有较大的起动转矩和较小的转动惯量，在控制信号增加、减小或消失的瞬间，直流伺服电动机能快速起动、快速增速、快速减速和快速停止。

4）控制功率低，损耗小。

5）转矩大。直流伺服电动机广泛应用在宽调速系统和精确位置控制系统中，其输出功率一般为 1～600W，也有达数千瓦。电压有 6V、9V、12V、24V、27V、48V、110V、220V 等。转速可达 1500～1600r/min。时间常数低于 0.03。

三、直流伺服电动机的分类与结构

1. 直流伺服电动机的分类与型号命名

直流伺服电动机的品种很多，随着科学技术的发展，至今还在不断出现各种新品种及新结构。

按照励磁方式的不同，直流伺服电动机有电磁式和永磁式两类。其中，电磁式大多是他励式直流伺服电动机；永磁式则和一般永磁直流电动机一样，用氧化体、铝镍钴、稀土钴等磁材料产生励磁磁场。

在结构上，直流伺服电动机分为一般电枢式、无刷电枢式、绕线盘式和空心杯电枢式等。为避免电刷和换向器的接触，还有无刷直流伺服电动机。根据控制方式，直流伺服电动机可分为磁场控制方式和电枢控制方式。显然，永磁直流伺服电动机只能采用电枢控制方式，一般电磁式直流伺服电动机大多也用电枢控制方式。

直流伺服电动机大多用机座号表示机壳外径，国产直流电动机的型号命名包含四个部分。其中，第一部分用数字表示机座号，第二部分用汉语拼音表示名称代号，第三部分用数字表示性能参数序号，第四部分用数字和汉语拼音表示结构派生代号。例如 28SY03-C 表示 28 号机座永磁式直流伺服电动机、第 3 个性能参数序号的产品、SY 系列标准中选定的一种基本安装型式、轴伸型式派生为齿轮轴伸。又如 45SZ27-5J 表示 45 号机座电磁式直流伺服电动机、第 27 个性能参数序号的产品、安装型号为 K5、轴伸型式派生为键槽轴伸。

2. 结构形式及特点

各类直流伺服电动机的结构特点见表 4-1。

表 4-1 各类直流伺服电动机的结构特点

分 类		结 构 特 点
普通型	永磁式伺服电动机	与普通直流电动机相同,但电枢铁心长度与直径之比较大,气隙也较小,磁场由永久磁钢产生,无需励磁电源
	电磁式伺服电动机	定子通常由硅钢片冲制叠压而成,磁极和磁轭整体相连,在磁极铁心上套有励磁绕组,其他同永磁式直流电动机
低惯量式	电刷绕组伺服电动机	采用圆形薄板电枢结构,轴向尺寸很小,电枢用双面敷铜的胶木板制成,上面用化学腐蚀或机械刻制的方法制作绕组。绕组导体裸露,在圆盘两面呈放射形分布。绕组散热好,磁极轴向安装,电刷直接在圆周盘上滑动,圆盘电枢表面上有裸露导体部分起着换向器的作用
	无槽伺服电动机	电枢采用无齿槽的光滑圆柱铁心结构,电枢制成细而长的形状,以减小转动惯量,电枢绕组直接分布在电枢铁心表面,用耐热的环氧树脂固化成形。电枢气隙尺寸较大,定子采用高导磁的永久磁钢励磁
	空心杯电枢伺服电动机	电枢绕组用漆包线绕在线模上,再用环氧树脂固化成杯形结构,空心杯电枢内外两侧由定子铁心构成磁路,磁极采用永久磁钢,安放在外定子上
直流力矩伺服电动机		直流力矩伺服电动机设计主磁通为径向的盘式结构,长径比一般为1:5,扁平结构宜于定子安置多块磁极,电枢选用多槽、多换向片和多串联导体数,总体结构有分装式和组装式两种。通常定子磁路有凸极式和稳极式(也称桥式磁路)
直流无刷伺服电动机		直流无刷伺服由电动机主体、位置传感器、电子换向开关三部分组成。电动机主体由一定极对数的永磁钢转子(主转子)和一个多向的电枢绕组定子(主定子)组成,转子磁钢有两极或多极结构。位置传感器是一种无机械接触的检测转子位置的装置,由传感器转子和传感器定子绕组串联,各功率元件的导通与截止取决于位置传感器的信号

四、直流伺服电动机的驱动及控制

1. 直流伺服电动机的驱动方式

直流伺服电动机用直流供电,为调节电动机转速和方向需要对其直流电压的大小和方向进行控制。目前常用晶体管脉宽调速驱动和可控硅直流调速驱动两种方式。可控硅直流(SCR)驱动方式,主要通过调节触发装置控制可控硅的导通角(控制电压大小)来移动触发脉冲的相位,从而改变整流电压的大小,使直流电动机电区电压的变化易平滑调速。由于可控硅本身的工作原理和电源的特点,导通后是利用交流(50Hz)过零来关闭的,因此在低整流电压时,其输出是很小的尖峰值(三相全波时每秒300个)的平均值,从而造成电流的不连续性。而采用脉宽调速驱动系统,其开关频率高(通常达2000~3000Hz)伺服机构能够响应的频带范围也较宽。与可控硅相比,其输出电流脉动非常小,接近于纯直流。

脉宽调制(PWM)直流调速驱动系统原理如图 4-23 所示。当输入一个直流控制电压 U 时就可得到宽度与 U 成比例的脉冲方波给伺服电动机电枢回路供电。通过改变脉冲宽度来改变电枢回路的平均电压,得到不同大小的电压值 U_a,使直流电动机平滑调速。设开关 S 周期性地闭合、断开,开和关的周期是 T,在一个周期

T 内，闭合的时间是 τ，开断的时间是 $T-\tau$。若外加电源电压 U 为常数，则电源加到电动机电枢上的电压波形将是一个方波列，其高度为 U，宽度为 τ，则一个周期内电压的平均值为

$$U_a = \frac{1}{T}\int_0^\tau U\mathrm{d}t = \frac{\tau}{T}U = \mu U \tag{4-7}$$

式中，$\mu = \tau/T$ 称为导通率，又称占空系数。

当 T 不变时，只要连续地改变 $\tau(0 \sim T)$ 就可以连续地使 U_a 由 0 变化到 U，从而达到连续改变电动机转速的目的。在实际应用的 PWM 系统中，采用大功率晶体管代替 S，其开关频率一般为 2000Hz，即 $T = 0.05\mathrm{ms}$，它比电动机的机械时间常数小得多，故不至于引起电动机转速脉动，常选用的开关频率为 500 ~ 2500Hz。图 4-23 中的二极管为续流二极管，当 S 断开时，由于电感 L_a 的存在，电动机的电枢电流 I_a 可通过它形成回路而继续流动，因此尽管电压呈脉动状，而电流还是连续的。

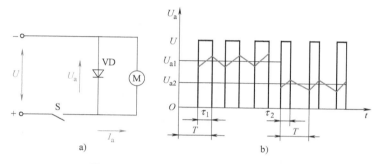

图 4-23 **PWM 直流调速驱动系统原理**

a) 控制电路 b) 电压-时间关系

2. 直流伺服系统的组成

典型的直流伺服系统如图 4-24 所示，该系统包括 PWM 功率放大器，以及速度负反馈、位置负反馈等环节。控制系统对 PWM 功率放大电路进行控制，接收电压、速度、位置变化信号，并对其进行处理，产生正确的控制信号，控制 PWM 功率放大器工作，使伺服电动机运行在给定状态中。

图 4-24 **典型的直流伺服系统**

五、直流伺服驱动控制系统举例

如图 4-25 所示，M2DC 系列直流伺服驱动器采用 20 ~ 60V 低压直流输入驱动器，支持比例积分微分（PID）增益参数自动整定，内置反电动势吸收电阻，支持位置控制、速度模式、转矩模式及 Q 编程，支持 SCL/eSCL 语言通信，满足由电池供电的设备应用需求，结构紧凑、体积小巧、运行效率高，可广泛应用于仓储/

物流自动化、医疗设备、自动导引小车（AGV）、车载设备等行业。本部分以鸣志M2DC系列直流伺服驱动器为例介绍直流伺服驱动器主电路配线、不同控制模式下接线及其主要参数设定。

图 4-25　M2DC 系列直流伺服驱动器

1. M2DC 系列直流伺服驱动器外部主电路

如图 4-26 所示，M2DC 系列直流伺服驱动器外部主电路与主电源、直流伺服电动机、PLC 等上位机控制器连线。由图 4-26 可以看出，该系列驱动器支持 Modbus、CANopen、EtherNet/IP、Ethernet（eSCL）等工业现场总线控制方式。该驱动器端子说明详见表 4-2。

图 4-26　M2DC 系列直流伺服驱动器外部主电路

表 4-2 M2DC 系列直流伺服驱动器端子说明

类型	名称	说明		
P1	V+、V−	主电路供电		
	AUX	辅助电路供电（AUX 与 V−）		
	⏚	接地		
P2	U、V、W	电动机连接端子		
		端子记号	线色	说明
		U	红	电动机三相供电
		V	黄	
		W	蓝	
	⏚	接地		
CN1	通信口连接	连接至 PC		
CN2	I/O 连接	输入输出信号连接口		
CN3	编码器接口	电动机编码器连接口		
CN4	保留	—		
CN5	STO	安全转矩停止功能连接口		
CN6	RS485/CANopen 接口 Ethernet 接口 *RS232 接口	RS485/CANopen/Ethernet 通信菊花链接口 *RS232 接口（适用于-Q 型驱动器）		
CN7	RS485/CANopen 接口 Ethernet 接口	RS485/CANopen/Ethernet 通信菊花链接口		

2. M2DC 系列直流伺服驱动器控制信号

M2DC 系列直流伺服驱动器具有 12 路数字输入信号和 2 路模拟量输入信号，每一路输入信号都可以通过参数配置为特定的功能。在 M2DC 系列直流伺服驱动器中，各引脚具有特定功能信号（如脉冲方向信号、使能信号等），在速度模式、转矩模式、Q 编程、通信控制模式下作为通用输入信号。其各控制信号引脚功能详见表 4-3。

表 4-3 M2DC 系列直流伺服驱动器各控制信号引脚功能

通用	信号名称	引脚	功能
X1	X1+	3	此引脚有 3 种功能：1. 在位置模式下作为 STEP 脉冲信号输入，可以接收脉冲信号、CW/CCW 脉冲信号、正交脉冲信号中的一路
	X1−	4	2. 当工作于转矩和速度模式时，该引脚可接收起动/停止信号 3. 通用输入信号
X2	X2+	5	此引脚有 3 种功能：1. 在位置模式下作为 DIR 脉冲信号输入，可以接收脉冲方向信号、CW/CCW 脉冲信号、正交脉冲信号中的一路
	X2−	6	2. 当工作于转矩和速度模式时，该引脚可接收方向信号用于切换转矩或速度方向 3. 通用输入信号
X3	X3+	29	1. 使能信号，伺服使能/非使能信号
	X3−	31	2. 通用输入信号

（续）

通用	信号名称	引脚	功　能
X4	X4+	35	1. 报警清除信号,清除当前驱动器的报警内容
	X4−	34	2. 通用输入信号
X5	X5+	8	1. 限位信号
	X5−	2	2. 通用输入信号
X6	X6+	9	1. 限位信号
	X6−	1	2. 通用输入信号
X7	X7+	39	1. 伺服增益选择,脉冲位置模式下有效
	X7−	38	2. 通用输入信号
X8	X8+	12	1. 控制模式切换,在主控制模式和第二控制模式间切换
	X8−	32	2. 通用输入信号
X9	X9	26	1. 切换脉冲输入电子齿轮,切换脉冲输入电子电子齿轮
			2. 通用输入信号
X10	X10	27	1. 脉冲输入禁止,使用此功能可以禁止接收外部脉冲信号
			2. 8 段速度选择,Input1
			3. 通用输入信号
X11	X11	28	1. 8 段速度选择,Input2
			2. 通用输入信号
X12	X12	30	1. 8 段速度选择,Input3
			2. 通用输入信号
COM	COM	7	X9~X12 输入信号公共点

3. 位置控制模式下的接线及其主要参数设定

位置模式被广泛地应用于需要精确定位的设备中。在 M2DC 系列直流伺服中具有多种位置模式：数字脉冲位置模式、模拟量位置模式。M2DC 系列直流伺服驱动器在数字脉冲位置模式下的接线如图 4-27 所示。

（1）M2DC 系列直流伺服驱动器控制模式参数设定　详见表 4-4。

（2）位置控制模式下控制脉冲输入类型设定　M2DC 系列直流伺服驱动器可以通过设定参数 P-43（SZ）来控制脉冲输入的类型与极性控制脉冲输入,见表 4-5。控制脉冲有三种形式可以选择：脉冲 & 方向、CW/CCW 脉冲、A/B 正交脉冲。

4. 速度控制模式下的接线及其主要参数设定

速度控制模式被应用于精密控速的场合。

（1）M2 伺服驱动器的速度控制模式　这种驱动器有四种速度控制模式：固定速度、模拟输入、指令及多段速度。

1）固定速度控制模式是指电动机固定运转在设定好的速度。

2）模拟输入速度控制模式可经由外界来的电压来操纵电动机的转速。M2DC 系列直流伺服具有 2 路 12 位模拟量 A-D 转换,在输入单端信号时,ANA1 作为速度指令,ANA2 作为转矩指令；也可将 ANA1/ANA2 作为模拟量差分输入,可分别设定输入低通滤波、偏移量（Offset）、死区（Deadband）等。

图 4-27　M2DC 系列直流伺服驱动器在数字脉冲位置模式下的接线

表 4-4　M2DC 系列直流伺服驱动器控制模式参数 P-12 的设定

模　式	控制信号	P-12(CM) 定义	说　明
数字脉冲位置模式	脉冲 & 方向 CW/CCW 脉冲 A/B 正交脉冲	7	500kHz 集电极开路高速输入或者 2MHz 差分信号输入
模拟量位置模式	+10～-10V 模拟量信号	22	使用模拟量信号进行位置控制
位置表	数字量输入信号	25	具有直线运动及圆周运动两种模式。直线运动最多支持 64 点位置,圆周运动最多可等分 32 点

表 4-5　M2DC 系列直流伺服驱动器控制脉冲输入类型参数 P-43 的设定

参数	脉冲类型	正转方向条件	正　转	反　转	设定值（10 进制）
P-43（SZ）低 8 位	脉冲 & 方向	X2 On	脉冲输入 Pules ON/OFF 方向信号 DIR ON/OFF	脉冲输入 Pules ON/OFF 方向信号 DIR ON/OFF	0
		X2 Off	脉冲输入 Pules ON/OFF 方向信号 DIR ON/OFF	脉冲输入 Pules ON/OFF 方向信号 DIR ON/OFF	4
	CW/CCW 脉冲	Pulse On X1	CW脉冲 ON/OFF CCW脉冲 ON/OFF	CW脉冲 ON/OFF CCW脉冲 ON/OFF	1
		Pulse On X2	CW脉冲 ON/OFF CCW脉冲 ON/OFF	CW脉冲 ON/OFF CCW脉冲 ON/OFF	5
	A/B 正交脉冲	X1 Lead X2	A相 ON/OFF B相 ON/OFF（90°）	A相 ON/OFF B相 ON/OFF（90°）	2
		X2 Lead X1	A相 ON/OFF B相 ON/OFF（90°）	A相 ON/OFF B相 ON/OFF（90°）	6

3）指令速度控制模式是使用鸣志特有的 SCL 串口通信指令来控制电动机。

4）多段速度控制模式是指使用输入信号选择不同段的转速，最多可以有 8 段速度。

（2）M2DC 系列直流伺服驱动器控制模式参数的设定　详见表 4-6。

表 4-6　M2DC 系列直流伺服驱动器控制模式参数的设定

模式	控制信号	P-12（CM）定义	说　　明
模拟量速度模式	+10~-10V 模拟量信号	11	模拟量速度模式，无起停信号，X2 为方向信号
模拟量速度模式	+10~-10V 模拟量信号	12	模拟量速度模式，X1 为起停信号，X2 为方向信号
速度模式	数字量输入信号	15	内部速度模式，驱动器使能后，以 P-22（JS）设定的速度运行，无起停信号，X2 为方向信号
速度模式	数字量输入信号	16	内部速度模式，驱动器使能后，以 P-22（JS）设定的速度运行，X1 为起停信号，X2 为方向信号

（续）

模式	控制信号	P-12(CM)定义	说 明
多段速度模式	数字量输入信号	17	内部多段速度模式,无起停信号,X2为方向信号,X10、X11、X12为速度段选择信号
多段速度模式	数字量输入信号	18	内部多段速度模式,X1为起停信号,X2为方向信号,X10、X11、X12为速度段选择信号

（3）速度控制模式下接线 M2DC 系列直流伺服驱动器速度控制模式下的接线如图 4-28 所示。

图 4-28 M2DC 系列直流伺服驱动器速度控制模式下的接线

5. 模拟量转矩模式下的接线及其主要参数设定

转矩控制模式被应用于精密转矩控制的场合。

（1）M2 伺服驱动器的转矩模式 这种驱动器有两种转矩控制模式：模拟量输入转矩模式及指令转矩模式。

1）模拟量转矩模式可经由外界来的电压来控制电动机的转矩。

2）指令转矩模式是使用鸣志特有的 SCL 串口通信指令来控制电机。

（2）M2DC 系列直流伺服驱动器模拟量转矩控制模式参数的设定 详见表 4-7。

表 4-7　M2DC 系列直流伺服驱动器模拟量转矩控制参数 P-12 的设定

模　式	控制信号	P-12(CM)定义	说　　明
模拟量转矩模式	+10~-10V 模拟量信号	2	模拟量转矩模式,无起停信号,无方向信号
模拟量转矩模式	+10~-10V 模拟量信号	5	模拟量转矩模式,X1 为起停信号,无方向信号
模拟量转矩模式	+10~-10V 模拟量信号	3	模拟量转矩模式,无起停信号,当 X2 导通时,电动机将改变当前运转方向
模拟量转矩模式	+10~-10V 模拟量信号	4	模拟量转矩模式,无起停信号,当 X2 开路时,电动机将改变当前运转方向
模拟量转矩模式	+10~-10V 模拟量信号	6	模拟量转矩模式,当 X1 为起/停起信号,当 X2 导通时,电动机将改变当前运转方向
模拟量转矩模式	+10~-10V 模拟量信号	8	模拟量转矩模式,当 X1 为起/停起信号,当 X2 开路时,电动机将改变当前运转方向
SCL 指令转矩模式	SCL 通信指令	1	

（3）模拟量转矩控制模式下的接线 M2DC 系列直流伺服驱动器模拟量转矩控制模式下的接线如图 4-29 所示。

图 4-29　M2DC 系列直流伺服驱动器模拟量转矩控制模式下的接线

第三节　交流伺服电动机及其控制

一、交流伺服电动机的种类和结构特点

1. 种类

交流伺服电动机分为两种：同步型和感应型。

（1）同步型（SM）　指采用永磁结构的同步电动机，又称为无刷直流伺服电

动机。其特点如下：

1）无接触换向部件。

2）需要磁极位置检测器（如编码器）。

3）具有直流伺服电动机的全部优点。

（2）感应型（IM） 指笼型感应电动机。其特点如下：

1）对定子电流的励磁分量和转矩分量分别控制。

2）具有直流伺服电动机的全部优点。

2. 结构特点

交流伺服电动机采用了全封闭无刷结构，以适应实际生产环境，不需要定期检查和维修。其定子省去了铸件壳体，结构紧凑、外形小、重量轻（只有同类直流电动机重量的75%~90%）。定子铁心较一般电动机开槽多且深，围绕在定子铁心上，绝缘可靠，磁场均匀。可对定子铁心直接冷却，散热效果好，因而传给机械部分的热量小，提高了整个系统的可靠性。转子采用具有精密磁极形状的永久磁铁，因而可实现高转矩/惯量比，动态响应好，运行平稳。转轴安装有高精度的脉冲编码器作为检测元件。因此，交流伺服电动机以其高性能、大容量日益受到广泛的重视和应用。

二、交流伺服电动机的控制方法

由于交流伺服电动机在结构上分为两类，因此每种类型在控制方式上也采用不同的方法。

1. 同步型伺服电动机的控制方法

采用永久磁铁场的同步型伺服电动机不需要磁化电流控制，只要检测磁铁转子的位置即可，故比感应型伺服电动机容易控制。转矩产生机理与直流伺服电动机相同。同步型伺服电动机的控制原理如图4-30所示。

图4-30 同步型伺服电动机控制原理

CONV.—整流器 SM—同步电动机 INV.—变换器 PS—磁极位置检测器

REF.—速度基准 IFG—电流函数发生器 SC—速度控制放大器

CC—电流控制放大器 RD—速度变换器 PWM—脉宽调制器 P.B.U.—再生电路

2. 感应型伺服电动机的控制方法

（1）矢量控制 采用交流伺服电动机作为机电一体化产品进给伺服系统的执行元件和实现精密位置控制，并能在较宽的范围内产生理想的转矩，提高生产率，其关键在于要解决对交流电动机的控制和驱动。利用微处理器和计算机数控（CNC）装置对交流电动机做磁场的矢量控制，即把交流电动机的作用原理看作和直流电动机相似，像直流电动机那样实现转矩控制。

直流他励电动机转矩 M 与电枢电流 I_a 的关系为

$$M = C_M I_a \Phi \tag{4-8}$$

式中　C_M——转矩系数；

　　　Φ——气隙磁通。

对于补偿较好的电动机，电枢反应影响很小。当励磁电流不变时，转矩与电枢电流成正比，因此比较容易实现良好的动态性能。而交流异步电动机的转矩与转子电流 I_2 的关系为

$$M = C_M I_2 \Phi \cos\varphi \tag{4-9}$$

其中，气隙磁通 Φ、转子电流 I_2、转子功率因数 $\cos\varphi$ 是转差率 S 的函数，难以直接控制。比较容易控制的是定子电流 I_1，而定子电流 I_1 又是转子电流 I_2 的折和值与励磁电流 I_0 的矢量和。因此，要准确地动态控制转矩显然比较困难。矢量变换控制方式设法在交流电动机上模拟直流电动机控制转矩的规律，以使交流电动机具有同样产生及控制电磁转矩的能力。矢量变换控制的基本思路是按照产生同样的旋转磁场这一等效原则建立起来的。

众所周知，三相固定的对称绕组 A、B、C，通以三相正弦平衡交流电 i_a、i_b、i_c 时，即产生转速为 ω_0 的旋转磁通 Φ，如图 4-31a 所示。产生旋转磁通不一定非要三相不可，除三相以外，两相、四相对称绕组，通以平衡电流，也能产生旋转磁场。图 4-31b 所示为两相固定绕组 α 和 β（位置上差 90°），通以两相平衡电流 i_α 和 i_β（时间上相差 90°）时所产生的旋转磁通 Φ。当旋转磁场的大小和转速都相等时，图 4-31a、b 所示两套绕组等效。图 4-31c 中有两个匝数相等、互相垂直的绕组 d 和 q，分别通以直流电流 i_M 和 i_T，产生位置固定的磁通 Φ。如果使两个绕组以同步转速

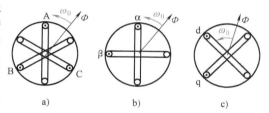

图 4-31　等效的交流电动机绕组和直流电动机绕组

旋转，磁通 Φ 也随着旋转起来，可以和图 4-31a、b 所示绕组等效。当观察者站在铁心上和绕组一起旋转时，会认为是通以直流电流的互相垂直的固定绕组。如果取磁通 Φ 的位置和电动机绕组的平面正交，就和等效的直流电动机绕组没有差别了，d 绕组相当于励磁绕组，q 绕组相当于电枢绕组。

这样以产生旋转磁场为准则，图 4-31a 中的三相绕组、图 4-31b 中的两相绕组和图 4-31c 中的直流绕组等效。i_a、i_b、i_c 与 i_α、i_β 以及 i_M 和 i_T 之间存在着确定的关系，即矢量变换关系。要保持 i_M 和 i_T 为某一定值，则 i_a、i_b、i_c 必须按一定的规律变化。只要按照这个规律去控制三相电流 i_a、i_b、i_c，就可以等效地控制 i_M 和 i_T，达到所需要控制转矩的目的，从而得到和直流电动机一样的控制性能。

图 4-32 所示为采用交流伺服电动机作为执行元件的一种矢量控制交流伺服系统框图，其工作原理是：由插补器发出速度指令，在比较器与检测器来的信号（经过 A-D 转换）相遇之后，再经放大器送出转矩指令 M 至矢量处理电路，该电路由转角计算回路、乘法器、比较器等组成；另外，检测器的输出信号也送到矢量处理回路中的转角计算回路，将电动机的回转位置 θ_r 变换成 $\sin\theta_r$，$\sin(\theta_r - 2\pi/3)$ 和 $\sin(\theta_r - 4\pi/3)$ 信号，分别送到矢量处理电路的乘法器，由矢量处理电路输出 $M\sin\theta_r$、$M\sin(\theta_r - 2\pi/3)$ 和 $M\sin(\theta_r - 4\pi/3)$ 三种信号，经放大并与电动机回路的电流检测信号比较之后，经脉宽调制电路（PWM）调制及放大之后，控制三相晶体管电路，使交流伺服电动机按规定的转速

值旋转，并输出要求的转矩值。检测器检测出的信号还可送到位置控制回路中，与插补器来的脉冲信号进行比较完成位置环控制。

图 4-32　矢量控制交流伺服系统框图

（2）变频调速控制

1）交流感应电动机的特性。由电动机学可知，交流感应电动机的转速 n 与下列因素有关，即

$$n = \frac{60f}{p}(1-s) \tag{4-10}$$

式中　n——电动机的转速（r/min）；

　　　f——外加电源频率（Hz）；

　　　p——电动机极对数；

　　　s——转差率。

若要改变交流电动机的转速，则可根据实际需要，采用改变电动机极对数 p、转差率 s 或电动机的外加电源频率 f 三种方法。目前 高性能的交流调速系统大都采用均匀改变频率 f 来平滑地改变电动机转速。为了保持在调速时电动机的最大转矩不变，需要维持磁通恒定，这时就要求定子供电电压做相应调节。因此，对交流电动机供电的变频器（VFD），一般都要求兼有调压和调频两种功能。近年来，由于晶闸管以及大功率晶体管等半导体电力开关的问世，它们具有接近理想开关的性能，促使变频器迅速得到发展。根据改变定子电压 U 及定子供电频率的不同比例关系，采用不同的变频调速方法，从而研制出各种类型的大容量、高性能变频器，使交流电动机调速系统在工业上得到了推广应用。

2）变频调速方法。实现变频调速的方法很多，可分为交-直-交变频、交-交变频、正弦脉宽调制变频（SPWM）等。其中每一种变频又有很多变换形式和接线方法。

① 交-直-交变频调速系统。图 4-33 所示为交-直-交变频器的主电路，它由整流器（顺变器）、中间滤波器和逆变器三部分组成。图中，顺变器为晶闸管三相桥式电路，其作用是将定压定频交流电变换为可调直流电，然后经电容器或电抗器对整直后的电压或电流进行滤波，作为逆变器的直流供电电源。逆变器也是晶闸管三相桥式电路，但它的作用与顺变器相反，它将直流电变换为可调频率的交流电，是变频器的主要组成部分。

② 交-交变频调速系统。交-交变频调速属直接变频，它把频率和电压都恒定的工频交流电，直接变换成电压和频率可控的交流电，供异步电动机励磁。交-交变频最常用的主电路是给电动机每一相都用了正、反组可控整流的可逆变流装置，并用所需的 U_1/f_1 = 常数的正弦波模拟信号去控制正、反组的触发，即可得到频率

图 4-33 **交-直-交变频器的主电路**

和电压都符合变频要求的近似正弦输出。

3) SPWM 变频调速 SPWM 变频调速是最近发展起来的，其触发电路输出是一系列频率可调的脉冲波，脉冲的幅值恒定而宽度可调，因而可以根据 U_1/f_1 比值在变频的同时改变电压，并可按一定规律调制脉冲宽度，如按正弦波规律调制，这就是 SPWM 变频调速。

SPWM 变频的工作原理可用图 4-34 和图 4-35 加以说明。若希望变频输出为图 4-34a 所示的正弦波电压，则它可以用 4-34b 所示一系列幅值不变的矩形脉冲来等效，只要对应时间间隔内的矩形脉冲的面积和正弦波与横轴包含的面积相等即可。可以理解，单位周波内的脉冲数越多，等效的精度越高，谐波分量也越小。

与直流 PWM 相似，SPWM 也分单极和双极两种工作方式。图 4-35 所示为单极性 SPWM 波形。其控制方法是将相同极性的正弦波基准信号 u_1 与等幅等矩的三角波 u_t 相比较，以其交点为相应变流器件换流的开关点，交点间隔即为被调制脉冲的宽度。可以看出，随着 u_1 的幅值和频率的变化，调制的脉冲也会在宽度和频率上做相应的变化，保证了变频要求的 u_1/f_1＝常值。对负半周可通过反向器得到负的脉冲波。显然，必须使 $u_1 < u_r$，才能有正确的开关点。当正弦波每个周期内脉冲足够多时，相应区间内的脉冲面积与正弦波面积近似相等。由于这种脉冲波每半个周期内只有一种极性，故称单极性。

图 4-34 **正弦波等效的矩形脉冲波**

图 4-35 **单极性 SPWM 波形**

3. 典型交流伺服系统的组成

图 4-36 所示为三菱 MELSERVO-JE-C 系列交流伺服驱动系统的功能组成框图。

与直流伺服系统类似，该系统由 SPWM 变频功率放大调速和带位置负反馈、速度负反馈、转矩负反馈等控制部分组成。控制部分通过接收外部控制器或上位计算机等通过模拟量、数字量、CC-Link 现场网络或 USB 等不同方式发来的控制指令对 SPWM 进行控制，按照给定的状态对交流伺服驱动电动机进行实时运行控制。

图 4-36　三菱 MELSERVO-JE-C 系列交流伺服驱动系统的功能组成框图

三、典型交流伺服驱动控制系统

图 4-37 所示为三菱 MELSERVO-JE 系列交流伺服驱动器与伺服电动机。该系列是以三菱 MELSERVO-J4 系列为基础开发的新系列产品，拥有位置控制、速度控制和转矩控制三种控制模式，备有 1 个 Ethernet 端口，可通过 CC-Link IE 现场网络 Basic、SLMP 等各种开放式网络来驱动电动机、进行监视、设定参数等，支持通过从控制器的通信来驱动电动机的轨迹位置/速度/转矩模式，还可以切换位置/速度控制、速度/转矩控制及转矩/位置控制等控制方式进行运行；在轨迹位置模式下指定目标位置、目标速度、加速时间常数、减速时间常数等后，即在伺服放大器内部生成位置指令进行驱动；可支持一键式调整和实时自动调整功能，并可以根据各种机械的特性简单地自动调整伺服增益，保持了高性能、限定了功能的交流伺服；通过 Tough Drive 功能与驱动记录器功能、预防保全支援功能，对机器的维护和检查提供强有力的支持。备有的 USB 通信接口可与安装了 MR Configurator2 的控制计算机连接，通过计算机进行参数设定、试运行、增益调整。如图 4-38 所示，三菱 MELSERVO-JE 系列交流伺服驱可通过 CC-Link IE 现场网络 Basic、SLMP 等各种开放式网络，无须考虑网络分层，由上级信息系统无缝协同下级现场系统工作，伺服放大器的信息在上级信息系统中无缝地实现"可视化"。MELSERVO-JE 系列的伺服电动机中采用了分辨力为 131072 脉冲/r 的绝对位置编码器，可进行高精度定位。在位置控制模式下最大能对应 4M 脉冲/s 的高速脉冲串。因此，在机床、普通工业机械的高精度定位和平滑速度控制、线控制和张力控制等领域得到了广泛应用。

图 4-37　三菱 MELSERVO-JE 系列交流伺服驱动器和伺服电动机

图 4-38　采用 CC-Link IE 现场网络构建高自由度、信息无缝可视化对接的控制系统

　　由于 MELSERVO-JE 系列交流伺服驱动器采用常规的脉冲串指令/模拟电压指令控制方式，实现位置控制、速度控制和转矩控制三种控制模式，其接线及主要参数的设定类似前面介绍的 M2DC 系列直流伺服驱动器，在此不再做介绍。本书以 MELSERVO-JE-C 系列交流伺服驱动器为例，介绍目前广泛应用的交流伺服驱动器通过 CC-Link IE 和 SSCNET Ⅲ/H 等网络实现的控制模式。

　　1. MELSERVO-JE 系列伺服驱动器外部主电路

　　如图 4-39 所示，MR-JE-C 交流伺服驱动器外部主电路与主电源、交流伺服电

图 4-39　**MR-JE-C 系列交流伺服控制器与周边设备的连接**

动机等周边设备连接。图 4-40 所示为 MR-JE-10C 交流伺服驱动器（Ethernet 接口）与安装了 MR Configurator2 的上位机控制器的接线电路。由图 4-40 可以看出，该系列驱动器除有中继端子台外，还有与 CC-Link IE 现场网络 Basic 或 SLMP 等各种开放式网络来驱动电动机、进行监视、设定参数等功能，支持 MODBUS ⑧/TCP 网络。由于 MR-JE-C 采用的 CC-Link IE 现场网络 Basic，不需专用的 ASIC，仅需软件封装即可实现循环通信，故可以很简单很方便地实现电子化工厂。

MR-JE-C 驱动器 Ethernet 接口规格说明详见表 4-8。

图 4-40　MR-JE-10C 交流伺服驱动器（Ethernet 接口）外部主电路

表 4-8　MR-JE-C 驱动器 Ethernet 接口规格说明

伺服放大器型号 MR-JE-		10C	20C	40C	70C	100C	200C	300C
输出	额定电压	三相 AC 170V						
	额定电流/A	1.1	1.5	2.8	5.8	6.0	11.0	11.0
电源输入	电压,频率	三相或单相 AC 200~240V,50Hz/60Hz				三相或单相 AC 200~240V, 50Hz/60Hz		三相 AC 200~240V, 50Hz/60Hz
	额定电流/A	0.9	1.5	2.6	3.8	5.0	10.5	14.0
	容许电压波动	三相或单相 AC 170~264V				三相或单相 AC 170~264V		三相 AC 170~264V
	容许频率波动	±5%以内						
接口用电源		DC 24V±10%(所需电源容量:0.3A)						
控制方式		正弦波 PWM 控制·电流控制方式						
伺服放大器内置再生电阻的容许再生电量/W		—	—	10	20	20	100	100
动态制动器		内置						
通信功能	Ethernet	与主站(控制器)、个人计算机等连接(MR Configurator2 支持)						
	USB	与个人计算机等的连接(MR Configurator2 支持)						
编码器输出脉冲		支持(A、B、Z 相脉冲)						
位置控制模式	最大输入脉冲频率	4M 脉冲/s(差分脉冲时)、200k 脉冲/s(集电极开路时)						
	定位反馈脉冲	编码器分辨力(伺服电动机每转的分辨力):131072 脉冲/r						
	指令脉冲倍率	电子齿轮 A/B 倍率 $A=1~16777215$, $B=1~16777215$, $1/10<A/B<4000$						
	定位完成宽度设置	0~±65535 脉冲(以指令脉冲为单位)						
	误差过大	±3r						
	转矩限制	参数设置或采用外部模拟量输入进行设置(DC0~+10V/最大转矩)						
速度控制模式	速度控制范围	模拟量速度指令 1:2000,内部速度指令 1:5000						
	模拟速度指令输入	DC0~±10V/额定转速(10V 下的转速为[Pr. PC12],可变更)						
	速度波动率	±0.01%以下(负载波动:0%~100%),0%(电源波动:±10%) ±0.2%以下(环境温度:25℃±10℃)仅限模拟量速度指令时						
	转矩限制	参数设置或采用外部模拟量输入进行设置(DC0~+10V/最大转矩)						
转矩控制模式	模拟转矩指令输入	DC0~±8V/最大转矩(输入阻抗:10~12kΩ)						
	速度限制	参数设置						
轨迹模式	轨迹位置模式 指令位置范围	根据对象设置 进给长度设置范围:−2147483648~2147483647 脉冲, 旋转角度设置范围:−360.000°~360.000°						
	轨迹位置模式 指令倍率	电子齿轮 A/B 倍率 $A=1~16777215$, $B=1~16777215$, $1/27649<A/B<8484$						
	轨迹位置模式 定位完成宽度设置	0~±65535 脉冲(以指令脉冲为单位)						
	轨迹位置模式 误差过大	±3r						
	轨迹位置模式 转矩限制	参数设置或根据对象进行设置						
	轨迹速度模式 指令速度范围	−21474836.48~21474836.47r/min(利用容许转速限制)						
	轨迹速度模式 转矩限制	参数设置或根据对象进行设置(利用最大转矩限制)						

（续）

轨迹转矩模式		指令转矩范围	−3276.8%～3276.7%（利用最大转矩限制）
		速度限制	参数设置或根据对象进行设置（利用容许转速限制）
轨迹模式	原点复位模式	三菱电动机独特方式	近点狗式、计数式、数据设置式、推压式、忽略原点（伺服 ON 位置原点）、近点狗式后端基准、计数式前端基准、近点狗托架式、近点狗式正前方 Z 相基准、近点狗式前端基准、无近点狗 Z 相基准
		CiA402 方式	Homing on positive home switch and index pulse（方式 3,4），Homing on negative home switch and index pulse（方式 5,6），Homing on home switch and index pulse（方式 7,8,11,12），Homing without index pulse（方式 19,20,21,22,23,24,27,28），Homing on index pulse（方式 33,34），Homing on current position（方式 35,37）
	伺服功能		高级振动抑制控制Ⅱ、自适应滤波器Ⅱ、鲁棒滤波器、自动校准、一键式调整 TOUGH DRIVE 功能、驱动记录功能、机械诊断功能、电力监控功能
	保护功能		过电流断路、再生过电压断路、过载断路（电子热敏继电器）、伺服电动机过热保护、编码器异常保护、再生异常保护、欠电压保护、瞬时停电保护、过速保护、误差过大保护

2. MELSERVO-JE 系列伺服驱动器在不同控制模式下的标准连接

图 4-41 所示为 MR-JE-C 交流伺服控制器通过其 Ethernet 接口 CN1 与 FX5U-MT/ES 系列 PLC 连接情况下，通过 CC-Link IE 现场网络 Basic、SLMP、MODBUS®/TCP，或安装软件 MR Configurator2 的计算机实现位置控制模式的标准连接。

图 4-41　MR-JE-C 交流伺服控制器 Ethernet 接口位置控制模式下的标准连接

图 4-42 所示为 MR-JE-C 交流伺服控制器实现轨迹（位置/速度/转矩）运行、点位表方式（通信接口）、转塔方式（通信接口）（位置/速度/转矩）运行模式下的标准连接。其在速度控制运行方式、转矩控制运行方式和点位表运行方式、转塔运行方式下的标准连接类似上述模式下的标准连接，详见三菱电机通用交流伺服 MELSERVO-JE 伺服控制器使用说明书。

图 4-42　MR-JE-C 交流伺服控制器 Ethernet 接口轨迹
（位置/速度/转矩）运行模式下的标准连接

四、交流伺服电动机的选择

随着交流伺服电动机及其控制技术的快速发展，已有逐步替代直流伺服电动机及其控制技术的趋势，且交流数控技术已达到直流数控技术水平。交流伺服系统可用软件（代码）设定各种参数。例如，每转反馈量的设定可与检测传感器匹配；在位置控制方式下，它具有调速功能，可满足对反馈量精度的要求，该功能称为柔性齿数比或电子齿轮功能，这就扩大了传统的检测脉冲倍率（DMR）的设定范围。此外，有控制工作方式选择，配用电动机型号，是否用正/反转脉冲的传感器，原点位置移动，输入输出脉冲类型，输入指令电压的比率，加减速时间，制动方式，速度限制值和电流限制值等功能，其适应型很强，可广泛应用于各种机电一体化设备。

交流伺服电动机具有没有换向部件、过载能力强、体积小、重量轻等优点，适用于高速、高精度、频繁的起动与停止、快速定位等场合，且电动机不需维护，在恶劣环境下使用可靠。

在伺服系统中常用永磁式变频调速同步电动机，它具有直流伺服电动机的调速特性。采用变频调速时，可方便地获得与频率 f 成正比的转速 n，即 $n = \dfrac{60f}{p}$，其中 p 为极对数，一般是不变的，还可获得硬的机械特性和宽的调速范围。

图 4-43 所示为 FANUC10（或 BESK10）型交流伺服电动机的工作特性曲线，它与直流伺服电动机的工作特性曲线相似，但只有连续工作区和断续工作区，后者可用于电动机的加减速控制工况。其特点是连续工作区的直线更接近于水平线，而断续工作区的扩大更有利于在高速区提高电动机的加减速能力。

图 4-43 FANUC10 型交流伺服
电动机的工作特性曲线

1. 交流伺服电动机的初选

（1）初选交流伺服电动机 电动机的选择，首先要考虑电动机能够提供负载所需要的转矩和转速。从偏于安全的意义上来讲，就是能够提供克服峰值负载所需要的功率。其次，当电动机的工作周期可以与其发热时间常数相比较时，必须考虑电动机的热额定问题，通常用负载的方均根功率作为确定电动机发热功率的基础。

如果要求电动机在峰值负载转矩下以峰值转速不断地驱动负载，则电动机功率

$$P_m = (1.5 \sim 2.5)\frac{T_{LP}n_{LP}}{159\eta} \tag{4-11}$$

式中　T_{LP}——负载峰值力矩（N·m）；

　　　n_{LP}——电动机负载峰值转速（r/s）；

　　　　η——传动装置的效率，初步估算时取 $\eta = 0.7 \sim 0.9$；

　1.5~2.5——系数，属经验数据，考虑了初步估算负载力矩有可能取不全面或不
　　　　　　精确，以及电动机有一部分功率要消耗在电动机转子上。

当电动机长期连续地工作在变负载之下时，比较合理的是按负载方均根功率来估算电动机功率

$$P_m \approx (1.5 \sim 2.5)\frac{T_{Lr}n_{Lr}}{159\eta} \tag{4-12}$$

式中　T_{Lr}——负载方均根力矩（N·m）；

　　　n_{Lr}——负载方均根转速（r/s）。

估算出 P_m 后就可选取电动机，使其额定功率 P_N 满足

$$P_N \geqslant P_m \tag{4-13}$$

初选电动机后，一系列技术数据，诸如额定转矩、额定转速、额定电压、额定电流和转子转动惯量等，均可由产品目录直接查得或经过计算求得。

（2）发热校核 对于连续工作负载不变场合的电动机，要求在整个转速范围内，负载转矩在额定转矩范围内。对于长期连续地、周期性地工作在变负载条件

下的电动机，根据电动机发热条件的等效原则，可以计算在一个负载工作周期内所需电动机转矩的方均根值，即等效转矩，并使此值小于连续额定转矩，就可确定电动机的型号和规格。因为在一定转速下，电动机的转矩与电流成正比或接近成正比，所负载的方均根转矩是与电动机处于连续工作时的热额定相一致的。因此，选择的电动机应满足

$$T_N \geqslant T_{Lr} \tag{4-14}$$

$$T_{Lr} = \sqrt{\frac{1}{t} \int_0^t (T_L + T_{La} + T_{LF})^2 \, dt} \tag{4-15}$$

式中　T_N——电动机额定转矩（N·m）；

　　　T_{Lr}——折算到电动机轴上的负载方均根转矩（N·m）；

　　　t——电动机工作循环时间（s）；

　　　T_{La}——折算到电动机转子上的等效惯性转矩（N·m）；

　　　T_{LF}——折算到电动机上的摩擦力矩（N·m）。

式（4-14）就是发热校核公式。

常见的变转矩-加减速控制计算模型如图 4-44 所示。

图 4-44　变转矩-加减速控制计算模型

a）三角形波负载转矩曲线　b）矩形波负载转矩曲线

图 4-44a 所示为一般伺服系统的计算模型。根据电动机发热条件的等效原则，这种三角形转矩波在加减速时的方均根转矩 T_{Lr} 可由式（4-16）近似计算

$$T_{Lr} = \sqrt{\frac{1}{L} \int_0^{t_p} T^2 \, dt} \approx \sqrt{\frac{T_1^2 t_1 + 3 T_2^2 t_2 + T_3^2 t_3}{3 t_p}} \tag{4-16}$$

式中　t_p——一个负载工作周期的时间（s），即 $t_p = t_1 + t_2 + t_3 + t_4$。

图 4-44b 所示为常用的矩形波负载转矩-加减速计算模型，其 T_{Lr} 为

$$T_{Lr} = \sqrt{\frac{T_1^2 t_1 + T_2^2 t_2 + T_3^2 t_3}{t_1 + t_2 + t_3 + t_4}} \tag{4-17}$$

式（4-16）和式（4-17）只有在 t_p 比温度上升热时间常数 t_{th} 小得多 $\left(t_p \leqslant \dfrac{1}{4} t_{th}\right)$ 且 $t_{th} = t_g$ 时才能成立，其中，t_g 为冷却时的热时间常数。通常均能满足这些条件，因此选择伺服电动机的额定转矩 T_N 时，应使

$$T_N \geqslant K_1 K_2 T_{Lr} \tag{4-18}$$

式中　K_1——安全系数，一般取 $K_1 = 1.2$；

K_2——转矩波形系数，矩形转矩波取 $K_2 = 1.05$，三角转矩波取 $K_2 = 1.67$。

若计算的 K_1、K_2 值比上述推荐值略小时，应检查电动机的温升是否超过温度限值，不超过时仍可采用。

例如，在龙门刨床工作台的自动控制中，伺服电动机驱动工作台做往复运动。图 4-45 所示为龙门刨床加工时切削速度-时间曲线和力矩-时间曲线。切削速度 $v > 0$ 为电动机正转工作行程；$v < 0$ 为电动机反转返回行程。工作行程包括起动阶段 Ⅰ、切削加工阶段 Ⅱ 和制动阶段 Ⅲ。返回行程也包括三个阶段 Ⅰ′、Ⅱ′和Ⅲ′，如图 4-45a 所示。折算到电动机轴上的静摩擦负载力矩 T_{LF} 如图 4-45b 所示。

图 4-45c 所示的惯性力矩 T_{La} 为伺服电动机转子的转动惯量 J_m 和往复运动部分的总质量所形成的惯性力矩（略去减速器的转动惯量），即

$$T_{La} = \left(J_m + \frac{mr^2}{i^2\eta}\right)\frac{i}{r}\frac{dv}{dt} \tag{4-19}$$

式中　　r——与工作台齿条相啮合齿轮的节圆半径（m）；

　　　　η——传动总效率；

　　　　i——电动机轴与齿条相啮合齿轮轴间的传动速比（$i > 1$）。

这里假设工作在起动和制动过程为等加速和等减速运动，因此图 4-45c 中 T_{La} 的幅值为常数。

图 4-45　龙门刨床加工时切削速度-时间曲线和力矩-时间曲线

a）速度行程　b）静摩擦负载力矩　c）折算到电动机轴上的总惯性力矩
d）折算到电动机轴上的切削加工力矩　e）电动机轴上的总负载力矩

图 4-45d 所示为换算到电动机轴上的切削加工负载力矩。切削加工时轴向切削力 F_c 与切削加工负载力矩按式（4-20）计算

$$T_c = \frac{F_c r}{i\eta} \tag{4-20}$$

将 T_{LF}、T_{La}、T_c 进行叠加，便得到图 4-45e 所示电动机轴上承受的总的负载力矩 $T_{L\Sigma}$。

该系统负载力矩是时间的周期函数，因此可用一个周期内负载力矩的方均根来计算电动机轴的等效负载力矩 T_{Lr}。即

$$T_{Lr} = \sqrt{\frac{T_1^2 t_1 + T_2^2 t_2 + T_3^2 t_3 + T_4^2 t_4 + T_5^2 t_5 + T_6^2 t_6}{0.75 t_1 + t_2 + (t_3 + t_4) \times 0.75 + t_5 + 0.75 t_6}} \tag{4-21}$$

考虑到起动和制动期间电动机的散热条件变差，因此在式（4-21）中的分母 t_1、t_3、t_4 和 t_6 前乘以 0.75。通常以 T_{Lr} 作为选择电动机的依据。

（3）转矩过载校核　转矩过载校核的公式为

$$(T_L)_{max} \leqslant (T_m)_{max} \tag{4-22}$$

而

$$(T_m)_{max} = \lambda T_N \tag{4-23}$$

式中　$(T_L)_{max}$——折算到电动机轴上的负载力矩的最大值（N·m）；

$(T_m)_{max}$——电动机输出转矩的最大值（过载转矩）（N·m）；

T_N——电动机的额定力矩（N·m）；

λ——电动机的转矩过载系数，具体数值可向电动机的设计、制造单位了解，对直流伺服电动机，一般取 $\lambda \leqslant 2.0 \sim 2.5$，对交流伺服电动机，一般取 $\lambda \leqslant 1.5 \sim 3$。

在转矩过载校核时需要已知总传动速比，再将负载力矩向电动机轴折算，这里可暂取最佳传动速比进行计算。需要指出，电动机的选择不仅取决于功率，还取决于系统的动态性能要求、稳态精度、低速平稳性、电源是直流还是交流等因素。同时，还应保证最大负载力矩 $(T_L)_{max}$、持续作用时间 Δt 不超过电动机允许过载倍数 λ 的持续时间范围。

表 4-9 列出了某电机厂合资生产的部分 SIMENS IFT5 系列交流电动机的技术数据，供参考。

表 4-9　部分 SIMENS IFT5 系列交流电动机的技术数据

	性能指标		规　格									
容量系列	1200 r/min 系列	伺服单元型号	PAC35		PAC25		PAC70					
		伺服用电动机型号 IFT5	102	104	106	108	132	134				
		额定输出功率 P/kW	4.0	5.5	7.0	8.5	10	11.5				
		静转矩 T_j/N·m	33	45	55	68	75	90				
		转动惯量 J/kg·m²	131× 10^{-4}	182× 10^{-4}	242× 10^{-4}	298× 10^{-4}	454× 10^{-4}	597× 10^{-4}				
		额定速度 n/(r/min)	1200									
	2000 r/min 系列	伺服单元型号	PAC06		PAC12		PAC25		PAC35	PAC50		
		伺服用电动机型号 IFT5	042	044	062	064	066	072	074	076	102	104	106
		额定输出功率 P/kW	0.15	0.30	0.50	1.0	1.5	2.5	3.7		7.0	9.0	11
		静转矩 T_j/N·m	0.75	1.5	2.6	5.5	8	12			33	45	55
		转动惯量 J/kg·m²	1.2 × 10^{-4}	2.3 × 10^{-4}	4.2 × 10^{-4}	7.3 × 10^{-4}	10.7 × 10^{-4}	21 × 10^{-4}			131 × 10^{-4}	182 × 10^{-4}	242 × 10^{-4}
		额定速度 n/(r/min)	2000										

（续）

性能指标			规　格								
容量系列	3000 r/min 系列	伺服单元型号	PAC06			PAC12		PAC25	PAC35		PAC50
		伺服用电动机型号 IFT5	042	044	062	064		072	074	076	102
		额定输出功率 P/kW	0.25	0.30	0.50	1.5	2.5	3.7	5.5	7.0	10
		静转矩 T_j/N·m	0.75	1.5	2.6	5.5	8	12	18	22	33
		转动惯量 J/kg·m²	1.2×10^{-4}	2.3×10^{-4}	4.2×10^{-4}	7.3×10^{-4}	10.7×10^{-4}	21×10^{-4}	37×10^{-4}	53×10^{-4}	131×10^{-4}
		额定速度 n/(r/min)	3000								
电源		主电路	三相 AC165V,+10%,−15%,50/60Hz								
		控制电路	单相 AC220V,+10%,−15%,50/60Hz								

2. 伺服系统惯量匹配原则

实践与理论分析表明，J_e/J_m 比值的大小对伺服系统的性能有很大的影响，且与交流伺服电动机种类及其应用场合有关，通常分为两种情况：

1）对于采用惯量较小的交流伺服电动机的伺服系统，其比值通常推荐为

$$1 < J_e/J_m < 3 \tag{4-24}$$

当 $J_e/J_m > 3$ 时，对电动机的灵敏度与响应时间有很大的影响，甚至会使伺服放大器不能在正常调节范围内工作。

小惯量交流伺服电动机的惯量低达 $J_m \approx 5 \times 10^{-5}$ kg·m²，其特点是转矩/惯量比大，时间常数小，加减速能力强，因此，其动态性能好，响应快。但是，使用小惯量电动机时容易发生对电源频率的响应共振，当存在间隙、死区时容易造成振荡或蠕动，这才提出了"惯量匹配原则"，并有了在数控机床伺服进给系统采用大惯量电动机的必要性。

2）对于采用大惯量交流伺服电动机的伺服系统，其比值通常推荐为

$$0.25 \leqslant J_e/J_m \leqslant 1 \tag{4-25}$$

所谓大惯量是相对小惯量而言的，其数值 $J_m = 0.1 \sim 0.6$ kg·m²。大惯量宽调速伺服电动机的特点是惯量大、转矩大，且能在低速下提供额定转矩，常常不需要传动装置而与滚珠丝杠直接相连，而且受惯性负载的影响小，调速范围大；热时间常数有的长达 100min，比小惯量电动机的热时间常数 2~3min 长得多，并允许长时间的过载，即过载能力强。其次，由于其特殊构造使其转矩波动系数很小（<2%）。因此，采用这种电动机能获得优良的低速范围的速度刚度和动态性能，在现代数控机床中应用较广。

第四节　直线电动机

直线电动机是国内外积极研究发展的新型电动机之一。它是一种不需要中间转换装置，而能直接做直线运动的电动机械。过去，在各种工程技术中需要直线运动时，一般是用旋转电动机通过曲柄连杆、齿轮齿条、丝杠等传动机构来获得的。但是，采用这些传动形式往往会带来结构复杂、重量重、体积大、啮合精度差且工作不可靠等缺点。近年来，科学技术的发展推动了直线电动机的研究和生

产，目前在交通运输、机械工业和仪器仪表工业中，直线电动机已得到推广和应用。在自动控制系统中，采用直线电动机作为驱动、指示应用也更加广泛，例如在快速记录仪中，伺服电动机改用直线电动机后，可以提高仪器的精度和频带宽度；在雷达系统中，用直线自整角机代替电位器进行直线测量可提高精度和简化结构；在电磁流速计中，可用直线测速机来测量导电液体在磁场中的流速；另外，在录音磁头和各种记录装置中，也常用直线电动机传动。目前直线电动机主要应用的机型有直线感应电动机、直线直流电动机和直线步进电动机三种。

与旋转电动机传动相比，直线电动机传动主要具有下列优点：

1) 直线电动机由于不需要中间传动机械，因而使整个机械得到简化，提高了精度，减少了振动和噪声。

2) 快速响应。用直线电动机驱动时，由于不存在中间传动机构的惯量和阻力矩的影响，因而加速和减速时间短，可实现快速起动和正反向运行。

3) 仪表用的直线电动机，可以省去电刷和换向器等易损零件，提高可靠性，延长使用寿命。

4) 直线电动机由于散热面积大，容易冷却，因此允许较高的电磁负荷，可提高电动机的容量定额。

5) 装配灵活性大，往往可将电动机和其他机件合成一体。

一、直线感应电动机

直线感应电动机可以看作是由普通的旋转感应电动机直接演变而来的。图4-46a表示一台旋转的感应电动机，设想将它沿径向剖开，并将定子、转子沿圆周方向展成直线，如图4-46b所示，这就得到了最简单的平板型直线感应电动机。由定子演变而来的一侧称作初级，由转子演变而来的一侧称作次级。直线电动机的运动方式可以是固定初级，让次级运动，此称为动次级；相反，也可以固定次级而让初级运动，则称为动初级。

a)   b)

图 4-46　直线电动机的形成

直线电动机的工作原理如图4-47所示。当初级的多相绕组中通入多相电流后，会产生一个气隙基波磁场，但是这个磁场的磁通密度波 B_δ 是直线移动的，故称为行波磁场。显然，行波的移动速度与旋转磁场在定子内圆表面上的线速度是一样的，即为 v_s，称为同步速度，且

图 4-47　直线电动机的工作原理

$$v_s = 2f\tau \qquad (4-26)$$

式中　τ——极距（mm）；

　　　f——电源频率（Hz）。

在行波磁场切割下，次级导条将产生感应电势和电流，所有导条的电流和气隙磁场相互作用，便产生切向电磁力。如果初级是固定不动的，那么次级就顺着行波磁场运动的方向做直线运动。若次级移动的速度用 v 表示，则转差率

$$s = \frac{v_s - v}{v_s} \tag{4-27}$$

次级移动速度

$$v = (1-s)v_s = 2f\tau(1-s) \tag{4-28}$$

式（4-28）表明直线感应电动机的速度与电动机极距及电源频率成正比，因此改变极距或电源频率都可改变电动机的速度。

与旋转电动机一样，改变直线电动机初级绕组的通电相序，可改变电动机运动的方向，因而可使直线电动机做往复直线运动。

图 4-47 中直线电动机的初级和次级长度相等，这在实用中是行不通的。因为初、次级要做相对运动，假定在开始时初次级正好对齐，那么在运动过程中，初、次级之间的电磁耦合部分将逐渐减少，影响正常运行。因此，在实际应用中必须把初、次级做得长度不等。根据初、次级间相对长度，可把平板型直线电动机分成短初级和短次级两类，如图 4-48 所示。由于短初级结构比较简单，制造和运行成本较低，故一般常用短初级，只有在特殊情况下才采用短次级。

图 4-48　平板型直线电动机

a）短初级　b）短次级

图 4-48 所示的平板型直线电动机仅在次级的一侧具有初级，这种结构形式称单边型。单边型除了产生切向力外，还会在初、次级间产生较大的法向力，这在某些应用中是不希望的。为了更充分地利用次级和消除法向力，可以在次级的两侧都装上初级，这种结构形式称为双边型，如图 4-49 所示。

图 4-49　双边型直线电动机

除了上述的平板型直线感应电动机外，还有管型直线感应电动机。如果将图 4-50a 所示的平板型直线电动机的初级和次级以箭头方向卷曲，就成为管型直线感应电动机，如图 4-50b 所示。

此外，还可把次级做成一片铝圆盘或铜圆盘，并将初级放在次级圆盘靠近外径的平面上，如图 4-51 所示。次级圆盘在初级移动磁场的作用下，形成感应电流，并与磁场相互作用，产生电磁力，使次级圆盘能绕其轴线做旋转运动。这就是圆盘型直线感应电动机的工作原理。

直线感应电动机按应用性质可分为力电动机、功电动机和能电动机。

图 4-50 管型直线感应电动机的形成

图 4-51 圆盘型直线电动机
1—初级 2—次级

力电动机的功能是在静止的物体或在低速的设备上施加一定的推力，这类电动机是工业控制系统中不可缺少的一种操作型电动机，如阀门操作、门窗操作、机械手操作等。对力电动机来说，单位输入功率能产生的电磁推力越大越好，这也是衡量力电动机性能的主要标准。

功电动机则是用作长期连续运行的动力机，如用作地面高速列车的动力机等，其效率和功率因数是它的主要性能指标。

能电动机也称加速机，它的功能是在短时间短距离内提供巨大的直线运动能。它可用作飞机起飞，导弹、鱼雷发射以及作为冲击、碰撞等试验装置的动力机。这类装置的能效率（能效率＝输出的能/电源提供的电能）是电动机的最主要性能指标。

二、直线直流电动机

直线直流电动机主要有两种类型：永磁式和电磁式。前者多用在功率较小的自动记录仪表中，如记录仪中笔的纵横走向的驱动，摄影机中快门和光圈的操作机构，电表试验中探测头，电梯门控制器的驱动等，而后者则用在驱动功率较大的机构。

永磁式直线直流电动机的结构如图 4-52 所示。在线圈的行程范围内，永久磁铁产生的磁场强度分布很均匀。当可动线圈中通入电流后，载有电流的导体在磁场中就会受到电磁力的作用。这个电磁力可由左手定则来确定。只要线圈受到的电磁力大于线圈支架上存在的静摩擦力，就可使线圈产生直线运动。

图 4-52 永磁式直线直流电动机

改变电流的大小和方向，即可控制线圈运动的推力和方向。

当功率较大时，上述直线电动机中的永久磁钢所产生的磁通可改为由绕组通入直流电励磁所产生，这就成为电磁式直线直流电动机。图 4-53 所示为这种电动机的典型结构。其中，图 4-53a 所示为单极电动机；图 4-53b 所示为两极电动机。此外，还可做成多极电动机。由图 4-53 可见，当环形励磁绕组通上电流时，便产生了磁通，它经过电枢铁心、气隙、极靴端板和外壳形成闭合回路，如图中点画线所示。电枢绕组是在管形电枢铁心的外表面上用漆包线绕制而成的。对于两极电动机，电枢绕组应绕成两半，两半绕组绕向相反，串联后接到低压电源上。当电枢绕组通入电流后，载流导体与气隙磁通的径向分量相互作用，在每极上便产生轴向推力。若电枢被固定不动，磁极就沿着轴线方向做往复直线运动（图示的情况）。当把这种电动机应用于短行程和低速移动的场合时，可省掉滑动的电刷；但若行程很长，为了提高效率，应与永磁式直线电动机一样，在磁极端面上装上电刷，使电流只在电枢绕组的工作段流过。

图 4-53 所示的电动机可以看作管型直线直流电动机。这种对称的圆柱形结构具有若干优点。例如，它没有线圈端部，电枢绕组可得到完全利用；气隙均匀，消除了电枢和磁极间的吸力。

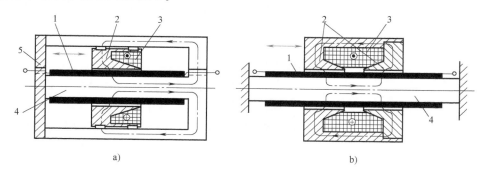

图 4-53　**电磁式直线直流电动机的结构**

a）单极　b）两极

1—电枢绕组　2—极靴　3—励磁绕组　4—电枢铁心　5—非磁性端板

三、直线步进电动机

近年来随着自动控制技术和微处理机应用的发展，希望有一种直线运动的高速、高精度、高可靠性的数字直线随动系统调节装置，来取代过去那种间接地由旋转运动转换而来的直线驱动方式，直线步进电动机则可满足这种要求。此外，直线步进电动机在不需要闭环控制的条件下，能够提供一定精度、可靠的位置和速度控制。这是直流电动机和感应电动机不能做到的。因此，直线步进电动机具有直接驱动、容易控制、定位精确等优点。直线步进电动机主要可分为反应式和永磁式两种。

图 4-54 所示为永磁式直线步进电动机的结构和工作原理。其中，定子用铁磁材料制成图示的"定尺"，其上开有间距为 t 的矩形齿槽，槽中填满非磁材料（如环氧树脂），使整个定子表面非常光滑。动子上装有两块永久磁钢 A 和 B，每一磁极端部装有用铁磁材料制成的冂形极片，每块极片有两个齿（如 a 和 c），齿距为 $1.5t$，这样当齿 a 与定子齿对齐时，齿 c 便对准槽。同一磁钢的两个极片间隔的距离刚好使齿 a 和 a'能同时对准定子的齿，即它们的间隔是 kt，k 代表任一整数，如 1，2，3，4，…。

磁钢 B 和 A 相同，但极性相反，它们之间的距离应等于 $(k\pm1/4)t$。这样，当其中一个磁钢的齿完全与定子齿和槽对齐的，另一磁钢的齿应处在定子的齿和槽的中间。

在磁钢 A 的两个冂形极片上装有 A 相控制绕组，磁钢 B 上装有 B 相控制绕

图 4-54 永磁式直线步进电动机的结构和工作原理

组。如果某一瞬间，A 相绕组中通入直流电流 i_A，并假定箭头指向左边的电流为正方向，如图 4-54a 所示。这时，A 相绕组所产生的磁通在齿 a、a′中与永久磁钢的磁通相叠加，而在齿 c、c′中却相抵消，使齿 c、c′全部去磁，不起任何作用。在这过程中，B 相绕组不通电流，即 $i_B = 0$，磁钢 B 的磁通量在齿 d、d′、b 和 b′中大致相等，沿着动子移动方向各齿产生的作用力互相平衡。

概括说来，这时只有齿 a 和 a′在起作用，它使动子处在图 4-54a 所示的位置上。

为了使动子向右移动，即从图 4-54a 所示位置移到图 4-54b 所示的位置，就要切断加在 A 相绕组的电源，使 $i_A = 0$，同时给 B 相绕组通入正向电流 i_B。这时，在齿 b、b′中，B 相绕组产生的磁通与磁钢的磁通相叠加，而在齿 d、d′中却相抵消。因此，动子便向右移动半个齿宽，即 $t/4$，使齿 b、b′移到与定子齿相对齐的位置。

如果切断电流 i_B，并给 A 相绕组通上反向电流，则 A 相绕组及磁钢 A 产生的磁通在齿 c、c′中相叠加，而在齿 d、d′中相抵消。动子便向右又移动 $t/4$，使齿 c、c′与定子齿相对齐，如图 4-54c 所示。

同理，如果切断电流 i_A，给 B 相绕组通上反向电流，动子又向右移动 $t/4$，使齿 d 和 d′ 与定子齿相对齐，如图 4-54d 所示。这样，经过图 4-54a、b、c、d 所示的 4 个阶段后，动子便向右移动了一个齿距 t。如果还要继续移动，只需要重复前面的次序通电。

相反，如果想使动子向左移动，只要把 4 个阶段倒过来即可。为了减少步距，削弱振动和噪声，这种电动机可采用细分电路驱动，使电动机实现微步距移动（10μm 以下）。还可用两相交流电控制，这时需在 A 相和 B 相绕组中同时加入交流电。如果 A 相绕组中加正弦电流，则在 B 相绕组中加余弦电流。当绕组中电流变化一个周期时，动子就移动一个齿距；如果要改变移动方向，可通过改变绕组中的电流极性来实现。采用正、余弦交流电控制的直线步进电动机，因为磁拉力是逐渐变化的（这相当于采用细分无限多的电路驱动），可使电动机的自由振荡减弱。这样，既有利于电动机起动，又可使电动机移动很平滑，振动和噪声也很小。

上面介绍的是直线步进电动机的工作原理。如果要求动子做平面运动，这时应将定子改为一块平板，其上开有 x、y 轴方向的齿槽，定子齿排成方格形，槽中注入环氧树脂，而动子是由两台上述那样的直线步进电动机组合起来制成的，如图 4-55 所示。其中一台保证动子沿着 x 轴方向移动；与它正交的另一台保证动子沿着 y 轴方向移动。这样，只要设计适当的程序控制语言，借以产生一定的脉冲信号，就可以使动子在 xy 平面上做任意几何轨迹的运动，并定位在平面上任何一点，这就成为平面步进电动机了。

反应式直线步进电动机的工作原理与旋转式步进电动机相同。图 4-56 所示为四相反应式直线步进电动机，它的定子和动子都由硅钢片叠成：定子上、下两表面都开有均匀分布的齿槽；动子是一对具有 4 个极的铁心，极上套有四相控制绕组，每个极的表面也开有齿槽，齿距与定子上的齿距相同。当某相动子齿与定子齿对齐时，相邻相的动子齿轴线与定子齿轴线错开 1/4 齿距。上、下两个动子铁心用支架刚性连接起来，可以一起沿定子表面滑动。为了减少运动时的摩擦，在导轨上装有滚珠轴承，槽中用非磁性塑料填平，使定子和动子表面平滑。显然，当控制绕组按 A-B-C-D-A 的顺序轮流通电时（图中表示 A 相通电时动子所处的稳定平衡位置），根据步进电动机的一般原理，动子将以 1/4 齿距的步距向左移动，当通电顺序改为 A-D-C-B-A 的顺序通电时，动子则向右移动。与旋转式步进电动机相似，通电方式可以是单拍制，也可以是双拍制，双拍制时步距减少一半。

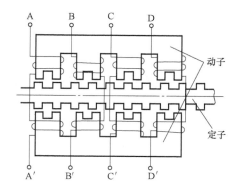

图 4-55　永磁平面步进电动机　　　　图 4-56　四相反应式直线步进电动机
1—平台　2—磁钢　3—磁极

第五节 控制电动机选择与计算实例

一、步进电动机选择与计算实例

简易数控车床的纵向（z 轴）进给系统，通常采用步进电动机驱动滚珠丝杠，带动装有刀架的滑板做往复直线运动，其工作原理图如图 4-57 所示，其中工作台即为滑板。

图 4-57 **电动机驱动的齿轮-螺旋进给系统**

例：已知滑板重量 $W = 2000N$，滑板与贴塑导轨间的摩擦系数 $\mu = 0.06$，车削时最大切削负载 $F_z = 2150N$（与运动方向相反），y 向切削分力 $F_y = 2F_z = 4300N$（垂直于导轨），要求导轨的进给速度 $v_1 = 10 \sim 500mm/min$，快速行程速度 $v_2 = 300mm/min$，滚珠丝杠名义直径 $d_0 = 32mm$，导程 $L = 6mm$，丝杠总长 $l = 1400mm$，滑板最大行程为 1150mm，定位精度为 $\pm 0.01mm$，试选择合适的步进电动机，并检查其起动特性和工作速度。

解：1. 脉冲当量的选择

初选三相步进电动机的步距角为 $0.75°/1.5°$，当三相六拍（单相或两相励磁）运动时，步距角 $\beta = 0.75°$，其每转脉冲数

$$s = \frac{360°}{\beta} = 480 \text{ 脉冲/r}$$

初选脉冲当量（每输入一个指令脉冲，步进电动机驱动工作台的移动距离，单位为 mm/脉冲）$\delta = 0.01mm/$脉冲，由此可得中间齿轮传动比 i 为

$$i = \frac{L}{\delta s} = \frac{6}{0.01 \times 480} = 1.25$$

选小齿轮齿数 $z_1 = 20$，$z_2 = 25$，模数 $m = 2mm$。

2. 等效负载转矩计算

（1）空载时的摩擦转矩 T_{LF}

$$T_{LF} = \frac{\mu WL}{2\pi \eta_s i} = \frac{0.06 \times 2000 \times 0.006}{2\pi \times 0.8 \times 1.25} N \cdot m = 0.1146N \cdot m$$

式中，$\eta_s = 0.8$，为丝杠预紧时的传动效率。

（2）车削加工时的负载转矩 T_L

$$T_L = \frac{[F_z + \mu(W + F_y)]L}{2\pi \eta_s i}$$

$$= \frac{[2150 + 0.06 \times (2000 + 4300)] \times 0.006}{2\pi \times 0.8 \times 1.25} N \cdot m$$

$$= 2.414N \cdot m$$

3. 等效转动惯量计算

（1）滚珠丝杠的转动惯量 J_s

$$J_s = \frac{\pi d_0^4 l \rho}{32} = \frac{\pi (0.032)^4 \times 1.4 \times 7.85 \times 10^3}{32} \text{kg} \cdot \text{m}^2 = 0.001131 \text{kg} \cdot \text{m}^2$$

式中，ρ 为丝杠材料的密度，$\rho = 7.85 \times 10^3 \text{kg/m}^3$。

（2）滑板运动惯量换算到电动机轴上的转动惯量 J_W

$$J_W = \frac{W}{g} \left(\frac{L}{2\pi}\right)^2 \times \frac{1}{i^2} = \frac{2000}{9.8} \times \left(\frac{0.006}{2\pi}\right)^2 \times \frac{1}{1.25^2} \text{kg} \cdot \text{m}^2 = 1.2 \times 10^{-4} \text{kg} \cdot \text{m}^2$$

（3）大齿轮的转动惯量 J_{g2}

$$J_{g2} = \frac{\pi d_2^4 b_2 \rho}{32} = \frac{\pi (0.05)^4 \times 0.01 \times 7.85 \times 10^3}{32} \text{kg} \cdot \text{m}^2 = 4.81 \times 10^{-5} \text{kg} \cdot \text{m}^2$$

式中，b_2 为大齿轮宽度，$b_2 = 10 \text{mm}$。

（4）小齿轮的转动惯量 J_{g1}

$$J_{g1} = \frac{\pi d_1^4 b_1 \rho}{32} = \frac{\pi (0.04)^4 \times 0.012 \times 7.85 \times 10^3}{32} \text{kg} \cdot \text{m}^2 = 2.37 \times 10^{-5} \text{kg} \cdot \text{m}^2$$

式中，b_1 为小齿轮宽度，$b_1 = 12 \text{mm}$。

因此，换算到电动机轴上的等效转动惯量 J_L 为

$$J_L = J_{g1} + J_W + \frac{J_{g2} + J_s}{i^2}$$

$$= \left(2.37 \times 10^{-5} + 1.2 \times 10^{-4} + \frac{4.81 \times 10^{-5} + 0.001131}{1.25^2}\right) \text{kg} \cdot \text{m}^2$$

$$= 8.98 \times 10^{-4} \text{kg} \cdot \text{m}^2$$

4. 初选步进电动机型号

已知 $T_L = 2.414 \text{N} \cdot \text{m}$，$J_L = 8.98 \times 10^{-4} \text{kg} \cdot \text{m}^2$，初选步进电动机型号为 110BF003，它的三条性能曲线如图 4-58 所示。其最大静转矩 $T_{max} = 8 \text{N} \cdot \text{m}$，转子惯量 $J_M = 4.7 \times 10^{-4} \text{kg} \cdot \text{m}^2$，由此可得

$$\frac{T_L}{T_{max}} = \frac{2.414}{8} = 0.3 < 0.5, \quad \frac{J_L}{J_M} = \frac{8.98 \times 10^{-4}}{4.7 \times 10^{-4}} = 1.91 < 4$$

该型号电动机规定最小加、减速时间为 1s，现试算之。

在图 4-58 所示起动惯-频特性曲线中，查不确切的、带惯性负载的最大自起动频率 f_L，其计算公式为

$$f_L = \frac{f_M}{\sqrt{1 + \frac{J_L}{J_M}}} = \frac{1000}{\sqrt{1 + \frac{8.98 \times 10^{-4}}{4.7 \times 10^{-4}}}} \text{Hz} = 584 \text{Hz}$$

式中　f_M——电动机本身的起动频率（Hz）。

空载时的起动时间 t_a，其计算公式为

$$t_a = 0.1047 \frac{(J_L + J_M) n_M}{T_m - T_{LF}}$$

查电动机的起动矩-频特性曲线可知，当 $f = 584 \text{Hz}$ 时，对应的转速

$$n_{\mathrm{M}} = \frac{1}{6} \beta f_{\mathrm{L}} = \frac{1}{6} \times 0.75 \times 584 \mathrm{r/min} = 73 \mathrm{r/min}$$

f/Hz	900	1000	1200
J/kg·m²	7.11×10^{-4}	4.74×10^{-4}	2.37×10^{-4}

a)

f/Hz	2000	4000	5000	6000
T/N·m	2.50	1.40	1.20	0.90

c)

f/Hz	100	200	300	400	550	900	1100	1300	1500
T/N·m	3.80	3.80	3.50	3.50	3.50	3.50	2.50	1.60	1.00

b)

图 4-58   110BF003 型步进电动机的性能曲线

a) 起动惯-频特性曲线   b) 起动矩-频特性曲线   c) 运行矩-频特性曲线

由此可得

$$t_{\mathrm{a}} = 0.1047 \times \frac{(4.7 \times 10^{-4} + 8.98 \times 10^{-4}) \times 73}{3.5 - 0.1146} \mathrm{s} = 0.003 \mathrm{s} < 1 \mathrm{s}$$

因此，该电动机在带惯性负载时能够起动。

5. 速度的验算

（1）快进速度的验算   由图 4-58 所示的运行矩-频特性曲线查得，当 $f_{\max} = 6000 \mathrm{Hz}$ 时，电动机转矩 $T_{\mathrm{M}} = 0.9 \mathrm{N \cdot m} > T_{\mathrm{LF}} = 0.1146 \mathrm{N \cdot m}$，故可按此频率计算最大的快进速度 v_2 为

$$v_2 = \frac{1}{6} \beta f_{\max} \frac{L}{i} = \frac{1}{6} \times 0.75 \times 6000 \times \frac{6}{1.25} \mathrm{mm/min} = 3600 \mathrm{mm/min} > 300 \mathrm{mm/min}$$

（2）工进速度的验算   当 $T_{\mathrm{L}} = 2.414 \mathrm{N \cdot m}$ 时，对应的频率 $f_1 \approx 2000 \mathrm{Hz}$，故有

$$v_1 = \frac{1}{6} \beta f_1 \frac{L}{i} = \frac{1}{6} \times 0.75 \times 2000 \times \frac{6}{1.25} \mathrm{mm/min} = 1200 \mathrm{mm/min} > 500 \mathrm{mm/min}$$

综上所述，可选该型号的步进电动机，且有一定的裕量。

二、伺服电动机选择计算实例

激光切割机一般包括激光振荡器及其电源、光学系统（导光和聚焦系统）、机床本体和辅助系统（冷却、吹气装置）四大部分。

图 4-59 所示为三合板半圆筒的激光切割机结构示意图。

图 4-59　三合板半圆筒的激光切割机结构示意图
1—X 轴用电动机　2—滚珠丝杠　3—θ 轴电动机　4—主轴　5—转动喷嘴
6—导光镜　7—卡盘手柄　8—压紧移动手柄　9—底座　10—平衡块

其主要设计技术参数如下：

1）θ 轴（主轴）的周向加工速度：100～300mm/s（可调）。

2）X 轴（进给轴）最大速度：6000mm/min。

3）θ 轴与 X 轴的加速时间：0.5s。

4）X 向最大移动量：2000mm。

5）θ 向最大回转角：180°。

6）θ 轴周向和 X 轴的最小设定单位（脉冲当量）：±0.01mm/脉冲。

7）定位精度：0.1mm 以内。

8）传感器（旋转编码器）：1000 脉冲/r。

图 4-60 所示为 θ 轴系和 X 轴系的半闭环伺服传动系统。θ 轴系由直流伺服电动机通过三级齿轮传动减速，使工件仅在 180° 范围内回转，如图 4-60a 所示，电动机轴上装有编码器进行角位移检测和反馈。X 轴系由直流伺服电动机直接驱动滚珠丝杠，带动装有整个 θ 轴系的工作台往复运动，如图 4-60b 所示，编码器通过齿轮传动增速与电动机轴相连，以获得所需的脉冲当量。

YAG 固体激光器由高压电源励磁，产生的激光束经导光与聚焦系统，由激光头输出的光斑照射工作表面进行切割。为了防止三合板燃烧，用转动喷嘴进行吹气（如氮气）。

1. θ 轴的伺服传动系统设计

（1）总传动比及其分配

图 4-60   θ 轴系和 X 轴系的半闭环伺服传动系统

a) θ 轴系传动系统   b) X 轴系传动系统

1）根据脉冲当量确定总传动比。如图 4-60a 所示，已知：工件直径 D 上的周向脉冲向量 $\delta = 0.01$mm/脉冲，编码器的分辨力 $s = 1000$ 脉冲/r，工件基准直径 $D = 509.29$mm。根据周向脉冲当量的定义，可知总传动比 i 为

$$i = \frac{2\pi}{\delta s}\frac{D}{2} = \frac{2\pi}{0.01 \times 1000} \times \frac{509.29}{2} = 160$$

2）传动比的分配。由于整个 θ 轴系统在 X 轴系的工作台上，且有周向定位精度要求，因此，各级传动比应按重量最轻和输出轴转角误差最小的原则来分配，故三级传动比分别为

$$i_1 = \frac{z_2}{z_1} = \frac{100}{20} = 5, \quad i_2 = \frac{z_4}{z_3} = \frac{80}{20} = 4, \quad i_3 = \frac{z_7}{z_6}\frac{z_6}{z_5} = \frac{280}{35} \times \frac{35}{35} = 8$$

（2）转速计算   已知：直径为 D 的工件的圆周速度 $v_1 = 100 \sim 300$mm/s，则工件转速 n_1 为

$$n_1 = \frac{60 v_1}{\pi D} = \frac{60 \times (100 \sim 300)}{\pi \times 509.29} \text{r/min} = 3.75 \sim 11.25 \text{r/min}$$

电动机所需的转速 $n_m = n_1 \times i = 600 \sim 1800 \text{r/min}$

（3）等效负载转矩计算   已知：

回转体（含工件及其夹具、主轴及 No.3 大齿轮等）的重力 $W = 2000$N

主轴承的摩擦系数 $\mu = 0.02$

主轴承的摩擦力 $F = \mu W = 40$N

主轴承直径 $D = 100$mm

主轴承上产生的摩擦负载转矩 $T_F = \frac{1}{2}DF = 2$N·m

工件不平衡重力 $W = 100$N

工件重心偏置距离 $l = 200$mm

不平衡负载转矩 $T_1 = Wl = 20$N·m

传动比　$i=160$

换算到电动机轴上的等效负载转矩 T_L（含齿轮传动链的损失 20%）为

$$T_L = (T_F + T_1) \times 1.2/i = 0.165 \mathrm{N \cdot m}$$

（4）等效转动惯量计算

1）传动系统的 J_1。齿轮、轴类和工件的详细尺寸省略，各元件的 J 值见表 4-10。由表 4-10 可知，换算到电动机轴上的 $J_1 = 8.8 \times 10^{-4} \mathrm{kg \cdot m^2}$。

表 4-10　θ 轴传动系统的 J

传动件名称	No. 1 小齿轮	No. 2 大齿轮	No. 2 小齿轮	No. 2 大齿轮	No. 3 小齿轮	No. 3 中间齿轮（2 个）	No. 3 大齿轮（2 个）	工件
节圆直径 D/mm	40	200	40	160	70	70	460	519
宽度或长度 B/mm	30	20	30	25	40	40	30	2000
材质	钢材	钢材	钢材	钢材	钢材	钢材	钢材	三合板
轴与轴承等的 J/kg·m²	1.02×10^{-4}	1. 3277		4. 9568			3. 170413	3. 458206
转速 n/(r/min)	600	120		30			3. 75	3. 75
减速比 N	1/1	1/5		1/20			1/160	1/160
换算到电动机轴上的 J/kg·m²	1.02×10^{-4}	5.30×10^{-4}		1.24×10^{-4}			1.24×10^{-4}	1.36×10^{-4}
换算到电动机轴上的 J 合计	$8.8 \times 10^{-4} \mathrm{kg \cdot m^2}$							1.36×10^{-4} kg·m²
	$\approx 1.016 \times 10^{-3} \mathrm{kg \cdot m^2}$							—

2）工件的 J_2。工件的外径 $D_1 = 519\mathrm{mm}$，长度 $l = 2000\mathrm{mm}$ 的半圆筒形三合板，其重力 $W = 450\mathrm{N}$，换算到电动机轴上的 $J_2 = 1.36 \times 10^{-4} \mathrm{kg \cdot m^2}$。

3）等效转动惯量 J_L

$$J_L = J_1 + J_2 = 0.1016 \times 10^{-2} \mathrm{kg \cdot m^2}$$

（5）初选伺服电动机　由于该伺服电动机长期连续工作在变负载之下，故先按方均根负载初选电动机，其工作循环如图 4-61 所示（已知 $t_1 = t_2 = 0.5\mathrm{s}$）。

$$
\begin{aligned}
T_{Lr} &= \sqrt{\frac{T_L^2 t_1 + (-T_L)^2 t_2}{t_1 + t_2}} \\
&= \sqrt{\frac{0.165^2 \times 0.5 + 0.165^2 \times 0.5}{0.5 + 0.5}} \mathrm{N \cdot m} \\
&= 0.165 \mathrm{N \cdot m}
\end{aligned}
$$

根据式（4-12）计算所需伺服电动机功率（已知传动系统 $\eta = 0.95$，$n_{Lr} = n_m = 1800\mathrm{r/min}$）

图 4-61　激光切割机的工作循环

$$P_m = (1.5 \sim 2.5) \times \frac{T_{Lr} n_{Lr}}{159 \times 0.95}$$

$$= (1.5 \sim 2.5) \times \frac{0.165 \times 1800}{159 \times 0.95 \times 60} kW = 0.049 \sim 0.082 kW$$

若从表 4-9 中初选 IFT5042 型交流伺服电动机，其额定转矩 $T_N = 0.75 N \cdot m$，额定转速 $n_N = 2000 r/min$，转子惯量 $J_m = 1.2 \times 10^{-4} kg \cdot m^2$，显然 $J_L / J_m = 8.5 > 3$，影响伺服电动机的灵敏度和响应时间。决定改选其他公司生产的中惯量交流伺服电动机 SM02 型，其功率为 0.3kW，额定转矩 $T_N = 2 N \cdot m$，最高转速 $n_{max} = 2000 r/min$，$J_m = 4.2 \times 10^{-4} kg \cdot m^2$。$J_L / J_m = 2.4 < 3$。

（6）计算电动机需要的转矩 T_m　激光切割机的工作循环如图 4-61 所示。已知：加速时间 $t_1 = 0.5 s$，电动机转速 $n_m = 600 r/min$，传动系数的效率 $\eta = 0.95$，根据动力学公式，电动机所需的转矩 T_m 为

$$T_m = T_a + T_L = \frac{2\pi}{60}(J_m + J_L)\frac{n_m}{t_1 \eta} + T_L$$

$$= \left[\frac{\pi}{30}(4.2 \times 10^{-4} + 0.1016 \times 10^{-2})\frac{600}{0.5 \times 0.95} + 16.5 \times 10^{-2}\right] N \cdot m$$

$$= 0.355 N \cdot m$$

当电动机的转速 $n_m = 1800 r/min$ 时，T_m 为

$$T_m = \left(0.19 \times \frac{1800}{600} + 0.165\right) N \cdot m = 0.735 N \cdot m$$

（7）确定伺服电动机　首先应进行伺服电动机的安全系数检查。已知：$T_1 = -T_2 = T_m$，$t_1 = t_2$，两个循环之间无停顿时间。

因此，其方均根转矩 T_{Lr} 为

$$T_{Lr} = \sqrt{\frac{T_1^2 t_1 + (-T_2)^2 t_2}{t_1 + t_2}} = T_m = 0.355 \sim 0.735 N \cdot m$$

故有

$$\frac{T_N}{T_{Lr}} = \frac{2}{0.355} \sim \frac{2}{0.735} = 5.6 \sim 2.7 \geqslant 1.26$$

这表明该电动机的转矩能满足要求。

（8）定位精度分析　θ 轴伺服系统虽然是半闭环控制，但除了电动机以外仍是开环系统。因此，其定位精度主要取决于轴的齿轮传动系统，与电动机本身的制造精度关系不大。

根据误差速比原理，仅要求末级齿轮的传动精度较高。当要求周向定位精度 $\Delta = \pm 0.1 mm$ 时，则相当于主轴上的转角误差 $\Delta\theta$ 时

$$\Delta\theta = \frac{\Delta}{\frac{D}{2}} \times 180° = \frac{0.1 \times 2}{509.92} \times \frac{180°}{\pi} = 0.0225° = 1.35'$$

由此可选择齿轮的传动精度。

2. X 轴的伺服传动系统设计

（1）根据脉冲当量确定丝杠导程 L 或中间齿轮传动比 i　如图 4-60b 所示，已知：线位移脉冲当量 $\delta = 0.01 mm/$脉冲，编码器的分辨力 $s = 1000$ 脉冲/r，相当于

该轴上的每个脉冲步距角 $\beta = \dfrac{360°}{1000} = 0.36°$，换算到电动机轴上，$\beta_m = \beta \times 1.25 = 0.45°$，电动机直接驱动丝杠时，其中间齿轮传动比 $i = 1$。根据线位移脉冲当量的定义，可知

$$L = \delta i \frac{360°}{\beta_m} = 0.01\text{mm} \times 1 \times \frac{360°}{0.45°} = 8\text{mm}$$

（2）所需的电动机转速计算 已知：线速度 $v_2 = 6000\text{mm/min}$，所需的电动机转速 n_m 为

$$n_m = \frac{v_2}{L} = \frac{6000}{8}\text{r/min} = 750\text{r/min}$$

因此，编码器轴上的转速 $n_r = \dfrac{n_m}{1.25} = 600\text{r/min}$。

（3）等效负载转矩计算 已知：移动体（含工件、整个 θ 轴系和工作台）的重力 $W = 20000\text{N}$，贴塑导轨上的摩擦系数 $\mu = 0.065$，移动时的摩擦力 $F_1 = \mu W = 1300\text{N}$，滚珠丝杠传动副的效率 $\eta = 0.9$。根据机械效率公式，换算到电动机轴上所需的转矩 T_1 为

$$T_1 = \frac{\mu W L}{2\pi\eta} = \frac{0.065 \times 20000 \times 0.008}{2\pi \times 0.9}\text{N} \cdot \text{m} = 1.839\text{N} \cdot \text{m}$$

由于移动体的重量很大，滚珠丝杠传动副必须事先预紧，其预紧力为最大轴向载荷的 1/3 时，其刚度增加 2 倍，变形量减小 1/2。

预紧力 $F_2 = \dfrac{1}{3} F_1 = 433.33\text{N}$，螺母内部的摩擦系数 $\mu_m = 0.3$，因此，滚珠丝杠预紧后的摩擦转矩 T_2 为

$$T_2 = \mu_m \frac{F_2 L}{2\pi} = 0.3 \times \frac{433.33 \times 0.008}{2\pi}\text{N} \cdot \text{m} = 0.1656\text{N} \cdot \text{m}$$

在电动机轴上的等效负载转矩 T_L 为

$$T_L = T_1 + T_2 = 2.0046\text{N} \cdot \text{m}$$

（4）等效转动惯量计算

1）计算换算到电动机轴上的移动体 J_1。根据运动惯量换算的动能相等原则，J_1 为

$$J_1 = \frac{W}{g}\left(\frac{L}{2\pi}\right)^2 = \frac{20000}{9.81} \times \left(\frac{0.008}{2\pi}\right)^2\text{kg} \cdot \text{m}^2 = 3.308\text{kg} \cdot \text{m}^2$$

2）计算换算到电动机轴上的传动系数 J_2。该传动系统（含滚珠丝杠、齿轮及编码器等）的 J_2，其计算结果为

$$J_2 = 0.021152\text{kg} \cdot \text{m}^2$$

因此，换算到电动机轴上的等效转动惯量 J_L 为

$$J_L = J_1 + J_2 = (3.308 \times 10^{-3} + 0.021152)\text{kg} \cdot \text{m}^2 = 2.45 \times 10^{-2}\text{kg} \cdot \text{m}^2$$

（5）初选直流伺服电动机的型号 由于 $T_L = 2.0045\text{N} \cdot \text{m}$ 和 $J_L = 2.45 \times 10^{-2}\text{kg} \cdot \text{m}^2$，查表 4-11，初选电动机型号为 CN-800-10，$T_N = 8.3\text{N} \cdot \text{m}$，$J_m = 0.91 \times 10^{-2}\text{kg} \cdot \text{m}^2$，则有 $J_L/J_m = \dfrac{2.45}{0.91} = 2.69 < 3$，$n_N = 1000\text{r/min}$，$n_{max} = 1500\text{r/min}$。

表 4-11　日本山洋公司生产的直流伺服电动机规格参数

型　　号	C-100-20	C-200-20	CN-400-10	CN-800-10
额定输出功率 P_N/kW	0.12	0.23	0.45	0.85
额定电枢电压 E_N/V	70	60	105	100
额定转矩 T_N/N·m	1.17	2.25	4.40	8.30
额定电枢电流 I_N/A	3.1	5.8	5.6	11
额定转速 n_N/(r/min)	1000	1000	1000	1000
连续失速转矩 T_s/N·m	1.45	2.90	5.50	10.50
瞬时最大转矩 T_{ps}/N·m	13.00	26.00	40.00	80.00
最大转速 n_{max}/(r/min)	2000	2000	1500	1500
比功率 Q/(kW/s)	1.32	2.92	3.22	7.4
转矩常数 K_T/(N·m/A)	0.46	0.46	0.92	0.92
感应电压常数 K_E/(V·min/kr)	47.5	47.5	95	95
转子惯量 J_m/kg·m^2	0.10×10^{-2}	0.17×10^{-2}	0.59×10^{-2}	0.91×10^{-2}
电枢阻抗 R_a/Ω	4.7	1.65	2.2	0.78
电枢电感 L_a/mH	11	4.5	8	3.7
机械时间常数 t_m/ms	23	15	16	10
电气时间常数 t_e/ms	2.4	2.7	3.8	4.7
热稳定常数 t_{th}/min	45	50	60	70
热阻抗 R_{th}/(℃/W)	1.5	1.0	0.75	0.6
电枢线卷温度上限℃	130	130	130	130
绝缘等级	F 级			
励磁方式	永久磁铁			
冷却方式	全封闭自冷			

（6）计算电动机需要的转矩 T_m　已知：加速时间 $t_1=0.5$s，电动机转速 $n_m=750$r/min，滚珠丝杠传动效率 $\eta=0.9$，根据动力学公式，电动机所需的转矩 T_m 为

$$T_m = T_a + T_L = \frac{2\pi}{60}(J_e + J_L)\frac{n_m}{t_1\eta} + T_L$$

$$= \left[\frac{2\pi}{60}\times(0.91\times10^{-2}+2.45\times10^{-2})\times\frac{750}{0.5\times0.9}+2.0046\right]\text{N}\cdot\text{m}$$

$$= (5.8643+2.0046)\text{N}\cdot\text{m}$$

$$= 7.87\text{N}\cdot\text{m} = 787\text{N}\cdot\text{cm}$$

（7）伺服电动机的确定

1）伺服电动机的安全系数检查。与 θ 轴系相同，$T_{Lr}=T_m=7.87$N·m，故有

$$T_N/T_{Lr} = \frac{830}{787} = 1.055 < 1.26$$

由于该电动机的安全系数很小，必须检查电动机的温升。

2）热时间常数检查。已知：$t_p=1$s，$t_{th}=70$min，故 $t_p << \frac{1}{4}t_{th}$。

3）电动机的 ω_n 和 ζ 检查。已知：$t_m=10$ms，$t_e=4.7$ms，则有

$$\omega_n = \sqrt{\frac{1}{t_m t_e}} = \sqrt{\frac{1}{10 \times 10^{-3} \times 4.7 \times 10^{-3}}} \text{rad/s} = 145.9 \text{rad/s} > 80 \text{rad/s}$$

$$\zeta = \frac{1}{2} \sqrt{\frac{t_m}{t_e}} = \frac{1}{2} \sqrt{\frac{10 \times 10^{-3}}{4.7 \times 10^{-3}}} = 0.729$$

该 ζ 值比较接近最佳阻尼比 $\zeta = 0.707$。

（8）电动机温升检查　在连续工作循环条件下，检查电动机的温升。

1）加速时的电枢电流 I_a

$$I_a = \frac{T_m}{K_T}$$

式中　K_T——电动机转矩常数，查表 4-11，$K_T = 0.92 \text{N} \cdot \text{m/A}$，因此

$$I_a = \frac{T_m}{K_T} = \frac{7.87}{0.92} \text{A} = 8.55 \text{A}$$

2）温升的第一次估算。当温度为 t_1 时，对应的电枢电阻 R_{at} 为

$$R_{at} = R_{20} [1 + 3.93 \times 10^{-3} (t_1 - 20)]$$

式中　R_{20}——20℃ 时的电枢电阻（Ω）。

由表 4-11 查得 $R_{20} = 0.78 \Omega$，设 $t_1 = 60$℃，则有

$$R_{at} = R_{20} [1 + 3.93 \times 10^{-3} (60 - 20)] = 0.9 \Omega$$

在该温度下的电功率损耗 P_e 为

$$P_e = I_a^2 R_{at} = (8.55)^2 \times 0.9 \text{W} = 65.79 \text{W}$$

由表 4-11 查得热阻抗 $R_{th} = 0.6$℃/W，因此，电枢的温升

$$\Delta t_1 = P_e R_{th} = 65.79 \times 0.6 \text{℃} = 39.47 \text{℃}$$

若环境温度为 25℃，则电枢温度为 64.47℃，以此温度作为第二次估算的基础。

3）温升的第二次估算。设 $t_1 = 65$℃，则有

$$R_{at} = 0.78 \times [1 + 3.93 \times 10^{-3} \times (65 - 20)] \Omega = 0.917 \Omega$$

电功率损耗　$\quad P_e = I_a^2 R_{at} = 67.1 \text{W}$

电枢温升　$\quad \Delta t_2 = P_e R_{th} = 67.1 \times 0.6 \text{℃} = 40.26 \text{℃}$

若环境温度为 25℃，则电枢温度为 65.26℃，与假设温度基本一致。

4）温升的第三次估算。设 $t_1 = 83$℃（热带地区），则有

$$R_{at} = 0.78 \times [1 + 3.93 \times 10^{-3} \times (83 - 20)] \Omega = 0.973 \Omega$$

电功率损耗　$\quad P_e = I_a^2 R_{at} = 71.16 \text{W}$

电枢温升　$\quad \Delta t_3 = P_e R_{th} = 42.696 \text{℃}$

若环境温度为 40℃，则电枢温度为 82.696℃，与假设温度基本一致。

查表 4-11，对于电枢绕组绝缘等级为 F 级的电动机，当环境温度为 40℃ 时，电动机允许的温升限值可达 90℃。因此，该电动机的安全系数虽然较小，但在设计参数范围内，仍可正常使用。

（9）电动机起动特性检查

1）直线运动中的加速度计算。在等加速的直线运动过程中，其加速度 a 为

$$a = \frac{v - v_0}{60 t_a}$$

式中　v——加速过程的终点速度（m/min）；

v_0——初始速度（m/min）。

已知：$v = 6$m/min，$v_0 = 0$，$t_a = 0.5$s，则有

$$a = \frac{v}{60 t_a} = \frac{6}{60 \times 0.5} \text{m/s}^2 = 0.2 \text{m/s}^2 = 0.0204g$$

其中，g 为重力加速度。

2）加速距离计算。在等加速运动中，其移动距离 S 为

$$S = v_0 t_a + \frac{1}{2} a t_a^2$$

已知：$v_0 = 0$，$a = 0.2$m/s^2，$t_a = 0.5$s，则有

$$S = \frac{1}{2} a t_a^2 = \frac{1}{2} \times 0.2 \times 0.5^2 \text{m} = 0.025 \text{m} = 25 \text{mm}$$

3）等加速运动的调节特性。若 $a = 0.2$m/s^2 保持不变，则对电动机所需的转矩毫无影响。对于不同的线速度要求，其加速时间与距离是不同的，即具有调节特性。例如：

① $v = 100$mm/min，则有 $t_a = 8.33 \times 10^{-3}$s，$S = 6.94 \times 10^{-3}$mm；

② $v = 600$mm/min，则有 $t_a = 0.05$s，$S = 0.25$mm；

（10）定位精度分析　与 θ 轴系精度分析相同，X 轴系的定位精度主要取决于滚珠丝杠传动的精度和刚度，它与电动机制造精度的关系不大。

已知定位精度 $\Delta = 0.1$mm，一般按 $\Delta_s = (1/3 \sim 1/2)\Delta = 0.033 \sim 0.05$mm 选择丝杠的累积误差。其次，计算丝杠的刚度所产生的位移误差。

激光切割机的工艺力是非常小的，但要重视滚珠丝杠的精度和刚度，以免产生过大的变形误差，这常是激光切割机设计失败的重要原因。

思　考　题

1. 什么是伺服控制？为什么机电一体化系统的运动控制往往是伺服控制？

2. 查阅相关资料，简述不同类型的数控机床和机器人对伺服控制系统的基本要求和其伺服控制系统的工作原理。

3. 机电一体化系统的伺服驱动有哪几种形式？各有什么特点？

4. 简述伺服控制电动机的基本控制形式及其主要特点。

5. 试列表比较步进电动机、直流伺服电动机、交流伺服电动机和直线电动机的主要特点，它们主要用在哪些场合？

6. 交流伺服电动机的的驱动控制常用哪些方法？试简述脉宽调制（PWM）的基本原理。

7. 了解伺服电动机的机械特性有什么意义？习惯性称呼伺服电动机机械特性硬的含义是什么？

8. 交流变频调速有哪几种类型？各有什么特点？

9. 查阅相关资料，简要说明数控机床和机器人伺服电动机的位置反馈和速度反馈增益是如何确定的？

10. 交流伺服电动机有哪几种变频调速方式？试分别说明其工作原理。

11. 直线电动机传动主要有哪些类型？简述其工作原理及应用前景。

12. 下图为设某经济型数控机床某轴的进给系统工作原理图，该进给系统采用步进电机驱动滚珠丝杠，带动装有到家的拖板（工作台）做直线往复运动，设数控进给系统脉冲当量为0.005mm，步进电动机步距角为0.75°，滚珠丝杠的导程为4mm，试求其减速传动比为多少？

工业控制计算机及其接口技术

工业控制计算机系统是机电一体化系统的中枢，其主要作用是按编制好的程序完成系统信息采集、加工处理、分析和判断，做出相应的调节和控制决策，发出数字形式或模拟形式的控制信号，控制执行机构的动作，实现机电一体化系统的目的功能。在机电一体化设备中单机控制是一种最基本和最常见的计算机控制的应用形式。本章以计算机控制的单机系统为主要研究内容，重点介绍工业控制计算机系统的概貌、工业控制计算机控制接口技术、可编程序控制器、计算机控制算法等方面的问题。扫描左侧二维码观看数字技术的相关视频。

第一节　工业控制计算机

一、工业控制计算机系统组成

图 5-1 所示为工业控制计算机系统的硬件组成示意图。它由计算机基本系统、人-机对话系统、系统支持模块、过程输入/输出（I/O）子系统等组成。在过程 I/O 子系统中，过程输入设备把系统测控对象的工作状况和被控对象的物理、工位接点状态转换为计算机能接受的数字信号；过程输出设备把计算机输出的数字信息转换为能驱动各种执行机构的功率信号。人-机对话系统用于操作者与计算机系统之间的信息交换，主要包括键盘、图形或数码显示器、声光指示器、语音提示器等。系统支持模块包括软盘、硬盘、光盘驱动器、串行通信接口、打印机并行接口（调制解调器）等。

图 5-1　工业控制计算机系统的硬件组成示意图

工业控制计算机系统的软件包括适应工业控制的实时系统软件、通用软件和工业控制软件等。

二、工业控制计算机系统的基本要求

由于工业控制计算机面向机电一体化系统的工业现场,因此它的结构组成、工作性能与普通计算机有所不同,其基本要求如下:

1. 具有完善的过程输入/输出功能

要使计算机能控制机电一体化系统的正常运行,它必须具有丰富的模拟量和数字量输入/输出通道,以便计算机能实现各种形式的数据采集、过程连接和信息变换等。这是计算机能否投入机电一体化系统运行的重要条件。

2. 具有实时控制功能

工业控制计算机应具有时间驱动和事件驱动的能力,要能对生产的工况变化实时地进行监视和控制,当过程参数出现偏差甚至故障时能迅速响应并及时处理,为此需配有实时操作系统及过程中断系统。

3. 具有高的可靠性

机电一体化设备通常是昼夜连续工作,控制计算机又兼有系统故障诊断的任务,这就要求工业控制计算机系统具有非常高的可靠性。

4. 具有较强的环境适应性和抗干扰能力

在工业环境中,电、磁干扰严重,供电条件不良,工业控制计算机必须具有极高的电磁兼容性,要有高抗干扰能力和共模抑制能力。此外,系统还应适应高温、高湿、振动、冲击、灰尘等恶劣的工作环境。

5. 具有丰富的软件

要配备丰富的测控应用软件,建立能正确反映生产过程规律的数学模型,建立标准控制算式及控制程序。

三、工业控制计算机的分类及其应用特点

在设计机电一体化系统时,必须根据控制方案、体系结构、复杂程度、系统功能等,正确地选用工业控制计算机系统。根据计算机系统软硬件及其应用特点,常将工业控制计算机分为可编程序控制器、总线型工业控制计算机以及单片机三类。

1. 可编程序控制器

可编程序控制器简称 PLC（Programmable Logic Controller）或 PC（Programmable Controller）,它是将继电器逻辑控制技术与计算机技术相结合而发展起来的一种工业控制计算机系统。它的低端为继电器逻辑的代用品,而其高端实际上是一种高性能的计算机实时控制系统。它以顺序控制为主,能完成各种逻辑运算、定时、计数、记忆和算术运算等功能,既能控制开关量,又能控制模拟量。PLC 的最大特点是采用了存储器技术,将控制过程用简单的"用户编程语言"编成程序,并存入存储器中。运行时,PLC 从存储器中一条一条地取出程序指令,依次控制各输入输出点。

PLC 把计算机的功能完善、通用、灵活、智能等特点与继电器控制的简单、直观、价格便宜等优点结合起来,可以取代传统的继电接触器顺序控制,而且具备继电接触控制所不具备的优点。其主要特点如下:

1）控制程序可变,具有很好的柔性。在生产工艺流程改变或被控设备更新的情况下,不必改变 PLC 的硬件只需改变程序就可以满足要求。

2）可靠性强,适用于工业环境。PLC 是专门为工业环境应用而设计的计算机

控制系统，在硬件和软件上采取了一系列有效措施，以提高系统的可靠性和抗干扰能力，并有较完善的自诊断和自保护能力，能够适应恶劣的工业环境。PLC 的平均无故障工作时间可达数万小时，这是其他计算机系统无法比拟的。

3）编程简单，使用方便。大多数 PLC 采用"梯形图"的编程方式。梯形图类似于继电接触控制的电气原理图，使用者无须具备很深的计算机编程知识，只需将梯形图转换成逻辑表达式，将其输入 PLC 即可使用。

4）功能完善。PLC 具备输入输出、逻辑运算、算术运算、定时、计数、顺序控制、功率驱动、通信、人-机对话、自检、记录和显示等功能，使系统的应用范围大大提高。

5）体积小，重量轻，易于装入机器内部。

2. 总线型工业控制计算机

总线型工业控制计算机，根据功能要求把控制系统划分成具有一种或几种独立功能的硬件模块，从内总线入手把各功能模块设计制造成"标准"的印制电路板插件（也称模块），像搭积木一样将硬件插件及模板插入一块公共的称为"底板"的电路板插槽上组成一个模块网络系统，每块插件之间的信息都通过底板进行交换，从而达到控制系统的整体功能，这就是所谓的模块化设计。由于总线结构的控制计算机系统将一个较复杂的系统分解成具有独立功能的模块，再把所需的功能模板插到底板上，构成一个计算机控制系统，因而具有如下的优点：

1）提高了设计效率，缩短了设计和制造周期。在系统的整体设计时，将复杂的电路分布在若干功能模板上，可同时并行地进行设计，大量的功能模板可以直接购得，从而大大地缩短了系统的设计和制造周期。

2）提高了系统的可靠性。由于各通用模块均由专业制造厂以原始设备制造（Original Equipment Manufacture，OEM）产品形式专业化大批量生产制造，用户可以根据自己的具体需要，购买这批 OEM 产品，如中央处理器（CPU）、随机存取存储器（RAM）、只读存储器（ROM）、A-D、D-A 等模板及专用 I/O 接口板卡等，来构成自己的计算机系统。由于模板的质量稳定，性能可靠，因此也就保证了控制计算机系统的可靠性。

3）便于调试和维修。由于模板是按照系统的功能进行分解的，维修或调试时，只要根据功能故障性质进行诊断，更换损坏的模板，就可以方便地排除故障，进行调试。

4）能适应技术发展的需要，迅速改进系统的性能。有时在新的系统运行后需要根据实际情况改进系统的性能；有时随着技术发展，产品性能需要进一步提高；或者产品随市场需要而改型，要求系统做相应改进；或者随着电子技术的发展，大存储量芯片的出现，新型专用大规模集成电路的推广应用等，都需要对原系统的某一部分或模块进行更新。在上述情况下总线结构的控制计算机只须改进模块和软件，无须对整个系统进行重新设计就能满足对系统提出的新要求。

3. 单片机

单片机是把计算机系统硬件的主要部分如 CPU、存储器（ROM/RAM）、I/O 接口、定时/计数器及中断控制器等都集成在一个芯片上的单芯片微型计算机。单片机可视为一个不带外部设备的计算机，相当于一个没有显示器、键盘、不带监控程序的单板机。

用单片机组成的计算机控制系统具有以下特点：

1）受集成度限制，片内存储器容量较小。一般片内 ROM 小于 4~8KB，片内

RAM 小于 256B；但可在外部进行扩展，如 MCS-51 系列单片机的片外可擦可编程序只读存储器（EPROM）、静态随机存储器（SRAM）可分别扩展至 64KB。

2）可靠性高。单片机芯片本身是按工业测控环境要求设计的，其抗工业噪声干扰的能力优于一般通用 CPU；程序指令及其常数、表格固化在 ROM 中，不易损坏；常用信号通道均集成在一个芯片内，信号传输可靠性高。

3）易扩展。片内具有计算机正常运行所必需的部件，芯片外部有许多供扩展用的总线及并行、串行输入/输出接口，很容易构成各种规模的计算机控制系统。

4）控制功能强。为了满足工业控制要求，单片机的指令系统中有极丰富的条件分支转移指令、I/O 接口的逻辑操作以及位处理功能。一般来说，单片机的逻辑控制功能及运行速度均高于同一档次的微处理器。

5）一般的单片机内无监控程序或系统通用管理软件，软件开发工作量大。但近年来已开始出现了片内固化有 BASIC 解释程序及 C 语言解释程序的单片机开发软件，使单片机系统的开发提高到了一个新水平。

第二节　计算机控制接口技术

在机电一体化系统中，由于机械系统与计算机控制系统在性质上有很大差别，两者之间的联系必须通过计算机控制接口进行调整、匹配、缓冲，因此计算机控制接口有着重要的作用。另外，尽管计算机控制系统的引入使机械系统具有了"智能"，达到了更高的自动化程度，但是机电一体化系统的运行仍离不开人的干预，必须在操作者的监控下进行，因此，人-机接口也是必不可少的。

在计算机控制接口中，按照信息和能量的传递方向，又可分为信息采集接口与控制输出接口。控制计算机通过信息采集接口检测机械系统运行参数，经过运算处理后，发出有关控制信号，经过控制输出接口的匹配、转换、功率放大，驱动执行元件来调节机械系统的运行状态，使其按要求动作。扫描左侧二维码观看信息和能量传递的相关视频。

人-机接口包括输出接口与输入接口两类，通过输出接口，操作者对系统的运行状态、各种参数进行监测；通过输入接口，操作者向系统输入各种命令及控制参数，对系统运行进行控制。人-机接口可查阅相关资料，本书不再详细介绍。

下面对常用的信息采集接口、模拟量输入/输出接口、开关型功率接口、直流电动机的功率接口、交流电动机变频调速功率接口和步进电动机功率驱动接口等计算机控制接口进行详细介绍。

一、信息采集接口

在模拟量信息采集通道中，先利用传感器将从信号源检测到的非电量转换为电量，并进行信号处理（包括放大、滤波、线性补偿等），再经采样-保持器，将模拟信号变换成时间上离散的采样保持信号后，送 A-D 转换器将模拟保持信号转换成数字信号，送入计算机。信息采集通道的一般组成如图 5-2 所示。

图 5-2　信息采集通道的一般组成

1. 常用数据采集的结构形式

在实际中，计算机数据采集信号源往往不止一个，对多个信号源的数据采集通道有下面几种结构形式：

（1）多路 A-D 通道　从每个信号源检测的信号都有各自独立的采集通道，即每个通道都有独自的采样-保持器和 A-D 转换器，如图 5-3a 所示。该结构形式使用了较多数量的采样-保持器、A-D 转换器，成本高。但这种通道结构的 A-D 转换速度高，并且控制各路通道的采样-保持器或 A-D 转换器，可完成各路通道同时进行采样或同时进行转换的功能，故常用于需同步高速数据采集、同步转换的计算机控制系统。

（2）多路同时采样、分时转换通道　从多路信号源来的数据经各自的采样-保持器后，经模拟多路转换开关控制，共用一个 A-D 转换器，此结构使用模拟多路开关进行多路选择，使多路信号按一定的顺序切换到共用的 A-D 转换器上进行A-D 转换，如图 5-3b 所示。

图 5-3　几种数据采集通道的结构形式

显然这种通道结构节省硬件，但转换速度比较慢，因为共用一个 A-D 转换器必须分时进行转换，多路开关的引用也使误差增加，所以，该结构多用于转换速度、精度要求不高，需同时采集、分时转换的控制系统，如多点巡回检测系统。目前，有不少芯片都具有多路通道的功能，如 ADC0808/0809 为 8 位 8 通道。

（3）多路信号源共享采样-保持器和 A-D 转换器　从多路信号源来的数据先经多路开关，然后按某种顺序切换到具有采样-保持器和 A-D 转换器的通道上，如图5-3c 所示，此结构共用一套采样-保持器和 A-D 转换器，节省硬件成本，但转换速度更慢，常用于分时采样、分时转换的计算机控制系统中。

除了上述几种数据采集通道的结构形式外，还有不带采样-保持器的最简单的采集通道和单路采集通道。

在数据采集通道中，采样-保持器和 A-D 转换器是必不可少的，其他组成部分可根据实际需要增减。传感器、信号处理、采样-保持已在第三章中介绍，因此下面主要介绍常用的 A-D 转换器。

2. 常用的 A-D 转换器

为了满足多种需要，目前市面已有多种高质量的 A-D 转换器。在 A-D 转换器芯片里面，集成了多路开关、采样-保持器和 A-D 转换器，可方便地构成多通路数据采集通道。下面较详细地介绍两种常用的 A-D 转换器。

（1）8 位 A-D 转换器 ADC0808/0809

1）电路组成及转换原理。ADC0808/0809 都是含 8 位 A-D 转换器、8 路多路开关，以及与微型计算机兼容的控制逻辑的 CMOS 组件，其转换方法为逐次逼近型。在 A-D 转换器内部有一个高阻抗斩波稳定比较器，一个带模拟开关树组的 256R 电阻分压器，以及一个逐次逼近型寄存器。8 路的模拟开关的通/断由地址锁存器和译码器控制，可以在 8 个通道中任意访问一个单边的模拟信号。其原理框图如图 5-4 所示。

图 5-4　ADC0808/0809 的原理框图

由于这种 A-D 转换器无须进行零位和满量程调整，多路开关的地址输入部分能够进行锁存和译码，而且其三态 TTL 输出也可以锁存，因此易于与微型计算机接口连接。

从图 5-4 中可以看出，ADC0808/0809 由两部分组成。第一部分为 8 通道多路模拟开关，计算机通过控制 C、B、A 地址选择端子和地址锁存允许端子 ALE，可使其中一个通道被选中。第二部分为一个逐次逼近型 A-D 转换器，它由比较器、控制逻辑、数字量输出锁存缓冲器、逐次逼近型寄存器以及开关树组（8 位）和 256R 电阻分压器组成。控制逻辑用来控制逐次逼近寄存器从高位到低位逐次取"1"，然后送到开关树组，以控制开关 $S_7 \sim S_0$ 是否与参考电平相连。参考电平经 256R 电阻网络输出一个模拟电压 U_C，U_C 与输入模拟量 U_X 在比较器中进行比较，当 $U_C > U_X$ 时，该位 $D_i = 0$；当 $U_C < U_X$ 时，则移位 $D_i = 1$，且一直保持到比较结束。照此处理，从 $D_7 \sim D_0$ 比较 8 次即可逐次逼近寄存器中的数字量，即与模拟量 U_X 所相当的数字量等值。此数字量送入输出锁存缓冲器，并同时发出转换结束信号。

2）ADC0808/0809 的引脚功能。

$IN_7 \sim IN_0$：8 个模拟量输入端。

START：启动信号。正脉冲的上升沿使所有内部寄存器清零，从下降沿开始进行 A-D 转换。

EOC：转换结束信号。在 START 信号之后变低，A-D 转换结束后，发出一个正脉冲，表示 A-D 转换完毕。此信号可用作 A-D 转换是否结束的检测信号，或向 CPU 申请中断的信号。

OE：输出允许信号。当此信号有效时，允许从 A-D 转换器的锁存器中读取数字量。此信号可作为 ADC0808/0809 的片选信号，高电平有效。

CLOCK：实时时钟。可通过外接 RC 电路改变时钟频率。

ALE：地址锁存允许信号。当 ALE 由低电平到高电平正跳变时，将地址选择线状态锁存，以选通相应的模拟量输入通道。

C、B、A：通道号地址选择端子。C 为最高位，A 为最低位。

$D_7 \sim D_0$：数字量输出端。

$U_{REF(+)}$、$U_{REF(-)}$：参考电压端子。用以提供 D-A 转换器内权电阻的标准参考电平。对于一般单极性模拟量输入信号，$U_{REF(+)} = 5V$，$U_{REF(-)} = 0V$。

U_{CC}：电源端子，接+5V。

GND：接地端。

3）时序图。ADC0808/0809 的时序图如图 5-5 所示。

图 5-5　ADC0808/0809 的时序图

从图 5-5 中可以看出，启动脉冲 START 和地址锁存允许脉冲 ALE 的上升沿将地址送至地址锁存器和译码器，模拟量经 C、B、A 选择开关所指定的通道送至 A-D 转换器。在 START 信号下降沿的作用下，逐次逼近过程开始，在时钟的控制下，一位一位地逼近。此时，转换结束信号 EOC 呈低电平状态。由于逐次逼近需要一定的过程，因此在此期间内，模拟量输入值维持不变。比较器须一次一次地进行比较，直到转换结束（EOC 呈高电平）。此时，若计算机发出一个允许命令（OE 呈高电平），则可读出数据。

4）ADC0808/0809 的技术指标。

① 单一电源，+5V 供电，模拟量输入范围为 0~5V。

② 分辨力为 8 位。

③ 最大不可调误差：

$$ADC0808 < \pm 1/2LSB\left(1LSB = \frac{1}{256}\right)$$

$$ADC0809 < \pm 1LSB$$

④ 功耗为 15mW。

⑤ 转换速度取决于芯片的时钟频率，时钟频率范围：10 ~ 1280kHz。当 CLOCK 等于 500kHz 时，转换速度为 128μs。

⑥ 可锁存三态输出，输出与 TTL 兼容。

⑦ 无须进行零位及满量程调整。

⑧ 正常工作温度范围为 -40 ~ +85℃。

总之，ADC0808/0809 具有较高的转换速度和精度，受温度影响较小，能较长时间保证精度，重现性好，功耗较低，且具有 8 路模拟开关，因此，是过程控制比较理想的器件。

5）ADC0808/0809 转换器与计算机的接口电路。若指定 8 路传感器信号输入端口地址为 78H~7FH，转换结束信号以中断方式与控制计算机系统联络，采用 74LS138 作为输入通道地址译码器，那么 ADC0808/0809 和控制计算机系统的连接电路如图 5-6 所示。

图 5-6 ADC0808/0809 和控制计算机系统的连接电路

由于 ADC0808/0809 的数据输出带三态输出门，故可直接接到控制计算机系统数据总线上。按图 5-6 所示接线，74LS138 的 $\overline{Y_7}$ 译出的地址范围正好是 78H~7FH。低 3 位地址线 $A_2 \sim A_0$ 分别直接接到 ADC0808/0809 的采样地址输入端 C、B、A 上，用于选通 8 路输入通路中的其中一路，那么用一条输出指令即可启动某一通路开始转换（使 ADC0808/0809 的 START 端和 ALE 端得到一个启动正脉冲信号）。

CONTV1：MOV AL，00H；   （可以是不为 00H 的其他数字）

　　　　　OUT　78H，AL；　　　　　　选通 IN_0 通路并开始转换

　　　　　⋮

CONTV7：MOV　AL，00H；

　　　　　OUT　7FH，AL；　　　　　　选通 IN_7 通路并开始转换

　　　　　⋮

　　转换结束，ADC0808/0809 从 EOC 端发出一个正脉冲信号，通过中断控制器 8259A 向控制计算机系统发出中断请求，控制计算机系统响应中断后，转去执行中断服务程序。中断服务程序中，执行一条输入指令，即可读取转换后数据。如执行"IN　AL，78H"，即可将以启动转换的 IN_0 通路的转换数据读入 AL 中。因为执行这条指令时，使片选信号 $\overline{Y_7}$ 和读信号 $\overline{RD}$ 同时出现有效低电平，ADC0808/0809 的输出允许信号 OE 端出现一开门正脉冲，使输出三态门开启，控制计算机系统可读取转换后的数据。

　　图 5-7 所示为 ADC0808/0809 通过并行接口 8255A 与计算机的连接电路。

图 5-7　**ADC0808/0809 通过 8255A 与控制计算机系统的连接电路**

　　若从输入通道 IN_0（A、B、C 为 0、0、0）读入一个模拟量，经 ADC0808/0809 转换后送控制计算机系统，8255A 端口地址为 80H~83H，ADC0808/0809 端口地址为 84H~87H。有关程序如下：

　　　　MOV　AL，98H；8255A 初始化，方式 0，PA 口输入，PB 口输出

　　　　OUT　83H，AL；PC 高 4 位输入

　　　　MOV　AL，00H

　　　　OUT　81H，AL；选择通道 000

　　　　ADD　DAL，10H

　　　　OUT　81H，AL；PB4＝1 启动 ADC 转换

　　　　SUB　AL，10H

LOOP：IN　AL，82H　　；从 C 口的 PC7 检查 EOC

　　　　TEST AL，80H　；检测 PC7

　　　　JZ　LOOP　　　；PC7＝0 即 EOC＝1，转换未结束，继续查询

　　　　IN　AL，84H　　；允许输出转换结果 OE 有效，结果送入 8255A 的 A 口

　　　　IN　AL，80H　　；由 8255A 口读入数据

　　　　HLT

（2）12位A-D转换器AD574

1）AD574的结构及原理。图5-8所示为AD574转换器的原理框图。它由两部分组成：一部分是模拟芯片；另一部分是数字芯片。其中，模拟芯片由高性能的12位AD565 D-A转换器和参考电压组成（AD565转换快速，单片结构，电流输出，建立时间为200ns）。数字芯片由逻辑控制电路、逐次逼近型寄存器和三状态输出缓冲器组成。AD574的转换原理与ADC0809基本是一样的，这里不做介绍。

图5-8　AD574的原理框图

2）AD574的引脚功能。AD574各个型号都采用28引脚双列直插式封装，其引脚如图5-9所示。

$D_{11} \sim D_0$：12位数据输出，分三组，均带三状态输出缓冲器。

U_{LOGIC}：逻辑电源+5V（+4.5~+5.5V）。

U_{CC}：正电源+15V（+13.5~+16.5V）。

U_{EE}：负电源-15V（-16.5~-13.5V）。

AGND、DGND：模拟地、数字地。

CE：片允许信号，高电平有效。简单应用中固定接高电平。

$\overline{CS}$：片选择信号，低电平有效。

$R/\overline{C}$：读/转换信号。

CE=1，$\overline{CS}$=0，$R/\overline{C}$=0时，转换开始。

CE=1，$\overline{CS}$=0，$R/\overline{C}$=1时，允许读数据。

A_0：转换和读字节选择信号。

图5-9　AD574的引脚

启动：

CE = 1，$\overline{CS} = 0$，R/$\overline{C}$ = 0，A_0 = 0 时，启动按 12 位转换。

CE = 1，$\overline{CS} = 0$，R/$\overline{C}$ = 0，A_0 = 1 时，启动按 8 位转换。

读数：

CE = 1，$\overline{CS} = 0$，R/$\overline{C}$ = 1，A_0 = 0 时，读取转换后高 8 位数据。

CE = 1，$\overline{CS} = 0$，R/$\overline{C}$ = ，A_0 = 1 时，读取转换后低 4 位数据（低 4 位+0000）。

12/$\overline{8}$：输出数据形式选择信号。此端接 U_{LOGIC} 时，数据按 12 位形式输出；此端接 DGND 时，数据按双 8 位形式输出。

STS：转换状态信号。转换开始 STS = 1，转换结束 STS = 0。

10U_{IN}：模拟信号输入。单极性 0～+10V，双极性±5V。

20U_{IN}：模拟信号输入。单极性 0～+20V，双极性±10V。

REF IN：参考输入。

REF OUT：参考输出。

BIP OFF：双极性偏置。

3）AD574 的输入方式。AD574 有单极性输入和双极性输入两种工作方式。图 5-10 所示为单极性输入电路。模拟量从 0～+10V（或 0～+20V）端子输入（根据量程决定），参考输入电平 REF IN = 10.00V（REF OUT = 10V）。图 5-11 所示为双极性输入电路。

图 5-10　**单极性输入电路**　　　　图 5-11　**双极性输入电路**

双极性输入与单极性输入的区别：一个差别是双极性输入偏差端 BIP OFF 的连接，单极性输入时双极性偏差输入端 BIP OFF 的接线如图 5-10 所示，双极性输入时 BIP OFF = 10V，如图 5-11 所示；另一个差别则是模拟输入端分别接±5V 或±10V（根据需要而定）。

4）AD574 的主要技术指标。

① 分辨力　　　　　　　　　12 位

② 非线性误差　　　　　　　±1/2LSB

③ 模拟输入

　　双极性　　　　　　　　+5V，+10V

　　单极性　　　　　　　　0～+10V，0～+20V

④ 供电电源

U_{LOGIC}　逻辑电平　　　$+4.5 \sim -+5.5\text{V}$

U_{CC}　供电电源　　　$+13.5 \sim +16.5\text{V}$

⑤ 内部参考电平　　　　$10.00\text{V}+0.1$（max）V

⑥ 转换时间　　　　　　$15 \sim 35\mu\text{s}$

⑦ 存放温度　　　　　　$-60 \sim 150℃$

5）AD574 转换器与计算机的接口电路。图 5-12 所示为 AD574 与计算机的接口电路。输入模拟电压信号是双极性，按双极性输入接线。通过运算放大器放大后的输入直流电压的线性变化范围为$-5 \sim +5\text{V}$，从 $10U_{\text{IN}}$ 端输入。AD574 的 $\overline{\text{CE}}$ 端固定接+5V，恒为 "1"。那么当 74LS138 译码器给 AD574 一个偶地址执行一条输出指令时，有 $\overline{\text{CS}} = 0$、$A_0 = 0$、$R/\overline{C} = 0$，就可启动 AD574 按 12 位转换。转换结束信号 STS 连接在系统并行接口 8255A 的某一输入线上，CPU 可以检测该输入线的状态，当检测到该输入线的状态由 "1" 变为 "0" 时，表示转换已结束，因 $12/\overline{8}$ 端接 DGND 端，则 CPU 连续执行两条输入指令即可读取转换后数据。第一条输入指令按启动转换时的偶地址（$A_0 = 0$）操作，读入的是转换后的高 8 位数据。第二条输入指令应按启动转换时的偶地址加 1 后的奇地址（$A_0 = 1$）操作，读入的是转换后的低 4 位数据后跟 4 个 "0"。

图 5-12　AD574 与计算机的接口电路

设转换结束信号 STS 接 8255A 的 PA_2，8255A 已初始化设定为 A 口输入，采用查询法启动和读取 AD574 的转换数据，其控制程序如下：

　　　　OUT ADPORT, AL　　　;启动 A-D 按 12 位转换，ADPORT 是 AD574 的一个偶地址

WAIT1: IN　AL, PA　　　　;读取转换结束信号，PA 是 8255A 的 A 端口地址

　　　　MOV　CL, 03

```
RCR  AL, CL          ; 右移三次
JC   WAIT1           ; 如为高电平, 则等待
IN   AL, ADPORT      ; 读取转换后高 8 位数据
MOV  AH, AL          ; 高 8 位数据传送到 AH
IN   AL, ADPORT+1    ; 读取转换后的低 4 位数据后跟 4 个 "0"
     ⋮
```

二、模拟量输出接口

在机电一体化产品中, 很多被控对象要求用模拟量作为控制信号, 如交流电动机变频调速、直流电动机调速器、转差电动机调速器等, 而计算机系统是数字系统, 不能输出模拟量, 这就要求控制输出接口能完成 D-A 转换, 且必须具有输出保持功能, 这是因为计算机控制是分时的, 每个输出回路只能周期性地在一个时间段内得到输出信号, 即这时执行部件得到的是时间上离散的模拟信号, 而实际的执行部件却要求连续的模拟信号, 因此为了使执行部件在两个输出信号的间隔时间内能得到输出信号, 就必须有输出保持器。

1. D-A 转换通道的结构形式

D-A 转换通道依据输出保持器与 D-A 转换器的位置关系有两种结构形式。如图 5-13a 所示, 各路输出上均有一个 D-A 转换器, 每个通路的输出数据由 D-A 转换器的数据寄存器保持, 由于保持的信息为数字量, 因此是一种数字保持方式。这种结构的通道转换速度快、工作可靠, 能满足各路同时进行 D-A 转换输出的要求, 即使其中有一路 D-A 转换出故障, 其他几路仍可继续正常工作。但该结构 D-A 转换器的个数较多, 成本较高, 一般用于需要同一时刻进行 D-A 转换的场合。图 5-13b 所示为多路通道共用一个 D-A 转换器, 在 CPU 的控制下, D-A 转换器分时工作, 依次把 D-A 转换器转换成的模拟电压或电流, 通过多路切换开关, 传送给各路模拟量输出保持器, 由于保持的是模拟量, 故是一种模拟量保持方式。由于只用了一个 D-A 转换器, 节省了硬件设备, 但必须在微机控制下分时工作, 影响通道速度, 多用于速度要求不高的场合。

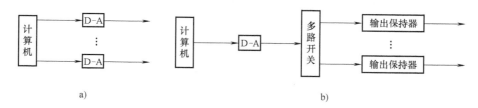

a)   b)

图 5-13 D-A 转换通道的几种结构形式

2. 常用 D-A 转化器及其接口电路

D-A 转换器集成芯片, 品种很多, 大多数在片内设置了输入缓冲器, 可以直接利用它来锁存数据直到新的数据到来为止。下面重点介绍 DAC0832 转换器。

（1）DAC0832 的结构及原理 DAC0832 是具有两级输入数据寄存器（或称输入数据缓冲器）的 8 位 D-A 转换器, 其原理框图如图 5-14 所示, 它主要由一个 8 位输入寄存器、一个 8 位 DAC 寄存器、R-2R T 型电阻解码网络的 8 位 D-A 转换器及输入控制电路等部分组成, 芯片内有一反馈电阻 R_{fb}, 其值为 15kΩ, 它为外部运算放大器提供反馈电阻, 当 R_{fb} 和电阻解码网络不能满足量程精度时, 可通过外

图 5-14 DAC0832 的原理框图

接电阻 R 或电位器 R_w 来调节。由于 DAC0832 有两级输入数据寄存器（称双缓冲器结构），一级为 8 位输入寄存器，另一级为 8 位 DAC 寄存器，可以克服连续两个数据之间的"毛刺"问题，这两级输入寄存器可以分别控制，因而形成了不同的工作方式，使用灵活、方便。在使用时若采用双输入数据寄存器，称为双缓冲工作方式，这种工作方式需两次使用输出指令，用 $\overline{CS}$、$\overline{XFER}$ 来选择这两级寄存器，即需两个不同的端口地址，应用双缓冲工作方式可以实现在 D-A 转换的同时，进行下一个数据的输入，提高 D-A 转换效率，并且还常用于多片 DAC0832 需同时进行转换的系统，当多个数据分别输入每片的输入寄存器锁存之后，再同时控制 DAC 寄存器，使数据锁存到 DAC 寄存器中，达到同时输出多路模拟信号的目的。也可以采用一级数据寄存器，称为单缓冲工作方式，在这种工作方式中通常将第二级 8 位 DAC 寄存器分别由两个寄存命令 $\overline{LE_1}$ 和 $\overline{LE_2}$ 控制，当 $\overline{LE_1}$ 或 $\overline{LE_2}$ 为高电平时，寄存器的输出随输入变化；当 $\overline{LE_1}$ 或 $\overline{LE_2}$ 为低电平时，数据锁存在寄存器中，输出不随输入数据变化而变化。

（2）DAC0832 的引脚及功能　DAC0832 外部结构为 20 条引线，单电源供电，外形形状为双列直插式封装。

$D_7 \sim D_0$ 为 8 位数字量输入线，可直接与 CPU 的数据总线相连接，D_0 为最低有效位 LSB，D_7 为最高有效位 MSB。

I_{OUT1}、I_{OUT2} 为两个模拟电流输出端，这两个输出信号常作为运算放大器差动输入信号，并且 $I_{OUT1} + I_{OUT2} =$ 常数。

R_{fb} 反馈电阻接出端，可接一电阻作为外接运算放大器的反馈电阻。

U_{REF}、U_{CC}、AGND、DGND 分别为 $-10 \sim +10V$ 的参考电压、$+5 \sim +15V$ 的电源电压、模拟地、数字地。U_{REF} 电压稳定性好，模拟输出精度就高。

$\overline{CS}$ 为片选信号，输入线，低电平有效，常常与地址译码器相连来控制对 8 位输入数据寄存器的选择。

ILE 是允许输入锁存信号，输入线，高电平有效。

$\overline{WR_1}$、$\overline{WR_2}$ 是两个写信号，均为输入线，低电平有效。因为 DAC0832 有两级输入数据寄存器，在双缓冲工作方式时，要进行两级写操作，所以 $\overline{WR_1}$ 控制第一级输入数据寄存器，$\overline{WR_2}$ 控制第二级 DAC 寄存器。

$\overline{XFER}$ 为传送控制信号，低电平有效。在双缓冲工作方式中，常与地址译码器连接来控制对 DAC 寄存器的选择。由此可见，由于 DAC0832 内部有两个寄存器，需要两个端口地址。

由图 5-14 所示的 DAC0832 内部结构可看出，$\overline{LE_1} = ILE \cdot \overline{CS} \cdot \overline{WR_1}$，$\overline{LE_2} = \overline{WR_2} \cdot \overline{XFER}$，当 $\overline{CS}$、$\overline{WR_1}$ 为有效低电平，ILE 为有效高电平时，输入寄存器的输出随输入变化；这三个信号有一个无效时，$\overline{LE_1} = 0$，输入数据被锁存在寄存器中；当 $\overline{XFER}$ 和 $\overline{WR_2}$ 同时为有效低电平时，$\overline{LE_2} = 1$，DAC 寄存器的输出随它的输入变化而变化，即允许 D-A 转换。同样，$\overline{XFER}$ 和 $\overline{WR_2}$ 任一个变高，输入数据被锁存，禁止（停止）将输入寄存器内的数据进行 D-A 转换。

（3）DAC0832 的技术指标

① 分辨力　8 位

② 电流转换时间　1μs

③ 满刻度误差　±1LSB

④ 单电源　DC5~15V

⑤ 参考电压　±10V（或±5V）

DAC0832 模拟输出的是电流信号，当需要模拟输出为电压时，可在 DAC0832 的输出端接一运算放大器，将电流信号转换成电压信号，此时得到的输出电压 u_{OUT} 是单极性的，极性与参考电压 U_{REF} 相反，由此推得

$$u_{OUT} = -\frac{N}{2^n}U_{REF} \tag{5-1}$$

当 $n = 8$ 时，
$$u_{OUT} = -\frac{N}{256}U_{REF}$$

N 为输入数字量，当 $N = 11111111B$ 时为最大，即 u_{OUT} 满刻度输出；当 $N = 000000000B$ 时，$u_{OUT} = 0$。

（4）D-A 转换器的输出方式　D-A 转换器的输出有电流和电压两种方式。其中电压输出型又有单极性电压输出和双极性电压输出之别。这里所说的电流输出型不是指 D-A 转换芯片的电流输出型（因为这种形式的输出不能直接带动负载），而是指接上负载后的 D-A 转换器输出方式。

D-A 转换器的输出方式只与模拟量输出端的连接方式有关，与其位数无关。这里，仅以 8 位 D-A 转换器为例进行讨论。

1）单极性电压输出。一般而言，电压输出型 D-A 转换器，即单极性电压输出方式。在电流输出型 D-A 转换器中，一般要求 I_{OUT2} 端接地，否则将使 T 型网络各臂上的电压发生变化，致使解码网络的线性度变差。对于电流输出型 D-A 转换芯片，只要在其电流输出端上加上一级电压放大器，即可满足电压输出的要求。典型的 DAC0832 单极性电压输出电路如图 5-15 所示。

在图 5-15 中，DAC0832 的电流输出端 I_{OUT1} 接至运算放大器的反相输入端，故输出电压 u_{OUT} 与参考电压 U_{REF} 极性反相。当 U_{REF} 接±5V（或±10V）时，D-A 转换器输出电压范围为−5V/+5V（或−10V/+10V）。

单极性输出信号转换代码应用最多的是二进制码，其转换关系是全零代码对应 0V 电压输出；全 1 代码对应满刻度电压减去一个最小代码对应的电压值，这包含了转换器有限字长所引起的误差。转换代码也有使用补码二进制数和 BCD 码的。

图 5-15　DAC0832 单极性电压输出电路

8 位单极性电压输出采用二进制代码时，数字量与模拟量之间的关系见表 5-1。

表 5-1　8 位单极性电压输出时数字量与模拟量之间的关系

| 数　字　量 | 模　拟　量 |
MSB　　　　LSB	
1 1 1 1 1 1 1 1	$\pm U_{\mathrm{REF}}\left(\dfrac{255}{256}\right)$
1 0 0 0 0 0 0 1	$\pm U_{\mathrm{REF}}\left(\dfrac{129}{256}\right)$
1 0 0 0 0 0 0 0	$\pm U_{\mathrm{REF}}\left(\dfrac{128}{256}\right)$
1 0 0 0 0 0 1 1	$\pm U_{\mathrm{REF}}\left(\dfrac{127}{256}\right)$
0 0 0 0 0 0 0 0	$\pm U_{\mathrm{REF}}\left(\dfrac{0}{256}\right)$

2）双极性电压输出。在随动系统中（例如电动机控制系统），由偏差产生的控制量不仅与其大小有关，而且与极性相关。在这种情况下，要求 D-A 转换器输出电压为双极性。双极性电压输出的 D-A 转换电路通常采用偏移二进制代码、补码二进制码和符号-数值编码。只要在单极性电压输出的基础上再加一级电压放大器，并配以相关的电阻网络，就可以构成双极性电压输出。这种接法在效果上，相当于把数字量的最高位视作符号位。DAC0832 双极性电压输出电路如图 5-16 所示。

图 5-16　DAC0832 双极性电压输出电路

在图 5-16 中，运算放大器 A_2 的作用是把运算放大器 A_1 的单向输出电压转变为双向输出，其原理是将 A_2 的输入端通过电阻 R_1 与参考电源 U_{REF} 相连。U_{REF} 经 R_1 向 A_2 提供偏流 I_1，其电流方向如图所示。因此，运算放大器 A_2 的输入电流为两支路电流 I_1、I_2 的代数和。由图 5-16 可求出 D-A 转换器的总输出电压

$$u_{OUT2} = -R_3(I_2+I_1) = -\left(\frac{R_3}{R_2}u_{OUT1}+\frac{R_3}{R_1}U_{REF}\right) \tag{5-2}$$

代入 R_1、R_2、R_3 的值，可得

$$u_{OUT2} = -\left(\frac{2R}{R}u_{OUT1}+\frac{2R}{2R}U_{REF}\right) = -(2u_{OUT1}+U_{REF}) \tag{5-3}$$

设 $U_{REF} = +5V$，则由式（5-3）可得：

① 当 $u_{OUT1} = 0V$ 时，$u_{OUT2} = -5V$；

② 当 $u_{OUT1} = -2.5V$ 时，$u_{OUT2} = 0V$；

③ 当 $u_{OUT1} = -5V$ 时，$u_{OUT2} = +5V$。

采用偏移二进制代码的双极性电压输出时，数字量与模拟量之间的关系见表 5-2。

表 5-2 双极性电压输出时数字量与模拟量之间的关系

数字量		模拟量	
MSB　　　　LSB		$+U_{REF}$	$-U_{REF}$
1 1 1 1 1 1 1 1		$U_{REF}-1LSB$	$-\|U_{REF}\|+1LSB$
1 1 0 0 0 0 0 0		$\dfrac{U_{REF}}{2}$	$-\dfrac{U_{REF}}{2}$
1 0 0 0 0 0 0 0		0	0
0 1 1 1 1 1 1 1		$-1LSB$	$+1LSB$
0 0 1 1 1 1 1 1		$-\dfrac{U_{REF}}{2}-1LSB$	$\dfrac{U_{REF}}{2}+1LSB$
0 0 0 0 0 0 0 0		$-U_{REF}$	$+U_{REF}$

（5）DAC0832 与 CPU 的接口　按单缓冲方式，DAC0832 与 CPU 的连接电路如图 5-17 所示。由于 DAC0832 内部有 8 位数据输入寄存器，可以用来锁存 CPU 输出的数据。因此，CPU 的数据总线可直接接到 DAC0832 的数据输入线 $D_0 \sim D_7$ 上。按单缓冲工作方式，使输入寄存器处于锁存状态，ILE 接 +5V，$\overline{WR_1}$ 接 CPU 写信号 $\overline{WR}$，$\overline{CS}$ 接地址译码器。DAC 寄存器处于不锁存状态，因此将 $\overline{WR_2}$ 和

图 5-17 DAC0832 与计算机的接口电路

XFER 直接接地。通常 AGND 和 DGND 都接在一起，接到数字地上。

按单缓冲工作方式，只需两条简单的指令即可启动 DAC0832 开始一次转换，具体如下：

START：MOV   AL, DATA ；取 8 位数据到 AL
            OUT   PORT, AL ；数据送 DAC0832 输入寄存器锁存，开始转换
                         （PORT 为 DAC0832 数据端口地址）
          ⋮

三、开关型功率接口

1. 光电隔离技术

在开关量控制中，最常用的器件是光电隔离器，光电隔离器是把发光元件与受光元件封装在一起，当发光二极管有正向电流通过时，即产生人眼看不见的红外光，其光谱范围为 700~1000nm，受光元件接收光照以后便导通。而当该电流撤去时，发光二极管熄灭，受光元件随即截止。利用这种特性即可达到开关控制的目的。由于该器件是通过"电-光-电"的转换来实现对输出设备进行控制的，彼此之间没有电气连接，因而起到隔离作用，隔离电压与光电隔离器的结构形式有关。双列直插式塑料封装形式的隔离电压一般为 2500V 左右；陶瓷封装形式的隔离电压一般为 5000~10000V。不同型号的光电隔离器输入电流也不同，一般为10mA 左右，其输出电流的大小将决定控制输出外设的能力。一般负载电流比较小的外设可直接带动，若负载电流要求比较大时可在输出端加接驱动器。

图 5-18 所示为几种主要光电耦合器示意图。

a)   b)   c)   d)   e)

图 5-18　几种主要光电耦合器示意图

由于一般计算机控制系统的接口芯片大都采用 TTL 电平，不能直接驱动发光二极管，因此通常在它们之间加一级驱动器，如 7406 和 7407 等。

需要注意，光电耦合器的输入、输出端两个电源必须单独供电，如图 5-19 所示。否则，如果使用同一电源（或共地的两个电源），外部干扰信号可能通过电源串到系统中来，如图 5-20 所示，这样就失去了隔离的意义。

图 5-19　正确的隔离　　　　　　　　图 5-20　不正确的隔离

如图 5-19 所示，当控制信号为高电平时，经反相驱动器后变为低电平，此时发光二极管有电流通过并发光，使光电晶体管导通，从而在集电极上产生输出电压 u_o，此电压即可用来控制外设。

2. 晶闸管接口

晶闸管是一种大功率电器元件，也称可控硅。它具有体积小、效率高、寿命长等优点，在计算机自动控制系统中，可作为大功率驱动器件，实现用小功率控件控制大功率设备。

（1）单向晶闸管接口　单向晶闸管又称可控硅整流器，其最大特点是有截止和导通两个稳定状态（开关作用），同时又具有单向导电的整流作用。

图 5-21 所示为控制计算机与单向晶闸管的接口电路。当控制计算机发出的控制信号为低电平时，光电耦合器发光二极管截止，晶闸管门极不触发而断开。当控制信号为高电平时，经反相驱动器后，使光电耦合器发光二极管导通，交流电的正负半周均以直流方式加在晶闸管的门极，触发晶闸管导通，这时整流桥路直流输出端被短路，负载即被接通。控制信号回到低电平时，晶闸管门极无触发信号，从而使其关断，负载失电。

图 5-21　控制计算机与单向晶闸管的接口电路

（2）双向晶闸管驱动接口　双向晶闸管在结构上可看成是两个单向晶闸管反向并联构成的，这种结构使其应用特性与单向晶闸管不同。第一，它在触发后是交流双向导通的；第二，在门极中所加的触发信号不论是正还是负都可以使双向晶闸管导通。双向晶闸管一般用作过零开关，对交流回路进行功率控制。

图 5-22 所示为双向晶闸管与控制计算机的接口电路。图中 MOC3021 是双向晶闸管输出型的光电耦合器，其作用是隔离和触发双向晶闸管。

图 5-22　双向晶闸管与控制计算机的接口电路
a）阻抗负载　b）电感负载

当计算机输出控制信号为低电平时，7407 也输出低电平，MOC3021 的输入端有电流流入，输出端的双向晶闸管导通，触发外部的双向晶闸管 VT 导通。当计算机输出控制信号为高电平时，MOC3201 输出端（双向晶闸管）关断，外部双向晶闸管 VT 也关断。

电阻 R_1 的作用是限流，$R_1 = U_P/I_P$，U_P 为工作电压峰值，I_P 为光电耦合器输出端最大允许电流。当工作电压为 200V 时，$R_1 = 311\Omega$。由于 R_1 的串入，使得触发电路有一个最小触发电压，低于这个电压时，双向晶闸管 VT 不会导通，这个最小触发电压 U_T 的计算公式为

$$U_T = R_1 I_{GT} + U_{GT} + U_{TM} \tag{5-4}$$

式中　I_{GT}——双向晶闸管 VT 的最小触发电流；

　　　U_{GT}——双向晶闸管 VT 的最小触发电压；

　　　U_{TM}——MOC3201 光电耦合器输出端压降，取 3V。

设双向晶闸管 VT 的门极触发电流为 50mA，触发电压为 2V，R_1 阻值取为 330Ω，则最小触发电压

$$U_T = (330 \times 0.05 + 2 + 3)V = 21.5V$$

对应的最小控制角

$$\alpha = \arcsin(U_T/U_P) = \arcsin(21.5/311) = 3.96°$$

即控制角只有大于 3.96° 时，晶闸管才可能被导通。当外接双向晶闸管功率较大时，I_{GT} 需要较大，这时 α 就比较大，可能会超过使用要求。解决的方法是在光电耦合器与双向晶闸管之间再加一个触发用的晶闸管，以便采用较小的限流电阻，使控制角相应地减小。

当负载为感性负载时，由于电压上升速度 dU/dt 较大，有可能超出 MOC3021 允许的范围，使晶闸管误导通，这时可以在光电耦合器输出回路中加入 R_2、C_1 构成 RC 回路，使 dU/dt 降低到允许范围内。按照 MOC3021 的技术指标，dU/dt 的最大值为 10V/μs，结温上升时，dU/dt 下降，在极端工作条件下 $dU/dt = 0.8$V/μs。因为

$$\frac{dU}{dt} = \frac{U_{t0}}{t} \approx \frac{U_P}{t} = \frac{U_P}{R_2 C_1}$$

所以

$$R_2 C_1 = \frac{U_P}{dU/dt} = \frac{311}{0.8 \times 10^6}s = 389 \times 10^{-6}s$$

R_1 和 R_2 之和与最小触发电压和晶闸管门极电流的关系为

$$R_1 + R_2 \approx \frac{U_T}{I_{GT}} \tag{5-5}$$

设 $U_T = 40$V，$I_{GT} = 15$mA，由式（5-5）可得

$$R_2 \approx \frac{U_T}{I_{GT}} - R_1 = \left(\frac{40}{0.015} - 330\right)\Omega = 2336\Omega \approx 2k\Omega$$

$$C_1 = \frac{389 \times 10^{-6}}{2 \times 10^3}F = 0.19 \times 10^{-6}F = 0.19\mu F \approx 0.2\mu F$$

在实际应用中，双向晶闸管 VT 不允许有太大的电压上升率，因此在控制功率较大的使用场合，双向晶闸管 VT 也需要加电阻电容串联的 RC 回路，由 RC 阻容回路与电源变压器的漏感组成滤波环节，使用于双向晶闸管 VT 的电压上升率下降。这时 MOC3021 输出端的电压上升速度也会下降，R_2 和 C_1 的值可以减小些。

在一般情况下，$R_2 = 470\Omega \sim 1\mathrm{k}\Omega$，$C_1 = 0.05 \sim 0.15\mu\mathrm{F}$。VT 两端所加的 RC 保护电路如图 5-23 所示。电容大小根据负载电流大小和感抗大小确定，一般取 $0.1 \sim 0.5\mu\mathrm{F}$。RC 保护电路中，电阻的作用是防止电容产生振荡以及减小晶闸管导通时的电流上升率 $\mathrm{d}i/\mathrm{d}t$。电阻值一般取 51Ω。R_3 的作用是防止 VT 误触发。

图 5-23　双向晶闸管保护电路

在晶闸管控制电路中，常常要求晶闸管在电压过零或刚过零时触发晶闸管，以减小晶闸管导通时对电源的影响，这种触发方式为过零触发，过零触发需要过零检测电路，目前在许多晶闸管输出型光电耦合器中设有过零检测电路。图 5-24 所示为使用 MOC3061 的双向晶闸管触发电路。

图 5-24　MOC3061 双向晶闸管触发电路

在图 5-24 中，当控制信号为低电平时，MOC3061 输入端约有 16mA 的电流，在 MOC3061 的输出端和 6 和 4 引脚之间的电压稍过零时，其内部双向晶闸管导通，触发外部双向晶闸管 VT 导通。当计算机输出的控制信号为高电平时，双向晶闸管 VT 关断。MOC3061 在关断状态时，也有 50μA 的电流，接入 R_3 可以消除这个电流对 VT 的误触发。R_1 是 MOC3061 的限流电阻，使其输出电流小于器件的最大浪涌电流（1A），MOC3061 过零检测的电压为 20V，因此 R_1 取值稍大于 20Ω。如果负载是电感性负载，由于电感的影响，触发外部双向晶闸管 VT 的时间延长，这时流经 MOC3061 输出端的电流会增大，因此这种情况下 R_1 取值应更大些。当负载的功率因数小于 0.5 时，R_1 最大值为

$$R_1 = U_\mathrm{P}/I_\mathrm{T} = \frac{220\sqrt{2}}{1}\Omega = 311\Omega（取 300\Omega）$$

在其他情况下可取 $27 \sim 330\Omega$。R_1 取值大了，对最小触发电压会有影响，最小触发电压 U_T 由式（5-6）计算

$$U_\mathrm{T} = R_1(I_\mathrm{R3} + I_\mathrm{GT}) + U_\mathrm{GT} + U_\mathrm{TM} \tag{5-6}$$

式中　I_R3——流过 R_3 的电流，$I_\mathrm{R3} = U_\mathrm{GT}/R_3$；

　　　I_GT——双向晶闸管 VT 门极触发电流，MOC3061 为 15mA；

　　　U_GT——双向晶闸管 VT 导通的导通压降，一般取 3V。

图 5-24 中与双向晶闸管 VT 并联的 RC 回路用于降低双向晶闸管所受的冲击电压，保护双向晶闸管 VT 及 MOC3061。

3. 继电器输出接口

由于继电器是在通过改变金属触点的位置，使动触点与定触点闭合或分开的，因此具有接触电阻小、流过电流大及耐高压等优点，但在动作可靠性上不及晶闸管。继电器中，电流切换能力较强的电磁式继电器称为接触器。

继电器有电压线圈与电流线圈两种工作类型，它们在本质上是相同的，都是在电能的作用下产生一定的磁势。电压继电器的电气参数包括线圈的电阻、电感或匝数、吸合电压、释放电压和最大允许工作电压。电流继电器的电气参数包括线圈匝数、吸合电流和最大允许工作电流。

继电器/接触器的供电系统分为直流电磁系统和交流电磁系统，工作电压也较高，因此从控制计算机输出的开关信号需经过驱动电路进行转换，使输出的电能能够适应其线圈的要求。继电器/接触器动作时，对电源有一定的干扰，为了提高控制计算机系统的可靠性，在驱动电路与控制计算机之间常采用光电耦合器隔离。

常用的继电器控制接口电路如图 5-25 所示。当计算机输出的控制信号为高电平时，经反相驱动器 7406 变为低电平，使发光二极管发光，从而使光电晶体管导通，进而使晶体管 V9013 导通，因而使继电器 K 的线圈通电，继电器触点 K1-1 闭合，使 AC220V 电源接通。反之，当计算机控制输出的控制信号输出低电压时，使 K1-1 断开。图中电阻 R_1 为限流电阻，二极管 VD 的作用是保护晶体管 V9013。当继电器 K 吸合时，二极管 VD 截止，不影响电路工作。继电器释放时，由于继电器线圈存在电感，这时晶体管 V9013 已经截止，因此会在线圈的两端产生较高的感应电压。此电压的极性为上负下正，正端接在晶体管的集电极上。当感应电压与 U_{CC} 之和大于晶体管 V9013 的集电极反向电压时，晶体管 V9013 有可能损坏。加入二极管 VD 后，继电器线圈产生的感应电流从二极管 VD 流过，从而使晶体管 V9013 得到保护。

图 5-25　继电器控制接口电路

不同的继电器，其线圈驱动电流的大小，以及带动负载的能力不同，选用时应考虑下列因素：

1）继电器额定工作电压（或电流）。

2）接点负荷。

3）接点的数量或种类（常闭或常开）。

4）继电器的体积、封装形式、工作环境、接点吸合或释放时间等。

4. 固态继电器接口

在继电器控制中，由于采用电磁吸合方式，在开关瞬间，触点容易产生火花，从而引起干扰；对于交流高压等场合，触点还容易氧化，影响系统的可靠性。随着微型计算机控制技术的发展，近些年又研制出一种新型的输出控制器件——固态继电器。

固态继电器（Solid State Relay，SSR）是用晶体管或晶闸管代替常规继电器的触点开关，而在前级中与光隔离器融为一体。因此，固态继电器实际上是一种带光隔离器的无触点开关。根据结构形式，固态继电器有直流型固态继电器和交流型固态继电器之分。

由于固态继电器输入控制电流小，输出无触点，因此与电磁继电器相比，具有体积小、重量轻、无机械噪声、无抖动和回跳、开关速度快、工作可靠等优点，在微型计算机控制系统中得到了广泛的应用，大有取代电磁继电器之势。

（1）直流型 SSR　直流型 SSR 的原理框图如图 5-26 所示。从图 5-26 中可以看出，固态继电器的输入部分是一个光隔离器，因此，可用 OC 门或晶体管直接驱动。它的输出端经整形放大后带动大功率晶体管输出，输出工作电压可达 30～180V（5V 开始工作）。

图 5-26　**直流型 SSR 的原理框图**

直流型 SSR 主要用于带直流负载的场合，如直流电动机控制、步进电动机控制和电磁阀等。图 5-27 所示为采用直流型 SSR 控制的三相步进电动机的原理框图。图中 A、B、C 为步进电动机的三相，每相由一个直流型 SSR 控制，分别由三路控制信号控制。只要按着一定的顺序分别给三个 SSR 送高低电平信号，即可实

图 5-27　**步进电动机控制原理框图**

现对步进电动机的控制。

（2）交流型SSR 交流型SSR又可分为过零型和移相型两类。它采用双向晶闸管作为开关器件，用于交流大功率驱动场合，如交流电动机、交流电磁阀控制等，其原理框图如图5-28所示。对于非过零型SSR，在输入信号时，不管负载电流相位如何，负载端立即导通；而过零型必须在负载电源电压接近零且输入控制信号有效时，输入端负载电源才导通。当输入的控制信号撤销后，不论哪一种类型，它们都只在流过双向晶闸管负载电流为零时才关断，其输出波形如图5-29所示。

图 5-28 交流过零型 SSR 的原理框图

图 5-29 交流 SSR 的输出波形

用交流型SSR控制单向交流电动机的原理框图如图5-30所示。图中，改变交流电动机通电绕组，即可控制电动机的旋转方向；若用此接口电路控制流量调节阀的开和关，也可实现控制管道中流体流量的目的。

在图5-30中，当控制信号为低电平时，经反相后，使AC-SSR1导通，AC-SSR2截止，交流电通过A相绕组，电动机正转；反之，如果控制信号为高电平，则AC-SSR1截止，AC-SSR2导通，交流电流经B相绕组，电动机反转。图中所示的R_P、C_P组成浪涌电压吸收回路。通常，R_P为100Ω左右，C_P为0.1μF。R_M为压敏电阻，用于过电压保护。

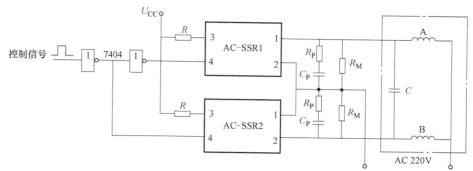

图 5-30 用交流型 SSR 控制单向交流电动机的原理框图

选用交流型固态继电器时主要注意它的额定电压和额定工作电流。

固态继电器在使用时应注意以下几点：

1）电子开关器件的通病是存在通态压降和断态漏电流，SSR 也不例外，其通态压降一般小于 2V，断态漏电流为 5~10mA，其中漏电流会使小电流执行器件（如几毫安就能动作的灵敏继电器）产生误动作，因此在使用时可在负载两端并联一个适当阻值的分流电阻抑制漏电流的影响。

2）固态继电器电压过载能力差，当负载为感性时，在 SSR 的输出端必须接压敏电阻，压敏电阻标称电压可取电源电压有效值的 1.6~1.9 倍。

3）固态继电器的电流容量、负载能力随温度升高而下降，使用的温度范围不宽（-40~+80℃），因此当温度较高时，选用 SSR 的输出电压和电流应留有一定的余量，同时应装散热器。

4）对于白炽灯、电炉等具有"冷阻"特性的负载，在电源接通瞬间将产生超过额定电流的浪涌电流。这时，在选择额定电流时，应留有足够的余量，一般可按负载平时工作电流约等于固态继电器额定电流的三分之二来选择固态继电器。

5. 大功率场效应管开关接口

在开关量输出控制中，除了前面介绍的固态继电器以外，还可以用大功率场效应管开关作为开关量输出控制元件。由于场效应管输入阻抗高，关断漏电流小，响应速度快，而且与同功率继电器相比，体积较小、价格便宜，因此在计算机开关量输出控制中也常作为开关元件使用。

场效应管的种类非常多，如 IRF 系列，电流可从几毫安到几十安，耐压可从几十伏到几百伏，因此可以适合各种场合。

大功率场效应管的表示符号如图 5-31 所示。其中，G 为控制栅极，D 为漏极，S 为源极。对于 NPN 型场效应管来讲，当 G 为高电平时，源极与漏极导通，允许电流通过；否则，场效应管关断。

值得说明的是，由于大功率场效应管本身没有隔离作用，故使用时为了防止高压对微型计算机系统的干扰和破坏，通常在它的前边加一级光隔离器，如 4N25、TIL113 等。

采用大功率场效应管可以实现步进电动机控制，其控制原理电路如图 5-32 所示。

图 5-31 大功率场效应管的表示符号

图 5-32 采用大功率场效应管的步进电动机的控制原理电路

四、直流伺服电动机的功率接口

目前，直流伺服电动机的驱动控制一般采用脉冲宽度调制法（PWM），因此本书主要介绍直流伺服电动机的 PWM 功率驱动接口。

1. PWM 功率驱动接口的工作原理

PWM 功率驱动接口组成框图如图 5-33 所示。该接口由电压-脉宽变换器和开关功率放大器两部分组成，接口输入端与控制器直连，接受电压控制信号 U_I，接口的输出端与直流伺服电动机直连，输出控制电压 U_P。

电压-脉宽变换器由三角波发生器和比较器组成，三角波发生器产生频率恒定的三角波 U_T，U_T 与输出的电压控制信号 U_I 相加后送给比较器正输入端进行比较，由于比较器的负输入端接地，只要 $(U_T + U_I) > 0$，则比较器输出满幅度正电平；$(U_T + U_I) < 0$ 时，比较器输出满幅度负电平，比较器输出的正/负电平 U_S 送给开关功率放大器进行放大，变成可以驱动直流伺服电动机动作的开关电平 U_P，从而驱动直流伺服电动机转动。PWM 输出的形成过程可用图 5-34 来说明。

图 5-33 PWM 功率驱动接口组成框图

图 5-34　PWM 波形

在图 5-34a 中，控制信号 $U_I = 0$，U_T 与 U_I 相加后，仍然是一个正负幅度相等的三角波，通过比较器之后，输出正负幅度相同、宽度相同的矩形波 U_S，经功率放大器后其直流分量为零，电动机不会转动，只是在交流分量的作用下在停止位置处微振，这种振动对直流伺服电动机有利，可以克服直流伺服电动机的静摩擦。

在图 5-34b 中，控制信号 $U_I > 0$，这时 U_T 与 U_I 相加后形成一个不对称的三角波，它的正波幅度和宽度增大，负波幅度和宽度减小，通过比较器后，输出正脉冲宽、负脉冲窄的矩形波。该波形经开关功率放大器进行放大后，驱动直流电动机转动。由于此时输出电压的平均值（直流分量）为正，因此电动机正转。而且 U_I 越大，输出信号 U_S 的正脉冲宽度越宽，在电动机中产生的直流分量越大，电动机正转的速度也就越快。

在图 5-34c 中，控制信号 $U_I < 0$，产生的 $U_T + U_I$ 的信号是一个正波幅度和宽度较小，负波幅度和宽度较大的不对称三角波。由比较器比较之后，产生正脉冲窄、负脉冲宽的矩形波，经开关功率放大器放大之后驱动电动机转动。由于在电动机中产生的直流分量为负，故电动机反向旋转。很明显，U_I 越负，则负的直流分量越大，电动机反转速度越快。

由上述分析可知，控制信号 U_I 的特性决定了电动机的工作状态，$U_I = 0$，电动机停止；$U_I > 0$，电动机正转，$U_I < 0$ 电动机反转，且 $|U_I|$ 越大，转速则越快。

功率放大器是 PWM 功率接口的主电路，可分为单极性和双极性两种，其电路如图 5-35 所示。图 5-35a 所示为单极性电路，电动机只能单方向转动。能使电动机正、反向转向的双极性电路有 T 型电路（图 5-35b）和 H 型桥式电路（图 5-35c）两种形式。T 型电路需双电源供电，而 H 型电路只需单电源供电，但需要 4 只大功率晶体管。

2. 控制计算机与 PWM 功率放大器的接口方法

上面介绍了 PWM 功率放大器的工作原理。事实上，作为直流调速系统的标准化接口，在实现的手段上是各种各样的，因此接口参数也有所不同。图 5-36 所示为控制计算机与 PWM 功率放大器的接口实例。

图 5-35　PWM 功放电路的形式

a) 单极性功率放大电路　b) T 型功率放大电路　c) H 型桥式功率放大电路

图 5-36　控制计算机与 PWM 功率放大器的接口实例

在图 5-36 中，控制计算机模拟量输出通道由 DAC0832 转换器和 ADOP-07 运算放大器组成，它把数字量（00H-FFH）的控制信号转换成 $-2.0 \sim +2.0\mathrm{V}$ 的模拟量控制信号 U_I，ADOP-07 与 DAC0832 之间的连线是一种特殊的连接方法。通常，DAC0832 以电流开关方式进行 D-A 转换后以电流形式从 I_OUT1、I_OUT2 端输出，I_OUT1、I_OUT2 两端引脚与运算放大器的两输入端相连，运算放大器的输出再接反馈电阻端 R_fb，由运算放大器把 DAC0832 电流输出信号转换成电压信号输出。运算放大器的输出电压为 $u_\mathrm{OUT} = -U_\mathrm{REF}N/256$，$U_\mathrm{REF}$ 是接入 DAC0832 的参考电压，N 为控制计算机输出的 8 位数据。而在图 5-36 中，DAC0832 接成电压开关方式进行 D-A 转换，此时 I_OUT2 端接地，I_OUT1 接正电压 U_DC，DAC0832 的 D-A 转换结果以电压形式从 U_REF 端输出，U_REF 输出的电压为 $U_\mathrm{REF} = U_\mathrm{DC}N/256 = 2N/256\mathrm{V}$，$U_\mathrm{DC}$ 为 I_OUT1、I_OUT2 端的参考电压值。在图 5-36 中，$\mathrm{VC_1}$ 为 2V 稳压管，因此 $U_\mathrm{DC} = 2\mathrm{V}$。

运算放大器 U 的负输入端由 R_3 和 $\mathrm{VC_2}$ 形成一个 1V 的恒压源，正输入接 DAC0832 的 U_REF 端，U 的放大倍数 $\beta = R_4/R_2 = 2$。在 $U_\mathrm{REF} = 0$ 时，U 的输出 $U_\mathrm{I} =$

$-2V$；在 $U_{REF} = 2V$ 时，$U_I = +2V$，U_I 的计算公式为

$$U_I = U_{DC}\left(\frac{N}{128} - 1\right) = 2\left(\frac{N}{128} - 1\right) \tag{5-7}$$

上述分析说明，控制计算机经 DAC0832 转换后，再经运算放大器可产生与控制数据对应的控制电压 U_I，去控制 PWM 功率放大器工作，使被控直流伺服电动机实现可逆变速转动。

五、交流电动机变频调速

变频调速是交流电动机调速的发展方向，而且有的变频调速系统在动态性能及稳态性能的指标上已超过直流调速，因此在机电一体化系统设计时可优先选用交流电动机变频调速方案。

交流电动机变频调速系统中，变频器就是一个功率驱动接口，目前已形成了规格较为齐全的通用化、系列化产品，因此在系统设计时，主要是解决变频器的选用、与控制系统的连接及控制算法的实现等问题。

1. 变频器的分类

变频器的作用是将供电电网的工频交流电变为适合于交流电动机调速的电压可变、频率可变的交流电。变频器按照变频方式和控制方式可分为：

$$\left\{\begin{array}{l}\text{按变频方式}\left\{\begin{array}{l}\text{交-直-交变频器}\left\{\begin{array}{l}\text{电压型}\\\text{电流型}\end{array}\right.\\\text{交-交变频器}\end{array}\right.\\\text{按控制方式}\left\{\begin{array}{l}\text{脉冲宽度调制（PWM）型}\\\text{脉冲幅度调制（PAM）型}\\\text{矢量控制型}\end{array}\right.\end{array}\right.$$

控制器根据变频调速的不同控制方式，产生相应的控制信号来控制功率逆变器各功率元件的工作状态，使逆变器输出预定频率和预定电压的交流电。控制器有两种控制方式：一种是以集成电路构成的模拟控制方式；另一种是以控制计算机构成的数字控制方式。后者是目前常用的控制方式。

根据用途和使用效果，变频器分为以下几种：

（1）通用变频器　它有两方面的应用：一是用于节能，平均节电20%，主要用于压缩机、泵、搅拌机、挤压机及净洗机械；二是用于提高控制性能实现自动化，主要用于运输机械、起重机、升降机、搬运机械等。

（2）纺织专用变频器　用于纺纱、化纤机械，能改善传动特性，实现自动化、省力化。

（3）矢量控制变频器　用于冶金、印刷、印染、造纸、胶片加工等机械，上述机械设备要求高精度的转矩控制，加速度大，能与上位机进行通信。这种变频器能提高传动精度及实现系统的集散控制性能。

（4）机床专用变频器　这种变频器专门用于机床主轴传动控制，以满足工艺上要求的大加减速转矩、宽广的恒功率控制以及高精度的定位控制，提高机床的自动化水平和动态、静态性能。

（5）电梯专用矢量变换控制变频器　这种变频器可实现缓慢平滑的升降速。

（6）高频变频器　适用于超精密加工、高速电动机。如专用脉冲调幅（PAM）型变频器，频率达 3kHz，对应转速为 $18 \times 10^4 r/min$。

2. 变频器的选择

电动机的容量及负载特性是变频器选择的基本依据。在选择变频器前，首先要分析控制对象的负载特性并选择电动机的容量，根据用途选择合适的变频器类型，然后再进一步确定变频器的容量，一般的选用原则如下：

（1）连续运行场合　要求变频器容量（kV·A）满足

$$变频器容量 \geqslant \frac{KP_M}{\eta\cos\varphi} \tag{5-8}$$

式中　P_M——负载要求的电动机输出功率（kV·A）；

η——电动机效率，通常为 0.85 左右；

$\cos\varphi$——电动机的功率因数，通常为 0.75 左右；

K——考虑电动机波形的修正系数，$K = 1.05 \sim 1.1$。

（2）多台电动机并联场合　有些场合由一台变频器供电，同时驱动多台并联的电动机，组成所谓的成组传动。在允许过载 150%、过载时间为 1min 的情况下，可按式（5-9）计算变频器的容量

$$1.5 \times 变频器容量 \geqslant \frac{KP_M}{\eta\cos\varphi}[\beta_T + \beta_S(K_S - 1)] = P_a\left[1 + \frac{\beta_S}{\beta_T}(K_S - 1)\right] \tag{5-9}$$

式中　P_a——连续容量（kV·A）；

β_T——并联电动机台数；

β_S——同时起动的电动机台数；

K_S——电动机起动电流与额定电流之比。

（3）起动时变频器所需的容量　在起动（加速）过程中应考虑动态加速转矩，即为克服机械传动系统转动惯量 J_L 所需的动态转矩，这时变频器容量（kV·A）的计算公式为

$$变频器容量 \geqslant \frac{Kn}{973\eta\cos\varphi}\left(T_{fz} + \frac{J_L}{375}\frac{\eta}{t_A}\right) \tag{5-10}$$

式中　J_L——机械传动系统折算到电动机轴上的飞轮惯量（kg·m²）；

T_{fz}——负载转矩（N·m）；

n——电动机转速（r/min）；

t_A——电动机加速时间（s）。

在选择变频器时，除确定容量外，还应正确地确定变频器的输入电源、输出特性、操作功能等，使选用的变频器满足使用要求。

3. 变频器的使用方法

变频器作为交流电动机变频调速的标准功率驱动接口，在使用上十分简便，它可以单独使用也可以与外部控制器连接进行在线控制。

变频器是通过装置上的接线端子与外部连接的。接线端子分为主回路端子和控制回路端子，前者连接供电电源、交流电动机及外部能耗制动电路，后者连接变频控制的控制按钮开关或控制电路。

在人工控制系统中，只要在控制回路接线端上接上相应的机械开关即可实现变频调速。在自动控制系统中，变频器有三种控制方法：第一种方法是使用继电器开关电路，继电器的开/关受上位控制器的控制，这种方法适用于简单的恒速控

制，其控制电路如图 5-37a 所示；第二种方法是模拟控制方法，上位机模拟通道与控制回路的电压频率设定端子或电流频率设定端子相连，其控制电路如图 5-37b 所示；第三种方法是采用变频器数字接口板，接口板是变频器的选件，将它接入变频器后，变频器就可以通过数字接口与上位控制器的并行输出口直接相连，以实现直接数字控制，其控制电路如图 5-37c 所示。

图 5-37　**变频器的三种控制方法**

由此可见，变频器不仅可以独立使用，而且还可以用上位控制器控制，连接方便，操作简便。具体细节请参阅相应产品的说明书。

六、步进电动机功率驱动接口

步进电动机功率驱动接口包含环形脉冲分配器和功率放大器两部分。

1. 脉冲分配器的实现方法

脉冲分配器有两种形式，一种是由专用环形分配集成电路或数字时序逻辑电路构成的硬件分配器，如图 5-38 所示的 CH250 三相步进电动机的脉冲分配器集成电路，表 5-3 为其功能真值表，它能产生双三拍或单六拍（三相六拍）两种脉冲分配方式，并且有正反向控制。

图 5-38　**CH250 集成电路端脚功能图**

表 5-3　CH250 功能真值表

CL	EN	J3R	J3L	J6R	J6L	功　能
↑	1	1	0	0	0	双三拍正转
↑	1	0	1	0	0	双三拍反转
↑	1	0	0	1	0	单六拍正转
↑	1	0	0	0	1	单六拍反转
0	↓	1	0	0	0	双三拍正转
0	↓	0	1	0	0	双三拍反转
0	↓	0	0	1	0	单六拍正转
0	↓	0	0	0	1	单六拍反转
↓	1	X	X	X	X	不变
X	0	X	X	X	X	不变
0	↑	X	X	X	X	不变
1	X	X	X	X	X	不变

CH250 的基本电气参数如下：工作电源 $U_{DD}=10V$，输入电流 $I_{IN}=1\mu A$，输入阻抗 $>20M\Omega$，输出电流 $I_{OH}=1mA$，$I_{OL}=300\mu A$。

图 5-39 所示为 CH250 构成三相单六拍的硬件环形分配电路原理图，起步时 R 置 1，使环形分配器进入单六拍程序。EN 接受由控制计算机发送的步进脉冲，C 为转向控制端。C 为 "1" 时，输出 A_0、B_0、C_0 为正转顺序；C 为 "0" 时，输出 A_0、B_0、C_0 为反转顺序，PE 端为输出允许端，PE＝1 有效。

图 5-39　硬件环形分配电路原理图

脉冲分配的另一种方法是采用计算机软件，利用查表或计算方法来进行脉冲的环形分配，简称软件环形分配。如表 5-4 为三相六拍分配状态，可将表中状态代码 01H、03H、02H、06H、04H、05H 列入程序数据表中，通过软件可顺序在程序数据表中提取数据并通过输出接口输出数据即可，通过正向顺序读取和反向顺序读取可控制电动机进行正反转。通过控制读取一次数据的时间间隔可控制电动机的转速。该方法能充分利用计算机软件资源以降低硬件成本，尤其是对多相的脉冲分配具有更大的优点。但由于软件环形分配占用计算机的运行时间，故会使插补一次的时间增加，易影响步进电动机的运行速度。

表 5-4　三相六拍分配状态

转向	单相或双相通电	CP	W	V	U	代码	转向
↓ 正	A	0	0	0	1	01H	反 ↑
	AB	1	0	1	1	03H	
	B	2	0	1	0	02H	
	BC	3	1	1	0	06H	
	C	4	1	0	0	04H	
	CA	5	1	0	1	05H	
	A	0	0	0	1	01H	

2. 步进电动机功率放大电路的形式

从计算机输出口或从环形分配器输出的信号脉冲电流一般只有几毫安，不能直接驱动步进电动机，必须采用功率放大器将脉冲电流进行放大，使其增加到几安甚至十几安，从而驱动步进电动机运转。

功率放大电路的结构形式对步进电动机的工作性能有十分重要的作用，常用的功率放大电路有单电压功率放大电路、双电压功率放大电路、斩波型功率放大电路、调频调压型功率放大电路和细分型功率放大电路等。

（1）单电压功率放大电路　如图 5-40 所示，单电压功率放大电路是步进电动机控制中最简单的一种驱动电路，在本质上它是一个简单的功率反相器。晶体管 V 用作功率开关，L 是步进电动机中的一组绕组电感；R_L 是绕组电阻；R_C 是外接电阻；VD 是续流二极管。

工作时，晶体管 V 基极输入的脉冲信号必须足够大，使其在高电平时保证 V 过饱和，在低电平时 V 充分截止。外接电阻 R_C 是一个限流电阻，也是为改善回路时间常数的元件 [由于回路时间常数 $T = L/(R_L + R_C)$，绕组内阻 R_L 和电感 L 是固定的，因此改变 R_C 可以改变步进电动机的频率响应]。

图 5-40　单电压功率放大电路

单电压功率放大电路的最大特点是结构简单，缺点是工作效率低，在高频工作状态时，效率尤其差。由于外接电阻 R_C 是一个能耗元件，在驱动电流作用下发热耗能，还会影响电路的正常稳定状态，因此这种电路一般只用于小功率步进电动机的驱动。

图 5-41 所示为恒流功率放大电路，它是单电压功率放大电路的一种改进电路。该电路的特点是用恒流源代替外接电阻 R_C，使功耗大为降低，电源效率得到提高。

（2）双电压功率放大电路　电路如图 5-42 所示，图中使用 U_1 和 U_2 两个直流电源，U_1 为高电压（80~150V），U_2 为低电压（5~20V），V_1、V_2 为两个大功率晶体管。其中 V_1 是高压开关管，V_2 是功率驱动管；VD_1 是 U_2 的钳位二极管，它在 V_1 导通时截止。在 V_1 截止时，由于 VD_1 正向偏置而向步进电动机绕组提供低电源 U_2；VD_2 是续流二极管，在 V_1、V_2 都截止时向绕组提供放电回路。

双电压功率放大电路需要两个基极控制信号（u_1 和 u_h），要保证高压开关信号 u_h 与步进信号（低压控制信号）u_1 的上升沿在时间上一致，u_1 的脉冲宽度大于 u_h

图 5-41 恒流功率放大电路　　　　图 5-42 双电压功率放大电路

的脉冲宽度。在实际应用中，u_h 是由 u_1 来产生的，即把 u_1 通过一个微分电路之后再整形得到 u_h；也可以把 u_1 通过一个单稳态电路产生 u_h，当然单稳态的延时时间必须小于 u_1 的脉冲宽度。

（3）斩波型功率放大电路　此类电路有两种：一种是斩波恒流功率放大电路；另一种为斩波平滑功率放大电路。前者应用较为广泛。

斩波恒流功率放大是利用斩波方法使电流恒定在额定值附近，典型电路如图 5-43a 所示。正常工作时，u_{IN} 端输入步进脉冲，这时晶体管 V_5 导通，二极管 VD_1 发光，引起 V_1 导通，V_2 截止，V_3、V_4 导通。同时，u_{IN} 使晶体管 V_6、V_7、V_8 导通，加在绕组 L 上的电源 U 使绕组中的电流上升，当绕组中的电流升到额定值以上时，恒流采样电阻 R_{12} 上产生的压降 U_S 高于运算放大器 OP_1 的正输入端参考电压 U_P，使 OP_1 输出低电平，VD_2 导通，而使 V_5、V_1 截止，V_2 导通，V_3、V_4

图 5-43 斩波恒流功率放大电路及输入波形

截止，即关闭了电源 U。这样在绕组 L 中产生反电动势，由于 V_7、V_8 仍导通，故这时的反电动势有两个回路进行泄放，一个回路是 L、R_L、V_8、R_{12}、VD_3；另一个回路是 L、R_L、R_{13}、VD_4、U、VD_3。由于两个泄放回路的并联电阻很小，泄放时间常数较大，绕组 L 中的电流泄放缓慢。当电流降至额定值以下时，R_{12} 的采样电压 U_S 低于 U_P，OP_1 输出高电平，二极管 VD_2 截止，晶体管 V_5、V_1 导通，V_2 截止，V_3、V_4 导通。电源 U 又重新加于绕组 L，使其电流上升。上述过程在一个步进脉冲信号有效时间内不断重复，使绕组中的电流在额定值上下似锯齿波的波形维持相对恒定，如图 5-43b 所示。

调整电阻 R_{12}、R_{11} 的阻值都可改变额定电流的数值。当步进脉冲 $u_{IN} = 0$ 时，V_5 截止，V_1 截止，V_2 导通，从而使 V_3、V_4 截止；同时 V_6、V_7、V_8 截止，绕组中的电流从 R_L、R_{13}、VD_4、U、VD_3 回路泄放，这时相当于绕组 L 加上一个负电源 $-U$，使电流下降速率提高。

从提高高频工作性能及电源效率的角度看，斩波恒流型功率放大电路可以用较高的电源电压，同时无须外接电阻来限定额定电流和减小时间常数，但是由于电流波形呈锯齿状，驱动时会有较大的电磁噪声。要消除电磁噪声，有两种措施：一种是使斩波频率提高至超声波频率；另一种是使步进电动机各相采用同一个频率的斩波信号。

恒频脉宽调制功率放大电路就是按上述两种措施设计的一种常用的功率放大电路，其电路及输入波形如图 5-44 所示。

图 5-44 恒频脉宽调制功放电路及输入波形

u_1 是各相 D 触发器的时钟信号，信号频率为 20kHz。u_2 是步进控制脉冲信号，u_{ref} 是比较器 OP 的正输入端信号，用于确定电动机绕组的额定电流 i_L 稳定值，显然 $i_L = u_{ref}/R_e$。

当 $u_2 = $"1"，如果绕组电流 i_L 小于给定值 u_{ref}/R_e 时，比较器 OP 输出 "1"，D 触发器不清零，而且在 u_1 方波的作用下，Q 端输出 "1"。这时，u_3 也为 "1"，晶体管 V_1 导通，无斩波作用。当 $i_L \geq u_{ref}/R_e$ 时，比较器 OP 输出 "0"，D 触发器清零，经过非门 A，基极驱动电路 N_1 后，使 V_1 截止。绕组中的电流经 R_L、V_2、R_e、VD_1 回路和 R_L、VD_2、V_1、VD_1 回路进行泄放。在 u_1 下一方波的上升沿到来时，又会对 D 触发器置 "1"，V_1 再次导通，直到 $i_L \geq u_{ref}/R_e$ 时，比较器 OP 输出 0 信号，使 D 触发器清零。

上述过程重复进行，因此在步进脉冲信号 u_2 为正时，可保持绕组电流 i_L 在给

定值 u_{ref}/R_e 处波动极小。当 u_2 为低电平时，晶体管 V_1、V_2 截止，这时绕组中的电流通过 R_L、VD_2、VD_1 泄放。

恒频脉宽调制功率放大电路不但有较好的高频特性，而且有效地减少了步进电动机的电磁噪声，同时还降低了功耗。但由于斩波频率较高，对功率放大晶体管及续流二极管的频率响应要求也比较高；另外，这种电路的低频振荡较高。

第三节　PLC 控制系统

一、PLC 的组成及工作原理

PLC 是一种专用工业控制计算机系统，在硬件上它能与执行机构"直接"连接，在软件上提供了更直接的适用于控制要求的用户编程语言。

1. 硬件组成

PLC 的硬件主要由 CPU 模块、I/O 接口模块两部分组成。图 5-45 所示为其硬件组成框图。

图 5-45　PLC 硬件组成框图

（1）CPU 模块　CPU 模块是 PLC 的核心，它由 CPU 和存储器两部分组成。大多数中小型 PLC 采用 8 位或 16 位的微处理器作为 CPU，采用单片机作为控制器。其中小型 PLC 中普遍采用 8 位的 Z80A、Intel8085、8031、8039 等，中型 PLC 多采用 16 位的 8086、M68000 等。

（2）存储器　PLC 中的存储器分为系统程序存储器和用户程序存储器。其中，系统程序存储器用于存放监控程序、命令解释程序、故障自诊断程序、键盘输入处理程序、功能子程序及其调用管理程序。系统程序由 PLC 制造厂提供，一般都固化在 ROM 或 EPROM 中，用户不能直接存取。用户程序存储器主要用来存放通过编程器输入的用户程序。中小型 PLC 的用户存储器的容量一般小于 8KB。用户程序存储器中一部分空间还用作数据寄存器存放过程数据，如输入输出信息、中间运算结果、运行参数（如计数定时器的时间常数）等。用户程序存储器有静态 RAM（SRAM）、E^2PROM 两种，PLC 还可配置外存储装置，如磁盘驱动器和存储盒等。

（3）I/O 接口模块　其作用是将工业现场装置与 CPU 模块连接起来，包括开关量 I/O 接口、模拟量 I/O 接口、智能 I/O 接口及外设通信接口模块等。用户可根据需要选取、扩充不同功能、不同点数（1 点相当于控制计算机 I/O 口中的 1

位）的 I/O 模块组件，组成所需的 PLC 控制系统。

1）智能 I/O 接口模块。这类接口主要用于实现某些复杂控制功能，如用于位置精确控制的位置闭环控制 I/O 模块；对频率远远超过 100Hz 的脉冲信号进行计数处理所用的高速计数模块；还有 PID 运算控制模块等。

2）外设通信接口模块。这类接口主要用于人-机对话、编程器与 PLC 对话，以及 PLC 与监视器、打印机及其他计算机相连的接口。

3）开关量 I/O 接口。开关量 I/O 接口是按强电要求设计的，即输入/输出接口可直接与强电控制信号相连，为了使 PLC 免受电力线、电气噪声、负载的感性冲击或外设接线的干扰，在 I/O 接口中均采用了光电耦合隔离电路。

各 I/O 接口电路如图 5-46 所示。

图 5-46　**PLC 中的 I/O 接口电路**

a）8 路直流开关量输入接口电路　b）交流输入接口电路　c）晶体管输出接口电路

图 5-46 **PLC 中的 I/O 接口电路**（续）

d) 继电器输出方式 e) 晶闸管输出方式

2. 编程器

编程器是供用户开发、调试和监视 PLC 工作的必备工具。它与 PLC 上的专用接口相连，主要完成向 PLC 输入用户控制程序，在线监视 PLC 的运行，控制 PLC 运行、暂停和复位，将 PLC RAM 中的用户程序固化写入 E^2PROM 或转存到磁盘或存储盒上等功能。

编程器有便携式和智能式两种。不同厂家、不同型号的 PLC 都用各自专用的编程器，不能通用。

（1）便携式编程器 由键盘、LED 或 LCD 数码显示器、工作方式选择开关、外设接口组成。编程器上面的数码显示部分主要用于显示用户程序的步序号、指令符、指令器件号或常数值等数据。键盘由数字键、指令键、功能键三个部分组成：数字键为 0~9 的数字；指令键由各指令符号组成，每一指令符号与一条相应的指令相对应，用于程序的手工输入；功能键供用户调试、编辑、存储用户程序使用。

（2）智能式编程器 其硬件主体是个人计算机（PC），由于 PC 有丰富的软件资源可供利用，装入专用的 PLC 开发应用程序软件包，可用人-机对话方式进行编程并用屏幕编辑方法来调试程序，能在屏幕上显示梯形图，还可离线对用户程序进行仿真调试。

3. PLC 的工作过程

PLC 的基本工作过程如下：

（1）读取现场信息 在系统软件的控制下，顺次扫描各输入点的状态。

（2）执行用户程序 顺序扫描用户程序中的各指令，根据输入点的状态和指令内容进行逻辑运算。

（3）输出控制信号 根据逻辑运算的结果，向各输出点发出相应的开关信号或模拟信号，实现所要求的控制功能。

上述过程执行完成后，又重新开始循环执行。每执行一遍所需的时间称为扫描周期，PLC 的扫描周期通常为 10~40ms。

为了提高工作的可靠性，及时接收外来的控制命令，PLC 在工作期间，除完成上述三步操作外，通常还要进行系统故障自诊断、与编程器通信等。因此，PLC 的工作流程如图 5-47 所示。

二、PLC 控制系统设计

1. PLC 控制系统设计步骤

1）分析控制任务，了解被控对象的工艺过程，画出工艺流程。

2）确定输入、输出的类型、点数，正确选择输入装置及输出装置的规格、型号。

3）合理选择 PLC 的类型及规模。

4）编制输入、输出接点的现场编号与 PLC 内部地址编号的对照表。

5）根据工艺流程、结合输入输出编号对照表，画出 PLC 控制的梯形图。

6）按照梯形图编写用户控制程序。

7）用编程器将用户控制程序送入 PLC。

8）进行系统模拟调试，检查和修改程序的语法及控制逻辑、控制参数。

9）进行 PLC 控制系统硬件的安装连线，设计 PLC 外围电路，将外围控制装置与 PLC 输入输出端连接起来。

10）对整个系统进行在线调试。

11）正式投入使用。

图 5-47 PLC 的工作流程

2. PLC 的选用

正确地选用 PLC 对于保证整个系统的技术经济性能指标起着重要的作用。PLC 的选用主要包括 PLC 的容量估算、PLC 的功能选择、I/O 模块的选择和通信接口的选择。

（1）PLC 的容量估算　PLC 的容量估算涉及两方面内容，即用户程序存储器及数据存储器的容量和输入输出点数。

1）估算输入、输出点数。估算 PLC 输入输出点数及种类应考虑下列问题：

① 估算 I/O 点数及电压值。

② 开关量输出的点数及输出功率。

③ 模拟量的 I/O 个数。

④ PLC 距现场的最远距离。

一般小型 PLC 的 I/O 点数之比为 3∶2，充分用好 I/O 点数的比例是选好 PLC 机型的关键。现有的 PLC 提供的 I/O 点数规格有 16、32、64、128、256、512、1024、2408、8192 等。在确定应用系统实际所需的 I/O 点数之后，按估算点数再增加 15%~20%，最后按上述规格系列选择 PLC 的 I/O 容量。

为了准确地统计出被控机械的 I/O 点数，可以把被控信号逐一列出，并认真地分析各 I/O 点的信号类型。表 5-5 列出了常用的 I/O 类型。

表 5-5　常用的 I/O 类型

信号类型		例　子
输入	开关量	操作开关、限位开关、光电开关、继电开关、按钮
	模拟量	位移、速度、加速度、流量、压力、温度传感器
	中断	限位开关、事故信号、停电信号等
	脉冲量	串行信号、各种脉冲信号源
	字输入	计算机接口、键盘、其他数字设备
输出	开关量	继电器、指示灯、电磁阀、制动器、离合器
	模拟量	晶闸管触发信号、记录仪表、比例调节阀
	字输出	计算机接口、显示器接口、打印机接口

2）估算存储量。小型 PLC 的用户存储器容量是固定的，一般的规格有 256B、0.5KB、1KB、4KB、8KB、16KB、32KB 等。应用系统所需的存储容量与 I/O 点数密切相关，根据经验有如下关系：

① 开关量输入：10~20B/点。

② 开关量输出：5~10B/点。

③ 定时计数器：2B/个。

④ 寄存器：1B/个。

⑤ 模拟量：100~150B/点。

⑥ 与计算机等的通信接口：每个接口按占内存 300B 以上计算。

存储器容量与控制系统的复杂程度、运算数据量的大小、程序结构优劣等有关。因此，在未完成整个系统之前，很难确定 PLC 所应配置的存储器容量。一般按 I/O 点数和种类估算出所需的字节数后，再增加 15%~20% 的备用空间，作为选择存储器容量的依据。

（2）PLC 的功能选择　PLC 功能要与应用系统应完成的任务相适应。如果选用的 PLC 功能过多，很多功能用不到，就会造成功能浪费、成本增加、可靠性降低。

由于 PLC 一般用来实现顺序控制，因此只要选用具有逻辑运算、定时器、计数器等基本功能的 PLC 就可以了。如果控制任务较复杂，包含了数值计算（如 PID）、模拟量处理等内容，就必须选用具有数值计算、模-数和数-模转换等功能的 PLC。

PLC 采用指令顺序扫描方式工作，它不可能可靠地接收持续时间小于扫描周期的信号，因此对于过程控制来说，还必须考虑 PLC 的运算速度。

在 PLC 功能选择上还应考虑其编程功能及系统调试功能。PLC 的最大特点之一在于"可编程序"上，PLC 的编程分为离线编程和在线编程两种，PLC 主机与编程器共用一个 CPU，编程和运行靠一个选择开关决定。当开关拨至"编程"方式时，CPU 将失去对现场的控制作用，只为编程服务，即"离线"编程。程序编好后，若将开关拨至"运行"方式，CPU 则去执行对现场的控制，而对编程指令不做响应。此类 PLC 节省了大量软硬件，编程器的价格也较低。

梯形图编程方式因继承了继电器控制的电气原理图，比较直观、易懂，应用较为广泛。

（3）I/O 模块的选择　系统在 I/O 模块部分的价格占 PLC 价格的一半以上，不同的 I/O 模块，其性能及电路不同，直接关系到 PLC 功能的实现和价格，因此应根据 PLC 控制的实际情况合理选择。

1）输入模块的选择。输入模块分为数字量输入和模拟量输入两种。数字量输入又分为直流、交流和脉冲三种；模拟量输入分为电压输入和电流输入两种。无论何种输入，它们都应将输入的高电平信号转换为 PLC 内部的低电平信号。输入模块按电压分有直流 5V、24V、48V、60V，交流 115V、220V；按电路形式分有汇点输入和隔离输入。选择输入模块时应注意：

① 选择工作电压。应根据现场设备与模块间的距离来考虑，一般为 5V、24V、48V，其传输距离不宜太远，如 5V 模块最远不超过 10m。距离较远的应选用具有较高工作电压的模块。

② 同时接通的点数。高密度的输入模块（如 32 点、64 点），同时接通的点数取决于输入电压和环境温度。一般来讲，同时接通的点数不应超过输入点数的 60%。

③ 门槛电平。为了提高系统的可靠性，必须考虑门槛电平的大小。门槛电平越高，抗干扰能力越强，传输距离也就越远。

④ A-D 转换模块。凡是现场采集的电压、电流、温度、力、张力、压力、速度、加速度等被测量信号要输入 PLC 时，必须使用 A-D 转换模块，而各输入点一般经过多路选择开关送入 A-D 转换器，转换时间在几毫秒到几十毫秒之间。对反馈等要求快速响应的场合，应选用转换时间短的 A-D 转换模块。转换后的数字量有 8 位、10 位、12 位等不同的精度，有的 A-D 模块还带有符号位，应根据所需的输入精度选择 A-D 模块。

2）输出模块的选择。输出模块按输出方式分为继电器输出、晶体管输出及双向晶闸管输出三种。此外，输出模块的电压、电源也有不同的规格。选择输出模块应注意下列问题：

① 输出方式。继电器输出模块价格便宜，适应电压范围较宽，选通压降小，但它属于有触点元件，动作速度慢，更重要的是触点寿命较短。在选用输出模块时不但要注意到单输出点的驱动能力，而且还要注意整个输出模块的满负荷能力。例如，一个 AC220V、2A 的 8 点输出模块，虽然每个点可以提供 2A 电流，但模块满负荷电流不一定能达到 2A×8 = 16A，而是要比这个值小得多。为此，选择接点输出模块要留有余地。继电器输出仅适用于通断频率小于 1Hz 的负载。对于通断频率高且功率因数低的感性负载应选用无触点开关元件，即选用晶体管输出（直流负载）或双向晶闸管输出（交流负载）模块。

② 输出电流。输出模块的输出电流必须大于负载电流的额定值，因此，应根据负载的实际电流确定输出模块。

③ 同时接通的点数。一般来讲，同时接通的点数不能超过输出点数的 60%，否则将加重输出公共端承受的电流负担。

3）智能 I/O 接口的选择。智能 I/O 模块的共同特点是模块本身带有 CPU。各 PLC 提供的智能 I/O 模块在控制原理、使用场合均有较大的差异，在选用时需参阅产品说明。

（4）通信接口的选择　为了实现"人-机过程"或"机-机"间的对话，PLC 还可配置各种通信接口。当与打印机相连时，可将过程信息、参数等输出打印；当与监视器相连时，可将过程图像显示出来；当与其他 PLC 相连时，则可组成多机连网系统实现整个生产过程的自动控制；当与计算机相连时，可组成集散控制系统（DCS），此时就注意尽可能选用同一型号或同一系列的 PLC，以便相互兼容。

三、PLC 外电路设计的一般原则

外电路设计，主要是指输入、输出设备（按钮、行程开关、限位开关、接触器、电磁阀等）与 PLC 的连接电路以及各运行方式、强电电路（自动、半自动、手动、连续、单步、半周期等）、电源电路、控制柜内电路等。控制系统设计中除 PLC 选型及 I/O 模块选择外，外电路设计是一个十分重要的内容，其中配置的低压电器、性能、质量会直接影响系统的可靠性。

1. 系统配套电器的选用原则

若选用的 PLC 可靠性较高，而设计的外电路配套电器的可靠性低，PLC 的高可靠性特点就不能充分发挥，因此 PLC 外电路配套电器的具体选用原则如下：

（1）提高工作可靠性　在配套电器中大量使用接触器，为保证系统在长期运转过程中接触器不发生误动作，应严格按标准选择、验收交流接触器。根据 IEC-158-1 和 VDE-0660 标准的规定，在交流工作制时，接触器的通断能力为额定电流的 8~10 倍，机械寿命为 10 万次。

（2）采用小型化的低压电器　应采用小触点、通断能力强、强度高、寿命长、高导磁性和优质灭弧材料制成的低压电器。

（3）采用新型的低压电器　目前市场上已推出各种新型接触器，如固态继电器、混合接触器、同步接触器、低真空接触器等。这些接触器可克服电磁交流式接触器的固有缺点，大大地提高可靠性，延长使用寿命，但价格比较贵。

（4）采用卡轨式安装和装配形式　卡轨式接触器安装方便，节省安装费用，可迅速排除故障，更换极其方便，因此应尽可能选用。

2. 中间继电器的配置原则

虽然 PLC 是用软件来替代继电接触控制中的中间继电器的，但在下列情况下还应配置中间继电器：

1）连接手动电路、紧急停机电路，以备系统异常状况下使用。

2）配线距离长，或与高噪声源设备相连，易产生干扰的场合。

3）除 PLC 外，另有其他控制电路要使用该信号。

4）大负载频繁通断。

图 5-48 所示为中间继电器接入 I/O 模块的实例。

图 5-48　中间继电器接入 I/O 模块的实例

3. 熔断器的使用原则

使用熔断器的目的是当输出端负载超过其额定电流或发生短路时，保证电器不被烧毁。特别是当外电路接入感性负载时，一定要接入熔断器。接入的负载不同，熔断器容量应有所不同。对于继电器感性负载常选用 2A 的熔断器，一般是一个线圈 L_i 接入一个熔断器 FU_i，如图 5-49a 所示。有时为了简化结构，也可将几个线圈组成一组后，接入一个熔断器，如图 5-49b 所示。值得注意的是，总的熔断器的熔断体容量 Q 要小于 n 个输出端每个线圈中单个接入熔断器中熔断体容量 q_i 的总和，即

$$Q < \sum_{i=1}^{n} q_i$$

图 5-49　**熔断器的安装**

4. 输入/输出联锁触点的接入方法

在编制 PLC 梯形图时，对输入、输出电路中的联锁触点有两种处理方式：一种是软件化；另一种是硬件化。但切不可把凡是与开关量有关的，特别是它们之间有互锁关系的触点都软件化，误认为这样是优化了程序。一定要根据系统的要求，在确保任何情况下都能可靠工作为前提来选择最佳接入方式。一般情况下，对于一些典型电路，如电动机正反转电路，把互锁的触点分别接入 PLC 的输入、输出回路，形成双回路设计方案，如图 5-50 所示。

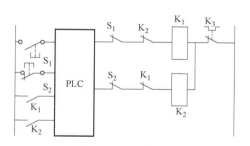

图 5-50　**联锁触点接入方法示意图**

5. 限位开关接入方法

像工作台等移动系统，为了避免因超行程而发生故障，在限位开关外设置超行程开关，并接至外电路直接控制设备，这样可避免因软件失灵而造成因超行程而发生故障。

6. 设备接地方法

良好接地是保证 PLC 可靠、稳定工作的重要因素之一，这点往往被设计者忽略。为了抑制附加在 PLC 电源或 I/O 端口的干扰，应采用专用接地方式，且与所接设备地线之间的距离不应超过 15m 为宜，如图 5-51a 所示。如果无法采用专用接地方式，也可采用公共接地方式，如图 5-51b 所示。绝不允许将 PLC 的地线接到其他设备的地线上，如图 5-51c 所示。

对于晶闸管和电动机之类的大功率设备，不要采用公共接地，但接地点应尽

图 5-51　设备接地示意图

可能靠近 PLC，且接地电阻小于 200Ω。

第四节　位置伺服控制系统

一、伺服控制方式

机电一体化设计产品设计所用的伺服驱动控制系统，常根据需要采用三种控制方式：位置控制方式、转矩控制方式和速度控制方式。伺服控制系统根据实际需要对伺服驱动电动机的速度、位置和转矩进行精确控制。

1. 位置控制方式

位置控制方式是指伺服驱动系统通过外部输入的脉冲的频率来确定转动速度的大小，通过脉冲的个数来确定转动的角度，具有网络控制功能的伺服可以通过现场网络通信方式直接对速度和位移进行赋值，实现对被控制对象的速度和位置的严格控制。

位置控制方式一般应用于定位装置，常应用于数控机床、印刷机械等定位精度要求高的机电设备。

2. 转矩控制方式

转矩控制方式是伺服驱动系统通过外部模拟量的输入或直接对地址赋值来设定伺服驱动电动机轴对外输出转矩的大小，可以通过即时地改变模拟量的设定来改变设定的力矩大小，具有网络控制功能的伺服可以通过现场网络通信方式实时改变对应地址的数值来实现。

转矩控制方式主要应用于绕线装置或拉光纤设备等因材质受力有严格要求的缠绕和放卷的装置设备中，转矩的设定要根据缠绕半径的变化随时更改，以确保材质的受力不会随着缠绕半径的变化而改变。

3. 速度控制方式

速度控制方式是伺服驱动系统通过模拟量的输入或脉冲的频率对伺服驱动电动机进行转速控制来实现的。对有上位控制装置的外环 PID 控制时，速度方式也可以进行位置定位控制，但在控制时必须把电动机的位置信号或直接负载的位置信号送给上位控制装置，以便于反馈单元做运算用。

由于机电一体化产品一般对运动中的动态性能和位置控制精度有比较高的要求，伺服控制系统常用位置控制方式，故本书介绍位置伺服控制方式。

二、位置伺服控制系统

位置伺服控制系统是机电一体化产品进给控制的主要组成部分，也是保证进给位置控制精度的重要环节。如图 5-52 所示，位置伺服控制系统由位置控制、速度控制和位置检测三部分组成。

图 5-52　**位置伺服控制系统的组成**

由图 5-52 可知，位置控制的作用是将 CNC 装置插补出的瞬时位置指令值 P_c 和检测出的实际位置 P_f，在位置比较器中进行比较，产生位置偏差 ΔP，再把 ΔP 转换为瞬时速度指令电压 U_p^*。

根据位置环比较的方式不同，又可将位置伺服系统分为数字脉冲比较伺服系统、相位比较伺服系统和幅值比较伺服系统。相位比较伺服系统和幅值比较伺服系统的结构与安装都比较复杂，因此一般情况下选用数字脉冲比较伺服系统，同时相位比较伺服系统较幅值比较伺服系统应用得广泛一些。

1. 脉冲比较伺服系统

用脉冲比较的方法构成的控制系统称为数字脉冲比较伺服系统。在半闭环控制中，多采用光电编码器作为检测元件，在闭环控制中多采用光栅作为检测元件。通过检测元件进行位置检测和反馈，用实际脉冲去比较。

数字脉冲比较伺服系统闭环控制的结构框图如图 5-53 所示。整个系统分为 3 部分：采用光电编码器产生位置反馈脉冲信号 P_f，实现指令脉冲 P_c 与反馈脉冲 P_f 的比较，以取得位置偏差信号 ΔP，将位置偏差 ΔP 信号放大后经速度控制单元控制伺服电动机运行，从而实现偏差的闭环控制。该系统结构简单，容易实现，整机工作稳定，因此得到了广泛应用。

图 5-53　**数字脉冲比较伺服系统闭环控制的结构框图**

2. 相位比较伺服系统

在高精度的数控伺服系统中，直线光栅和感应同步器是两种应用广泛的位置检测元件。根据感应同步器励磁信号的形式，它们可以是相位工作方式或是幅值工作方式。如果位置检测元件采用感应同步器相位工作方式，在控制系统中要把指令信号与反馈信号都变成某个载波的相位，然后通过两者相位的比较，得到实际位置与指令位置的偏差，该系统称为相位比较伺服系统，简称相位伺服系统。

由于这种系统调试比较方便，精度又高，特别是抗干扰性能好，是数控机床常用的一种位置控制系统，其原理框图如图5-54所示。

图 5-54　相位比较伺服系统的原理框图

在该系统中，感应同步器取相位工作状态，以定尺的相位检测信号经整形放大后得到的 $P_B(\theta)$ 作为位置反馈信号。指令脉冲 ΔP_θ 经脉冲调相后，转换成相位和极性与 ΔP_θ 有关的脉冲信号 $P_A(\theta)$。$P_A(\theta)$ 和 $P_B(\theta)$ 为两个同频的脉冲信号，输入鉴相器进行比较。比较后得到它们的相位差 ΔP_θ。伺服放大器和伺服电动机构成的调速系统，接收相位差 ΔP_θ 信号，以驱动工作台朝指令位置进给，实现位置伺服控制。

3. 幅值比较伺服系统

幅值比较伺服系统是以位置检测信号的幅值大小来反映机械位移的数值，并以此作为位置反馈信号与指令信号进行比较构成的闭环控制系统（简称幅值伺服系统）。在幅值伺服系统中，必须把反馈通道的模拟量变换成相应的数字信号，才可以完成与指令脉冲的比较。该系统的特点之一是，所用的位置检测元件感应同步器工作在幅值工作方式下。

幅值比较伺服系统的原理框图如图5-55所示，其工作原理与相位伺服系统基本相同，不同之处在于幅值伺服系统的位置检测器将测量出的实际位置转换成测量信号的幅值的大小，再通过测量信号处理电路，将幅值的大小转换成反馈脉冲频率的高低。

图 5-55　幅值比较伺服系统的原理框图

4. 大规模专用集成电路位置控制芯片

位置伺服控制一般采用大规模专用集成电路位置控制芯片。由 FANUC 公司设计的 MB8739 专用集成电路位置控制芯片组成的位置伺服控制系统框图如图5-56所示。

MB8739 芯片适用的位置检测装置是增量式光电编码器或光栅。

在图5-56中，伺服驱动器根据伺服电动机反馈的光电编码器脉冲产生一系列脉冲，该脉冲经接收器反馈到 MB8739，其中，PA、PB 为相位差90°的序列脉冲，

图 5-56　**MB8739 组成的位置伺服控制系统框图**

PC 为零标志脉冲。MB8739 包括位置测量与反馈的全部线路, 集成度非常高, 其结构主要包括以下几部分:

(1) DDA 插补器　该插补器作为粗、精两级插补结构的第二级精插补 (即细插补), 它的输入是上一级软件插补及一个插补周期的进给信息 (即粗插补数据)。

(2) 误差寄存器　寄存指令位置和实际位置比较后的误差, 实际是采用可逆计数器的脉冲比较。位置指令值来自 DDA 插补器, 反馈来自鉴相器。

(3) 位置增益　将位置偏差乘以位置增益, 获得速度指令值。

(4) 漂移补偿　伺服系统经常受到漂移的干扰, 即在无速度输出时, 坐标轴可能发生移动, 从而影响机床的精度。漂移补偿的作用是当漂移到一定程度时, 自动补偿。

(5) 速度指令脉宽调制 (PWM)　其作用是将速度指令调制成某一固定频率、宽度与位置偏差成正比的矩形脉冲, 输出粗误差指令 (CCMD) 和精误差指令 (FCMD)。

(6) 鉴相器　通过对伺服驱动单元反馈的一系列 PA、PB 脉冲进行辨向和倍频, 获得表示运动方向的一系列脉冲。一方面作为位置反馈脉冲, 另一方面经频率-电压 (F-V) 变换形成速度反馈模拟电压 (TSA), 其大小与速度成正比。

(7) 参考计数器　机床坐标回参考点时, 由该计数器产生零点信号。

(8) 地址译码器　控制芯片内部各数据和寄存器的地址的选择。

(9) CMR 和 DMR　CMR 为指令脉冲倍率, DMR 为检测脉冲倍率, 它们的数值由软件设定。设置的目的是为了在比较器中进行比较的指令脉冲和反馈脉冲的当量相符。设光电编码器的每转脉冲数为 N, 指令脉冲当量为 δ, 滚珠丝杠螺距为 t, 则

$$CMR = (N\delta/t) DMR$$

在 MB8739 中, 经 PWM 后形成的 FCMD 和 CCMD, 通过 D-A 生成速度控制电压 VCMD, 作为伺服驱动装置的速度控制信号, 控制伺服电动机的转速及转向。

三、多轴数控系统应用实例

1. 基于 PC 总线的多轴运动控制卡

采用基于 PC 总线的多轴运动控制卡是基于 PC 各种总线的步进电动机或数字

式伺服电动机的上位控制单元，其卡上有专用 CPU 与 PC 的 CPU 构成主从式多 CPU 控制模式。PC 的 CPU 可以专注于人机界面、实时监控和发送指令等系统管理工作；卡上的专用 CPU 用来处理所有运动控制的细节升降速计算、行程控制、多轴插补等，无须占用 PC 资源。同时随卡还提供功能强大的运动控制软件库，如 C 语言运动库、Windows DLL 动态链接库等，让用户更快、更有效地解决复杂的运动控制问题。

多轴运动控制卡是利用高性能微处理器（如 DSP）及大规模可编程器件实现多个伺服电动机的多轴协调控制的一种高性能的步进/伺服电动机运动控制卡，包括脉冲输出、脉冲计数、数字输入、数字输出、D-A 输出等功能，它可以发出连续的、高频率的脉冲串，通过改变发出脉冲的频率来控制电动机的速度，改变发出脉冲的数量来控制电动机的位置，它的脉冲输出模式包括脉冲/方向、脉冲/脉冲方式。运动控制卡采用了开放式结构，使用简便，功能丰富，可靠性高，在软件方面提供了包括 S 型、T 型加速，直线插补和圆弧插补，单轴运动、多轴独立运动、多轴插补运动等。另外，为了配合运动控制系统的开发，还提供了一些辅助函数，如中断处理、编码器反馈、间隙补偿，运动中变速等丰富的运动控制函数库，以满足不同的应用要求。从用户使用的角度来看，基于 PC 的运动控制卡主要是硬件接口（输入输出信号的种类、性能）和软件接口（运动控制函数库的功能函数）的差异。

多轴运动控制卡将实现运动控制的底层软件和硬件集成在一起，使其具有伺服电动机控制所需的各种速度、位置控制功能，这些功能可通过计算机方便地调用。由于运动控制卡的开放式结构，强大而丰富的软件功能，对于使用者来说进行二次开发的设计周期缩短了，开发手段增多了，针对不同的数控设备，其柔性化、模块化、高性能的优势得以被充分利用，故运动控制卡广泛应用于工业自动化控制领域中需要精确定位、定长的位置控制系统和基于 PC 的数控系统。现在国内外运动控制卡公司有美国的 GALIL、PMAC，英国的翠欧，以及我国台湾省的台达、凌华、研华和大陆的研控、雷赛、固高、乐创、众为兴等。

2. GEN 系列 EtherCAT 总线网络运动控制卡

图 5-57 所示为固高科技公司 GEN 系列 EtherCAT 总线网络运动控制卡。GEN 系列多轴网络运动控制卡是一款主卡模块采用双核（core1 和 core2）ARM 芯片的

图 5-57　GEN 系列 EtherCAT 总线网络运动控制卡

基于 EtherCAT 总线的采用 PCI-e 接口（X1）插卡式运动控制卡，core1 和 core2 分别对应两个端子板连接端口 gLinkⅡ-A 和 gLinkⅡ-B。采用多核微处理器，其中两个内核用于运动控制（简称 core1 和 core2）。默认状态下双核（core1 和 core2）之间的软件资源是完全独立的，双核软件资源会根据所接模块类型和个数自适应。如果 core1 或 core2 所接模块对应的硬件资源总和小于或等于最小值，则双核软件资源默认为最小值；如果硬件资源大于最小值时，双核会根据模块类型自动设置软件资源，但是资源个数不能超过最大值。

该控制卡集成了 EtherCAT 主站解决方案，可实现多达 64 轴的同步运动控制，同时支持 gLink-Ⅰ I/O 模块和 EtherCAT I/O 模块扩展，为用户提供了多轴数、多 I/O 点数的总线控制解决方案。GEN 系列 EtherCAT 总线多轴网络运动控制卡采用高性能运动控制算法，支持多轴插补、高阶 S 曲线加减速、电子凸轮、电子齿轮等运动模式。用户可以使用控制卡自带的 MotionStudio 开发工具，快速完成 Ether-CAT 总线系统的组态连接和运动控制配置；通过控制卡提供的 API 函数库接口，用户可以使用编程语言 C、C++、C#等在 Windows 或 Linux 系统中完成控制系统的开发。该控制卡是一款网络化控制卡，主卡与网络模块、网络模块与网络模块都通过千兆网通信。主卡软件资源和网络模块硬件资源之间是完全独立的，通过相应的指令或配置文件进行配置。该控制卡具有如下性能：

1）支持多轴应用（最多 64 轴同步控制）。

2）支持标准 EtherCAT 协议，可兼容 EtherCAT 伺服从站 ServotronixCDHD；以及 ASDA A2；汇川 IS620N；SanyoDenkiRS2；PanasonicA5B；INVTDA200；TsinoA8，R6；LSL7N；ElmoGold；Lenzei700；PhaseAxseries 等各类 CoE 从站。

3）支持插补运动高阶 S 曲线加减速运动模式、点位、Jog；电子齿轮及电子凸轮补偿算法、PT、PVT、插补（直线、圆弧、空间圆弧、螺旋线，最多 8 套坐标系），具有多轴插补前瞻规划算法和前瞻预处理。

4）支持自定义速度规划和嵌入运动程序。

3. GEN 系列 EtherCAT 总线网络运动控制卡的应用及系统架构

GEN 系列 EtherCAT 总线多轴网络运动控制卡可应用于 3C 制造和装配、锂电池包装、纺织、印刷以及半导体加工等领域，其系统架构如图 5-58 所示。

图 5-58　**GEN 系列 EtherCAT 总线多轴网络运动控制卡的系统架构**

4. GEN 系列 EtherCAT 总线网络运动控制卡的系统配置

该控制卡的系统配置就是将其硬件资源和软件资源相互组合，并对各个资源的基本属性进行配置的过程。下面的两个例子描述了资源组合。

（1）开环控制方式（脉冲控制）　使用步进电动机或使用伺服电动机的位置控制方式时，其运动控制系统基本配置如图 5-59 所示，其中，应用程序指令是上位机发出的运动规划、I/O 等指令，经过运动控制器转为底层的运动指令，最终以脉冲的形式发给驱动器。

图 5-59　**GEN 系列 EtherCAT 总线多轴网络运动控制卡开环运动控制系统的基本配置**

（2）闭环控制方式（模拟量控制）　使用闭环伺服电动机进行控制时，其运动控制系统的基本配置如图 5-60 所示。在图 5-60 中，PROFILE 输出的规划位置进入 Axis 中，在 Axis 中进行当量变换的处理后，输出到伺服控制卡中，伺服控制卡将规划位置与 Encoder 的计数位置进行比较，获得跟随误差，并通过一定的伺服控制算法，得到实时的控制量，将控制量传递给 DAC，由 DAC 转换成控制电压来控制电动机的运动。Axis 需要驱动报警、正向限位信号、负向限位信号、平滑停止信号、紧急停止信号等一些数字量输入信号来对运动进行管理；同时，Axis 需要输出伺服使能信号，让电动机使能。

图 5-60 **GEN 系列 EtherCAT 总线多轴网络运动控制卡闭环运动控制系统的基本配置**

思 考 题

1. 工业控制计算机与普通微型计算机有何区别？为了适应工业控制的要求，工业控制计算机在软硬件上采取了哪些措施？

2. 试说明工业控制计算机的分类。举例说明几种常用工业控制计算机的应用领域。

3. 计算机控制系统的组成和特点是什么？何谓计算机接口？计算机控制过程中为什么需要计算机接口？

4. 查阅相关资料，试分析家用变频空调的计算机控制原理（重点分析输入/输出通道）。

5. 查阅相关资料，试用某型号计算机及其接口设计一个 X-Y 工作台的步进电动机进给控制系统，并编写其控制程序。

6. 在一多楔带自动成形的机器中，采用变频调速器对主轴电动机进行调速控制。若对应于 0~5V 的输入信号，调速器输出为 0~50Hz，试进行控制输出接口设计（采用 DAC0832 进行 D/A 转换）。若电动机额定转速为 1500r/min，现要求其输出转速为 1200r/min，则微机输出数字量应为多少？

7. 采用差动变压器进行位移测量，对应 0~10mm 量程，传感器输出为 0~5V。要求测量精度为 0.1mm，采样频率为 100 次/s，试进行 A/D 接口设计。

8. 何谓采样？怎样才能保证在采样过程中不丢失原信号中所包含的信息？

9. 查阅相关资料，举例说明多轴控制系统在数控机床、工业机器人、包装生产线等机电一体化产品的应用，试分析比较几种品牌的多轴运动控制系统的突出亮点。

第六章

机电一体化系统设计及应用举例

第一节　机电一体化产品系统设计的要点

一、机电一体化产品典型设计进程

机电一体化产品覆盖面很广，在系统的构成上有着不同的层次，但在系统设计方面有着相同的规律。机电一体化系统设计是根据系统论的观点，运用现代设计的方法构造产品结构、赋予产品性能并进行产品设计的过程。图 6-1 所示为机电一体化产品设计的典型工作流程。

整个开发设计过程可划分为以下四个阶段：

1. 准备阶段

在这个阶段中，首先要对设计对象进行机理分析，对用户的需求进行理论抽象，确定产品的规格、性能参数；然后根据设计对象的要求，进行技术分析，拟定系统总体设计方案，划分组成系统的各功能要素和功能模块；最后对各种方案进行可行性研究对比，确定最佳总体方案、模块设计的目标和设计人员的组织。

2. 理论设计阶段

在这个阶段中首先根据设计目标、功能要素和功能模块，画出机器工作时序图和机器传动原理简图，对于有过程控制要求的系统应建立各要素的数学模型，确定控制算法，计算各功能模块之间接口的输入输出参数，确定接口设计的任务归属；然后以功能模块为单元，根据接口参数的要求对信号检测及转换、机械传动及工作机构、控制微机、功率驱动及执行元件等进行功能模块的选型、组配、设计；最后对所进行的设计进行整体技术经济评价、设计目标考核和系统优化，挑选出综合性能指标最优的设计。

3. 设计实施阶段

在这一阶段中，首先根据机械、电气图样，制造和装配各功能模块；然后进行模块的调试；最后进行系统整体的安装调试，复核系统的可靠性及抗干扰性。

4. 设计定型阶段

该阶段的主要任务是对调试成功的系统进行工艺定型，整理出设计图样、软件清单、零部件清单、元器件清单及调试记录等；编写设计说明书，为产品投产时的工艺设计、材料采购和销售提供详细的技术档案资料。

纵观系统的设计流程，设计过程的各阶段均贯穿着围绕产品设计的目标所进行的"基本原理→总体布局→细部结构"三次循环设计，每一阶段均构成一个循环体，即以产品的规划和讨论为中心的可行性设计循环，以产品的最佳方案为中心的概念性设计循环，以及以产品性能和结构优化为中心的技术性设计循环。循环设计使产品设计在可行性规划和论证的基础上求得概念上的最佳方案，再在最佳方案的基础上求得技术上的优化，使系统设计的效率和质量大大地提高。

图 6-1　机电一体化产品设计的典型工作流程

二、用户需求的抽象

用户的需求虽然是设计所要达到的最终目标，但它并不全是设计的技术参数，因为用户对产品提出的要求往往面向产品的使用目的。因此，需要对用户的需求进行抽象，要在分析对象工作原理的基础上，澄清用户需求的目的、原因和具体内容，经过理论分析和逻辑推理，提炼出问题的本质和解决问题的途径，并用工程语言描述设计要求，最终形成产品的规格和性能参数。对于加工机械而言，它包括如下几个方面：

（1）运动参数　表征机器工作部件的运动轨迹和行程、速度和加速度。

（2）动力参数 表征机器为完成加工动作应输出的力（或力矩）和功率。

（3）品质参数 表征机器工作的运动精度、动力精度、稳定性、灵敏度和可靠性。

（4）环境参数 表征机器工作的环境，如温度、湿度、输入电源。

（5）结构参数 表征机器空间几何尺寸、结构、外观造型。

（6）界面参数 表征机器的人-机对话方式和功能。

三、功能要素和功能模块

机电一体化系统的功能要素是通过具体的技术物理效应实现的，一个功能要素可能是一个功能模块，也可能由若干个功能模块组合而成，或者就是一个机电一体化子系统。功能模块则是实现某一特定功能的具有标准化、通用化或系列化的技术物理效应。功能模块在形式上，对于硬件表现为具体的设备、装置或电路板，对于软件则表现为具体的应用子程序或软件包。

进行机电一体化系统设计时，将功能模块视为构成系统的基本单元，根据系统构成的原理和方法，研究它们的输入输出关系，并以一定的逻辑关系连接起来，实现系统的总功能。因此，可以说机电一体化系统的设计过程是一个从模块到系统的设计过程。

四、接口设计要点

接口设计的总任务是解决功能模块间的信号匹配问题，根据划分出来的功能模块，在分析研究各功能模块输入输出关系的基础上，计算制定出各功能模块相互连接时所必须共同遵守的电气和机械的规范和参数约定，使其在具体实现时能够"直接"相连。

应当说明的是，系统设计过程中的接口设计是对接口输入输出参数或机械结构参数的设计，而功能模块设计中的接口设计则是遵照系统设计制定的接口参数进行细部设计，实现接口的技术物理效应，两者在设计内容和设计分工上是不同的。不同类型的接口，其设计要求有所不同。某一类中的某一种接口的设计要求请分别参阅第三章和第五章的内容，这里仅从系统设计的角度讨论接口设计的要求。

传感器接口要求传感器与被测机械量信号源具有直接关系，要使标度转换及数学建模精确、可行，传感器与机械本体的连接简单、稳固，能克服机械谐波干扰，正确反映对象的被测参数。

变送接口应满足传感器模块的输出信号与微机前向通道电气参数的匹配及远距离信号传输的要求，接口的信号传输要准确、可靠，抗干扰能力强，具有较低的噪声容限；接口的输入阻抗应与传感器的输出阻抗相匹配；接口的输出电平应与微机的电平相一致；接口的输入信号与输出信号关系应是线性关系，以便于微机进行信号处理。

驱动接口应满足接口的输入端与微机系统的后向通道在电平上一致，接口的输出端与功率驱动模块的输入端之间不仅电平要匹配还应在阻抗上匹配。另外接口必须采用有效的抗干扰措施，防止功率驱动设备的强电电路反窜入微机系统。

传动接口是一个机械接口，要求它的连接结构紧凑、轻巧，具有较高的传动精度和定位精度，安装、维修、调整简单方便，传动效率高，刚度好，响应快。

五、系统整体方案拟定和评价

拟定系统整体方案一般分为三个步骤：首先根据系统的主功能要求和构成系统的功能要素进行主功能分解，划分出各功能模块，确定它们之间的逻辑关系；然后对各功能模块输入输出关系进行分析，确定功能模块的技术参数和控制策略、系统的外观造型和机械总体结构；最后以技术文件的形式交付设计组讨论、审定。系统整体方案文件的内容应包括：

1) 系统的主要功能、技术指标、原理图及文字说明。

2) 控制策略及方案。

3) 各功能模块的性能要求，模块实现的初步方案及输出输入逻辑关系的参数指标。

4) 方案比较和选择的初步确定。

5) 为保证系统性能指标所采取的技术措施。

6) 抗干扰及可靠性设计策略。

7) 外观造型方案及机械主体方案。

8) 人员组织要求。

9) 经费和进度计划的安排。

系统功能分解应综合运用机械技术和电子技术各自的优势，力求系统构成简单化、模块化。常用的设计策略如下：

1) 减少机械传动部件，使机械结构简化、体积减小，提高系统动态响应性能和运动精度。

2) 注意选用标准、通用的功能模块，避免功能模块在低水平上的重复设计，提高系统在模块级上的可靠性，加快设计开发的速度。

3) 充分运用硬件功能软件化原则，使硬件的组成最简化，使系统智能化。

4) 以微机系统为核心的设计策略。

一项设计通常有几种不同的设计方案，每一种方案都有其优点和缺点，因此，在设计阶段应对不同的方案进行整体评价，选择综合指标最优的设计方案。

六、制作与调试

制作与调试是系统设计方案实施的一项重要内容。根据循环设计及系统设计的原理，制作与调试分为两个步骤：第一步是功能模块的制作与调试；第二步是系统整体安装与调试。

功能模块的制作与调试是由专业技术人员根据分工，完成各功能模块的硬件组配、软件编程、电路装配、机械加工和部件安装等细部物理效应的实现工作，对各功能模块的输入、输出参数进行仿真（模拟）、调试和在线调试，使它们满足系统设计所规定的电气、机械规范。

系统整体调试是在功能模块调试的基础上进行的，整体调试以系统设计规定的总目标为依据，调整功能模块的工作参数及接口参数。此外，由于物质流、能量流、信息流均融汇在系统中，系统中的各薄弱环节以及影响系统主功能正常发挥的"瓶颈"会充分暴露出来，系统还受到内外部各种干扰的影响，因此，系统整体调试还要进一步解决系统的可靠性、抗干扰等问题。

第二节　机电一体化系统设计应用举例 Ⅰ

一、设计任务

设计一种计算机刺绣机，刺绣花样由刺绣打版机输出存放在磁盘或 EPROM 中；刺绣范围：长 400mm，宽 500mm；绣品物料为机织物、针织物及皮革等；刺绣机头数为 6 头；刺绣速度：根据线迹长短自动调整，调速范围为 150～650 针/min；刺绣精度：≤0.1mm；最大刺绣线迹长度：12.5mm。

二、系统工作原理分析及模块划分

图 6-2 所示为刺绣工艺原理示意图。刺绣工艺的动作通过绣框在 x、y 两个方向的往复直线运动与绣针在 z 方向的连续上下往复直线运动的配合，在刺料机构的作用下形成线迹。绣针在织物之上时，绣框沿 x、y 两个方向移动到规定的位置，当绣针自上而下落到织物表面时，绣框停止移动，刺料机构便完成一针线迹的动作。线迹的长度和方向由绣框在 x、y 两个方向的移动距离决定，线迹的集合构成了绣品。

图 6-2　刺绣工艺原理示意图
1—刺料机构　2—绣品　3—绣框
4—旋梭箱　5—线迹

图 6-3 所示为计算机刺绣机的工作原理框图。系统工作过程如下：控制计算机启动主轴运转，由刺料机构带动针杆及旋梭运动，计算机从刺绣数据文件中顺序读取每一针的 x、y 相对位移坐标，根据坐标数据驱动绣框移动，通过读取针杆位置检测器的信号使绣框移动与刺料机构的运动相配合。

图 6-3　计算机刺绣机的工作原理框图

根据机电一体化构成的功能要素，计算机刺绣机由计算机控制系统（控制器），针杆位置传感器（检测器），x、y、z 三个方向的传动机构及刺料机构，移框步进电动机及主轴电动机（执行机构），220V 单相交流电源（动力源）以及机架（结构）几个部分组成。根据系统设计方法，将系统划分成若干功能模块，见表 6-1。

表 6-1　计算机刺绣机的功能模块

功能模块名称	模块的作用
绣框传动机构	使绣框能沿 x、y 方向做独立的直线运动
主轴传动机构	传动六个机头主轴做单方向连续回转
刺料机构	线迹成形
机器本体	提供传动机构支承座体,机头座体,绣花面线支架,操作台面
x、y 向步进电动机功率驱动	驱动 x、y 向步进电动机转动
主轴功率驱动	驱动主轴电动机转动
针位检测	检测针杆在布上或布下,以及最高点位置
绣框位置检测	检测绣框极限位置
断线检测	检测绣花底面线的断线和供应情况
控制计算机	读取绣花数据,控制绣框与针杆的运动配合,接收检测模块信号和挡车操作命令,控制绣花进程

三、用户需求的抽象

1. x、y、z 三个方向运动件的速度参数计算

（1）主轴转速范围　主轴转速 n_z＝刺绣速度 n_s／主轴每转刺绣的针数。用户要求 $n_s = 150 \sim 650$ 针/min。由于刺料机构的工作原理决定了主轴每转只能刺绣一针,因此 $n_z = 150 \sim 650$ r/min。考虑到线迹长度变化时,绣框移动的速度也要随着变化,线迹长度越大,移框速度应越快,反之亦然,因此主轴转速应在一个变速范围内自动变速。如果这时主轴转速不变,刺绣线与刺料机构中导线装置的相对运动速度过快,导致刺绣断线率增大,因此要求转速随线迹长度的增大而减小。

设 S_{xy} 为一针线迹的相对位移坐标 (S_x, S_y) 中的最大值,即 $S_{xy} = \max[S_x, S_y]$。当 $S_{xy} = (S_{xy})_{max} = 12.5$ mm 时,$n_z = (n_z)_{min} = 150$ r/min;$S_{xy} \leq 3$ mm 时,$n_z = (n_z)_{max} = 650$ r/min。

（2）绣框位移　绣框位移是指绣框每针移动的距离,设计中要求"最大线迹长度为 12.5mm",是指绣框沿 x 或 y 单方向位移的最大值。由于实际线迹是绣框沿 x 和 y 两个方向运动的合成,因此线迹长度 $S = \sqrt{S_x^2 + S_y^2}$,实际最大线迹长度 $S_{max} = 17.68$ mm。

（3）绣框位移与主轴转动的运动配合　设 T_{xy} 为锈框完成一针位移的时间,T_z 为绣针在绣品表面之上时,对应于主轴转过的时间,则有

$$T_{xy} \leq T_z \tag{6-1}$$

若在一针线迹形成过程中,主轴转动与绣框移动均为匀速运动,则由式（6-1）可得

$$\frac{S_{xy}}{v_{xy}(S_{xy})} \leq \frac{1}{n_z(S_{xy})} \times \frac{\alpha_z}{360°} \times 60 \tag{6-2}$$

式中　$S_{xy} = 3$ mm, 3.1 mm, $\cdots$, 12.5 mm;

$v_{xy}(S_{xy})$ ——对应于 S_{xy} 的移框速度 （mm/s）;

$n_z(S_{xy})$ ——对应于 S_{xy} 的主轴转速 （r/min）;

α_z ——刺绣针在绣品表面之上时,主轴转过的角度 （°）。

（4）绣框运动速度计算　设移框速度与线迹长度呈如下线性关系:

$$\begin{cases} v_{xy}(S_{xy}) = K_1 S_{xy} + K_2; & (S_{xy})_{min} \leq S_{xy} \leq (S_{xy})_{max} \\ v_{xy}(S_{xy}) = K_5; & S_{xy} \leq (S_{xy})_{min} \end{cases}$$

根据式（6-2）的条件,则有

$$\begin{cases} v_{xy}(S_{xy}) = 4.1228S_{xy} + 52.6316\text{mm/s}; & 3\text{mm} \leqslant S_{xy} \leqslant 12.5\text{mm} \\ v_{xy}(S_{xy}) = 65\text{mm/s}; & 0\text{mm} \leqslant S_{xy} \leqslant 3\text{mm} \end{cases} \tag{6-3}$$

（5）主轴转速计算 根据式（6-2）可以得出对应于 S_{xy} 的主轴转速 $n_z(S_{xy})$ 的计算式

$$n_z(S_{xy}) = \frac{v_{xy}(S_{xy})\alpha_z}{6°S_{xy}}, \quad 3\text{mm} \leqslant S_{xy} \leqslant 12.5\text{mm} \tag{6-4}$$

$$n_z(S_{xy}) = 650\text{r/min}, \quad 0\text{mm} \leqslant S_{xy} \leqslant 3\text{mm}$$

图 6-4 所示为主轴转速曲线。

（6）x、y 向步进电动机工作频率及传动比计算 根据传动的精度要求，取步进脉冲当量 $\delta = 0.1\text{mm/脉冲}$，则步进电动机的工作频率 $f_{xy}(S_{xy})$ 为

$$f_{xy}(S_{xy}) = \frac{v_{xy}(S_{xy})}{\delta} \tag{6-5}$$

由此，可计算出 $(f_{xy})_{\text{max}} = 1.042\text{kHz}$。

由于绣框运动是直线运动，因此必须设计一套传动机构实现运动变换，如图 6-5 所示。

图 6-4 主轴转速曲线

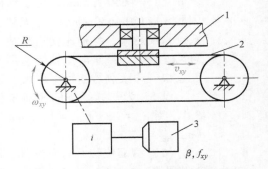

图 6-5 绣框传动机构示意图
1—绣框 2—同步带 3—步进电动机

因为步进电动机运动角速度为

$$\omega_s = f_{xy}(S_{xy})\beta\pi/180° \tag{6-6}$$

式中，β 为步进电动机的步距角，一般有 1.5° 和 0.75° 两种。而同步带传动的线速度为 $v_{xy} = R\omega_{xy}$，R 为驱动同步带轮的半径，所以图 6-5 中的传动比计算公式为

$$i_{xy} = \frac{\omega_s}{\omega_{xy}} = \frac{f_{xy}(S_{xy})\beta(\pi/180°)R}{v_{xy}(S_{xy})} = \frac{\pi\beta R}{180°\delta} \tag{6-7}$$

当 $\beta = 1.5°$ 时，$i_{xy} = 0.2618R$；当 $\beta = 0.75°$ 时，$i_{xy} = 0.1309R$。

（7）移框加速度计算 由于步进电动机是脉冲控制运行的，因此移框加速度 a_{xy} 可由式（6-8）计算得到。图 6-6 所示为移框加速度曲线。

$$a_{xy}(S_{xy}) = v_{xy}(S_{xy})f_{xy}(S_{xy}) \times 10^{-3}$$

$$a_{xy}(S_{xy}) = f_{xy}^2(S_{xy})\delta \times 10^{-3} \tag{6-8}$$

2. 动力参数的确定

计算机刺绣机动力参数是指绣框及主轴运转所需的功率，在机械系统尚未确定前，这些功率参数只是估算值，一般采取试验分析法或类比法进行估算。

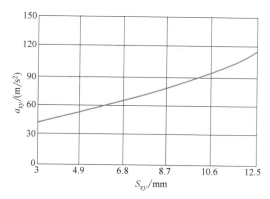

图 6-6　移框加速度曲线

（1）刺料机构的驱动功率　刺料机构最大的工作阻力 F_z 包括绣针穿透绣品所需的力 F_{z1} 以及针杆为克服压脚弹簧所需的力 F_{z2}，$F_z = F_{z1} + F_{z2}$。机头驱动功率则为 $P_{z0} = v_{z1}F_{z1} + v_{z2}F_{z2}$，$v_{z1}$ 为针杆运动速度，v_{z2} 为压脚运动速度。若考虑主轴运动机构的传动效率 η，则主轴驱动功率 P_z 估算公式为

$$P_z = \frac{P_{z0}}{\eta} = \frac{v_{z1}F_{z1} + v_{z2}F_{z2}}{\eta} \tag{6-9}$$

若采用标准刺绣机头作为刺料机构，根据生产厂家提供的数据，可初步确定其驱动功率 $P_z = 200\text{W}$，根据转速要求，主轴驱动转矩 M_z 计算公式为

$$M_z = \frac{P_z}{\omega} = \frac{30P_z}{\pi n_z} \tag{6-10}$$

因此，主轴驱动最大转矩 $(M_z)_{\max} = 12.73\text{N·m}$。

（2）移框步进电动机驱动力矩计算　绣框传动机构是一个两自由度的机构，从模块化设计的角度出发，这两个传动机构的传动方式应一致，因此，在驱动功率的分析上只需对一个方向的传动进行讨论，而系统受力分析则考虑力的合成。绣框传动机构所要克服的是绣框合成运动的惯性力和机构运动副的摩擦阻力。绣框惯性力 F_{xy} 的计算如下

$$F_{xy} = m\frac{\mathrm{d}v_{xy}}{\mathrm{d}t}$$

式中　m——移框机构各构件在绣框上的等效质量（kg）。

根据机构力等效原理，可得到步进电动机的平衡力矩 M_s 与绣框惯性力有如下的关系

$$M_s = F_{xy}\frac{v_{xy}}{\omega_s}$$

$$M_s(S_{xy}) = \frac{180f_{xy}v_{xy}(S_{xy})}{\pi\alpha_s} \times 10^{-3} \tag{6-11}$$

图 6-7 所示为步进电动机力矩曲线，其变化范围为 $0.16 \sim 0.41\text{N·m}$。

3. 结构参数计算

结构参数计算主要指刺绣机工作台

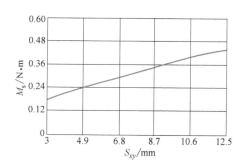

图 6-7　步进电动机力矩曲线

面的长、宽、高三个方向的尺寸及机头的头距，如图 6-8 所示。其中，A_1 为机头的头距=刺绣最大长度（500mm）；C 为操作平台的高度；D 为操作面板的高度；B 与刺绣最大宽度有关；A 与刺绣最大长度及机头数有关。

图 6-8　刺绣机的总体结构尺寸

4. 其他参数的确定

（1）传动精度　由于绣框运动采用步进电动机驱动，根据刺绣精度要求，取步进脉冲当量 $\delta = 0.1$mm/脉冲。

（2）可靠性　计算机刺绣机为 24h 连续工作方式，根据电子元器件标准失效率、机械零件的疲劳极限以及机器折旧年限，确定其平均无故障时间（MTBF）为 15 年。

（3）环境参数　工作电压：交流 220（1±10%）V；环境温度：−20～35℃；环境湿度<80%。

（4）界面参数　尽管计算机刺绣机由计算机对刺绣工艺实行全面控制，但由于刺绣过程会出现断线、断针、更换底面线、更换刺绣花样等随机因素，要求计算机对刺绣机的工作参数实时显示，工艺参数的设定需要操作者对计算机输入操作指令。因此，要求系统能提供良好的人-机界面，它的空间位置如图 6-8 所示。刺绣机的操作面板如图 6-9 所示。

图 6-9　刺绣机的操作面板

四、系统接口设计

图 6-10 所示为刺绣机的系统接口构成示意图，系统接口主要包括各传感器模块的输出与计算机控制系统前向通道的接口，以及计算机控制系统后向通道与各

图 6-10　刺绣机的系统接口构成示意图

功率驱动模块的接口。为了防止外部模块对计算机控制系统的回馈干扰，防止安装维修中的误操作把强电信号接入计算机电源，各接口均采用光电隔离技术。

为保证刺绣工艺的准确进行，系统必须对针杆位置、绣线通断状况、绣框极限位置进行实时检测，因此，传感器模块包括绣针布上/布下位置检测模块、针杆最高位置检测模块、断线检测模块、绣框越界检测模块等。由于被测信号均为开关量信号，根据系统设计模块化要求，要使各器件的 MTBF 一致，模块中的传感器选用同一种器件，这里拟定用槽型光电开关，如图 6-11 所示。

图 6-11　传感器模块设计方案示意图

a) 断线检测方案　b) 针杆位置检测方案
c) 绣框越界检测方案　d) 传感器电路方案

1—绕线轮　2—绣线　3、4—齿形遮光片　5—槽形光电开关　6—主轴
7—布上/布下遮光片　8—最高位置遮光片　9—绣框传动架

断线检测传感器的工作原理：当不断线时，在面线张力的作用下，遮光片不断地旋转，使传感器输出脉冲信号，当断线或底线用完时，由于面线无张力，绕线轮不再旋转，这时传感器输出高电平或低电平。只要计算机接口电路中设计一套脉冲丢失识别电路即可完成断线检测功能。

功率驱动模块的输出功率由选用的步进电动机决定，步进电动机根据参数计算得到的最大工作转矩 $(M_{xy})_{max}$ 和最大工作频率 $(f_{xy})_{max}$ 来选择。如图 6-12 所示，功率驱动模块的输入方式有两种：一种是单脉冲输入，加上方向信号，输入的脉冲数即为绣框移动的步数；另一种是由计算机进行软件脉冲环形分配，输入三相步进脉冲信号。根据硬件软件化的原则，拟选用第二种方法。

图 6-12   功率驱动模块的信号输入方式

a) 单脉冲输入 b) 脉冲环形分配

由于传感器输出均为光电晶体管射极输出，因此计算机各个输入接口设计方案如图 6-13 所示。

图 6-13   计算机各个输入接口设计方案

功率驱动接口要求信号传输的信噪比低，因此采用双光电隔离电流传输，其接口设计如图 6-14 所示。

五、主轴传动系统设计

计算机刺绣机主轴传动系统有如下的设计要求：

（1）低速起动   在刺绣机起动时，为了有效地将底线勾出，防止因快速起动，机头挑线杆对面线产生过大的冲击张力，要求在刺绣机起动的第 1~2 针之间，主轴转速为 200r/min 左右。

（2）自动变速   要求主轴转速随针迹的长度变化，按照式（6-4）实时变速。

（3）快速制动   在发生断线或故障时，往往需要主轴在一转内实现快速

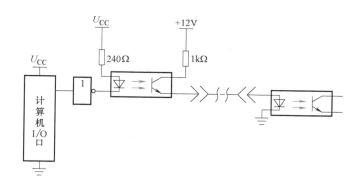

图 6-14　计算机输出接口设计方案

制动并控制针杆停留在最高位置上，不然会因绣针原地刺针造成"轧线"事故。

为了满足上述要求，驱动电动机可选用伺服电动机或步进电动机。由于交流伺服电动机目前已逐步替代直流伺服电动机，因此只考虑步进电动机或交流伺服电动机，在驱动性能与控制性能上后者优于前者，但其控制电路复杂，成本高。由于系统对起/制动平稳性无特殊要求，因此拟采用步进电动机驱动，其传动机构如图 6-15 所示。

图 6-15　刺绣机的传动机构

由于刺绣机头的主功能是完成线迹成形，要求旋梭箱与主轴的传动完全同步，且两者传动轴中心距为 208mm（由标准机头确定），因此图中传动机构采用同步带传动。主轴步进电动机的工作频率与主轴转速的关系为

$$f_z = \frac{6n_z}{\beta_z} \tag{6-12}$$

式中　β_z——主轴步进电动机的步距角（°）。对于 $\beta_z = 1.5°$ 的步进电动机，其最大工作频率 $f_z = 5.2\text{kHz}$，这个频率参数要求对功率步进电动机而言，已是比较高的。因此，传动机构的传动比取为 1。若要增大驱动转矩，一般只能选择功率较大的步进电动机，根据动力参数的分析结果，这里选择 BF110 型步进电动机。

六、计算机控制系统的设计

根据用户要求和工艺分析，控制计算机除完成用户的基本要求外，还应具备如下的功能：

（1）花样存储与选择功能 能接收并存储来自磁盘或 EPROM 存储器的花样信息，并通过键盘操作选择内存中指定的花样。

（2）记忆功能 对于存入的花样数据应具有掉电保持的功能，当刺绣过程中遇到停电或中途关机时，应记忆停机瞬间的刺绣状态，待再开机时继续停机前的状态进行工作。

（3）工作状态显示功能 能在线显示当前的刺绣进程和工艺参数（已绣针数、花号）以及停机状态（断线、越界、换色）。

（4）具有人-机对话辅助功能 使操作者通过键盘操作对指定的花样进行比例缩放（0.5~2.0 倍）、旋转、镜像、阵列（反复绣）、删除、增删线迹密度（1%~12%）及设定起针点等 CAD 功能。

（5）各种进退针功能 能在刺绣中途，实施对指定针数的进针或退针控制，即进退到换色针位、跳针针位及起始针位等各种进针或退针操作。

系统设计除满足上述设计要求外，还应对控制计算机的软硬件组成方案进行初步设计。显然，可编程序控制器不适用于本系统，若选用 PC 作为控制器，因为要求系统具有记忆功能，必须加设不间断电源设备及存盘操作，或安装固态 RAM 盘，且控制器体积庞大，也不适用。因此，STD 总线型计算机系统和单片机系统就成为选择的对象。图 6-16 所示为 STD 总线型控制系统的设计方案。图 6-17 所示为单片机系统设计方案。

图 6-16 STD 总线型控制系统设计方案

两种方案相比较，STD 总线型系统由于采用标准模板，因此设计方便，可靠性容易保证，但系统资源费用大，成本高。而单片机系统采用单片机、外部 RAM 扩展电路、8279 键盘控制器、8155 I/O 扩展电路构成系统，系统资源得到了最大限度的利用，成本低，但由于它在芯片级的基础上构成，因此要求设计者注意可靠性和抗干扰的设计。控制系统的软件构成框图如图 6-18 所示。

图 6-17 单片机系统设计方案

图 6-18 控制系统的软件构成框图

第三节 机电一体化系统设计应用举例 Ⅱ

一、设计任务

设计运动目标模拟器和干扰器,用于模拟目标平面运动轨迹,每个平面通过控制两个交流伺服电动机带动同步带实现滑块的 xy 平面运动,其中两个平面的两个滑块分别安装模拟红外目标源,如图 6-19 所示。对运动目标模拟器的技术要求如下:

图 6-19 模拟器的工作简图

1）使用环境：实验室环境。
2）结构形式：落地支架式。
3）导引头的摆动范围：≥28°。
4）导引头的摆动速度：最大角速度≥60°/s。
5）能够快速、方便地设定模拟目标源、干扰源各自的运动速度。
6）能够快速、方便地设定模拟目标源、干扰源各自的运动轨迹。
7）外形美观，工作稳定可靠。

二、方案设计

伺服控制系统以机械设计为基础，例如机械传动形式往往决定了伺服系统的动力装置是使用电动机还是液压等。伺服控制系统主要是通过计算确定对动力装置的功率、速度等要求，相应采取何种形式的驱动部件；同时根据系统的要求如位置、速度精度以及运动形式的要求（预定轨迹运动或随动跟踪）确定控制方式，选择相应的控制器件。在此基础上还要考虑系统的软件设计，确定用户界面、伺服控制系统、主要设计系统的选型以及控制系统软硬件结构等方面的工作。

1. 有关尺寸计算

模拟器的工作简图如图 6-19 所示。下面计算模拟器运动部分的一些技术参数。已知辅助光学系统的焦距 $L = 2000\text{mm}$。

首先计算满足导引头摆动范围 $\alpha \geq 28°$ 时，目标运动半径的最小值 R。

如图 6-20 所示，$R = L\tan(\alpha/2) = 2000\text{mm} \times \tan14° = 499\text{mm}$。

其次，要满足导引头摆动最大角速度 ≥60°/s，则目标源、干扰源最大运动速度 v 应满足

$$v/\sqrt{L^2 + R^2} \geq 60°/\text{s}$$

于是 $v \geq 2158\text{mm/s}$。

具体模拟器设计的技术要求：

1）模拟器形式：落地支架方式，中心高 0.86m；
2）目标源和干扰源运动范围：1.0m×1.0m；
3）速度范围：0~2.5m/s；
4）速度精度偏差：≤±5mm/s；
5）位置精度偏差：≤±2mm/s。

图 6-20 目标运动半径与辅助光学系统焦距关系示意图

2. 机械本体的设计

为保证目标源、干扰源分别在 1.0m×1.0m 的平面内运动，两平面平行并且它们之间的距离尽可能得小，同时保证目标源、干扰源可沿任意曲线运动，可采用以下几种比较成熟的形式。

（1）结构形式选择

1）关节式。如图 6-21 所示，采用两关节方式，可保证沿任意平面做曲线运动，这种方案占用空间小，但定位精度不高，不适应高速、大加速度运动。

2）极坐标式。如图 6-22 所示，这种方式比较简单，但运动轨迹多变时，大大增加了控制运算的速度。

图 6-21　**关节式结构**

图 6-22　**极坐标式结构**

3）直角坐标式。如图 6-23 所示，这种方式应用比较多，也比较成熟，定位精度较高，易于控制，但占用空间比较大。

直角坐标式又有两种设计形式，一种形式如图 6-23a 所示，其横坐标整体上下移动，运动时电动机等无效负载也跟随运动，它们的重力增加了纵轴电动机的负荷；另一种形式如图 6-23b 所示，纵轴整体移动，这种方式的纵轴电动机重力不会增加横轴的电动机功率，但纵轴运动范围应该用框架保护起来以增加安全系数。综合分析目标及干扰模拟器的工作环境，认为直角坐标式的纵轴整体运动方式比较合适。

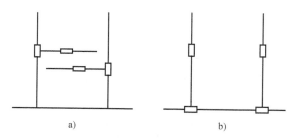

图 6-23　**直角坐标式结构**

（2）传动方案选择　直角坐标式传动方案拟用直线传动单元，现已有标准系列化产品——机械直线传动单元。机械直线传动单元按传动方式分为两类：一类是同步带传动方式，另一类是丝杠导轨传动方式。同步带传动方式的特点是：允许的工作速度和加速度大（分别为 2.5m/s、20m/s²），自重小，价格低，但驱动功率大，精度比丝杠传动低。丝杠导轨传动方式的特点是：允许的工作速度和加速度较小，自重大，价格高，但驱动功率小，重复定位精度高，在垂直方向可以自锁。针对目标、干扰运动模拟器的工作环境和技术指标要求，垂直和水平方向的直线传动方式均采用同步带方式。

（3）机械外形结构　如图 6-24 所示，目标模拟器及干扰模拟器的活动平面相互之间垂直距离为 40mm，而导轨的宽度为 40mm，在相对速度为 1m/s 时，两者的干涉时间约为 0.04s，可以满足设计的要求。

图 6-24　**运动目标及干扰模拟器的机械外形**

3. 电气系统设计

目标、干扰运动模拟器要求在运动范围内，沿任意曲线匀速运动。由于最大运动速度为 2.5m/s，这样要求有足够的加速度，其运动曲率半径和加速度的关系为

$$a = v^2/r$$

式中　a——运动加速度（m/s^2）；

v——切线速度（m/s）；

r——曲率半径（m）。

由此可见，加速度越大，则曲率半径越小，对目标源、干扰源的运动轨迹设定越有利。考虑到电动机的能力及系统的振动等问题，本系统的最大加速度设为 $20m/s^2$。取水平运动某一点，加速度 $a_y = 20m/s^2$，$a_x = 0$，速度 $v_x = 2.5m/s$，$v_y = 0$，则轨迹曲率半径为 0.3125m，已能满足系统要求。

依据以上设计要求，有直流伺服电动机、步进电动机、交流伺服电动机三种驱动装置，其中直流伺服电动机的方案与交流伺服电动机相比较，前者的速度较低，体积较大，同时价格相差不大，方案可用性较差。因而以下只对步进电动机及交流伺服电动机方案进行计算及比较。

（1）面向垂直运动单元的参数计算

1）步进电动机方案。

① 确定同步带轮直径。取直线运动速度 $v = 2.5m/s$，电动机转速 $n = 600r/min = 10r/s$，则同步带轮直径

$$d = \frac{v}{\pi n} = 79.6mm$$

实际中取 $d = 84mm$，带轮厚度 $h = 30mm$。

② 转动惯量计算。负载包括信号源及同步带，负载质量 $m_1 = 0.235kg$，主从

带轮质量 $m_2 = \pi d^2 h \rho / 4 = 1.3 \mathrm{kg}$，则带轮转动惯量

$$J_1 = m_2 d^2 / 8 = 0.0011 \mathrm{kg} \cdot \mathrm{m}^2$$

电动机转动惯量 $J_2 = 0.0003 \mathrm{kg} \cdot \mathrm{m}^2$。

③ 电动机力矩计算。负载加速度力

$$F_a = m_1(a+g) = 0.235 \times (20+10) \mathrm{N} = 7.05 \mathrm{N}$$

式中　a——运动加速度（$\mathrm{m/s}^2$），取为 $20 \mathrm{m/s}^2$；

　　　g——重力加速度（$\mathrm{m/s}^2$），取为 $10 \mathrm{m/s}^2$。

负载加速度力矩

$$T_1 = F_a d / 2 = 0.3 \mathrm{N} \cdot \mathrm{m}$$

式中　d——主动轮的直径（mm）。

转动惯量力矩

$$T_2 = (2J_1 + J_2)\frac{2a}{d} = 1.2 \mathrm{N} \cdot \mathrm{m}$$

总力矩

$$T = T_1 + T_2 = 1.5 \mathrm{N} \cdot \mathrm{m}$$

2）交流电动机方案。

① 确定同步带轮直径。直线运动速度 $v = 2.5 \mathrm{m/s}$，电动机转速 $n = 3000 \mathrm{r/min}$，则带轮的直径

$$d = \frac{v}{\pi n} = 16 \mathrm{mm}$$

取某同步带厂 XL 系列带轮，其节距 $P = 5.08 \mathrm{mm}$，带轮最少齿数为 10，则

$$d > mz = \frac{P}{\pi} z = \frac{5.08 \times 10}{\pi} \mathrm{mm} = 16.1 \mathrm{mm}$$

实际中取 $d = 26 \mathrm{mm}$，带轮厚度 $h = 30 \mathrm{mm}$。

② 转动惯量计算。负载质量取 $m_1 = 0.235 \mathrm{kg}$（负载包括信号源及同步带）。带轮的质量 $m_2 = 0.124 \mathrm{kg}$。则带轮的转动惯量

$$J_1 = \frac{m_2 d^2}{8} = 1.04 \times 10^{-5} \mathrm{kg} \cdot \mathrm{m}^2$$

电动机的转动惯量 $J_2 = 0.23 \times 10^{-4} \mathrm{kg} \cdot \mathrm{m}^2$。

③ 电动机力矩计算。负载加速度力

$$F_a = m_1(a+g) = 0.235 \times 30 \mathrm{N} = 7.05 \mathrm{N}$$

传动力矩

$$T = T_1 + T_2 = F_a d / 2 + J\varepsilon = F_a d / 2 + (J_2 + 2J_1) 2a / d = 0.04 \mathrm{N} \cdot \mathrm{m}$$

（2）面向水平运动单元的参数计算

1）步进电动机方案。

① 确定同步带轮直径。取直线运动速度 $v = 2.5 \mathrm{m/s}$，电动机转速 $n = 600 \mathrm{r/min} = 10 \mathrm{r/s}$，则同步带轮直径

$$d = \frac{v}{\pi n} = 79.58 \mathrm{mm}$$

实际中取 $d = 84 \mathrm{mm}$，带轮厚度 $h = 30 \mathrm{mm}$。

② 确定负载质量。立杆质量 $m_1 = 3 \mathrm{kg}$，电动机质量 $m_2 = 2.5 \mathrm{kg}$，同步带质量 $m_3 = 0.81 \mathrm{kg}$，托板质量 $m_4 = 1 \mathrm{kg}$，同步带轮质量 $m_5 = 2.6 \mathrm{kg}$，则总质量 $m = 10 \mathrm{kg}$。

③ 电动机力矩计算。

负载进给力

$$F_x = \mu m g \approx 0.3\text{N}$$

式中 μ——摩擦系数，取为 0.003。

负载进给力矩

$$T_1 = F_x d/2 = 0.0126\text{N} \cdot \text{m}$$

负载加速度力

$$F_a = ma = 200\text{N}$$

负载加速度力矩

$$T_2 = F_a d/2 = 8.4\text{N} \cdot \text{m}$$

转动惯性力矩

$T_3 = J\varepsilon = 3.6\text{N} \cdot \text{m}$（取水平运动惯量为垂直运动转动惯量的 3 倍）

总力矩

$$T = T_1 + T_2 + T_3 = 12\text{N} \cdot \text{m}$$

2）交流电动机方案。

① 确定同步带轮直径。取带轮直径 $d = 52\text{mm}$，带轮厚度 $h = 30\text{mm}$。

② 确定垂直直线单元质量。立杆质量 $m_1 = 3\text{kg}$，电动机质量 $m_2 = 1.7\text{kg}$，同步带质量 $m_3 = 0.135\text{kg}$，托板质量 $m_4 = 0.6\text{kg}$，同步带轮质量 $m_5 = 0.1\text{kg}$，则总质量 $m = m_1 + m_2 + m_3 + m_4 + m_5 = 5.5\text{kg}$。实际中取为 6kg。

③ 电动机力矩计算。

负载进给力

$$F_x = \mu m g = 0.18\text{N} \quad (\mu \text{ 取为 } 0.003)$$

负载加速度力

$$F_a = ma = 120\text{N}$$

负载进给力矩

$$T_1 = F_x d/2 = 0.0047\text{N} \cdot \text{m}$$

负载加速度力矩

$$T_2 = F_a d/2 = 3.1\text{N} \cdot \text{m}$$

转动惯性力矩

$$T_3 = J\varepsilon = 1.12\text{N} \cdot \text{m}$$

总力矩

$$T = T_1 + T_2 + T_3 = 4.23\text{N} \cdot \text{m}$$

通过以上的分析计算及实际调研，可以得到结果，见表 6-2。

从以上的比较来看，在价格合理的情况下，交流伺服电动机的各项性能均能较好地满足要求，因而决定采用此种方案。

表 6-2 步进电动机和交流伺服电动机的性能比较

参　数	步进电动机	交流伺服电动机
尺寸体积	体积大	体积小
转动惯量	较大	较小
高速性能	一般小于 600r/min 工作	一般大于 2000r/min 工作
精度	开环运动,精度较高	精度高
价格	电动机较低,驱动器较高	较高
其他	超载时有丢步现象	有较强的超载能力

三、系统控制结构设计

本控制系统主要由伺服控制卡、电动机驱动器、伺服电动机组成。

伺服控制卡作为系统的主控制器，担任控制算法、轨迹算法的任务，提供了PID和阶式位置伺服环滤波器，还提供了速度和加速度前馈，以减小伺服系统的轨迹误差。其中，速度前馈的作用是减小微分增益所引起的跟踪误差，加速度前馈的作用是减小惯性带来的跟踪误差。

由于滞后、静摩擦以及回差等原因，驱动（电动机）和负载之间很难做到理想的耦合。这些问题共同作用会使系统产生机械谐振，从而严重损害系统的性能。为此伺服控制卡提供了数字阶式滤波器及双反馈选项，可以解决机械谐振的问题。

下位驱动器为松下全数字交流伺服驱动器及凯奇的模拟交流伺服驱动器。伺服电动机采用交流伺服电动机，模型一般由电动机的转动惯量、电动机的机电时间常数、机械时间常数决定。图6-25所示为电动机的控制模型。其中，U_a为外加电压，I_a为电枢电流，t_e为电动机电气时间常数，t_m为电动机机电时间常数，R_a为电枢电阻，T_L为负载力矩，C_e为反电动势系数，C_m为电磁力矩系数，ω_n为电动机转速。

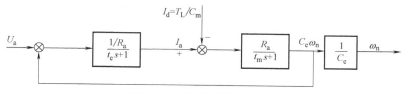

图 6-25　**电动机的控制模型**

一般情况下，电气常数远小于机电时间常数，因此系统在空载情况下，可简化为如下的传递函数：

$$T(s) = \frac{1/C_e}{t_m s + 1}$$

由于电动机的具体参数难以得到，以下采用功率相似的三洋电动机参数进行分析。

力矩常数 $C_m = 0.553\text{N}\cdot\text{m/A}$，电枢电阻 $R_a = 0.41\Omega$，机电时间常数 $t_m = 7\text{ms}$，转动惯量 $J_m = 2.654\times10^{-4}\text{kg}\cdot\text{m}^2$，感应电压常数 $C_e = 1.16\text{V/s}$。

由此可得到传递函数

$$T(s) = \frac{0.86}{7\times10^{-3} s + 1}$$

四、负载情况分析及系统的整体建模

根据模拟器的机械结构，系统采用电动机、带作为传动方式。负载包括电动机、滑块及导杆的惯性负载，滑块与导轨的摩擦，带的弹性负载等。系统受力简图如图6-26所示。

简化后的系统的总体模型近似如图6-27所示，其中，r为系统的输入速度指令，ω_n为电动机的角速度，ω_L为负载的等效角速度，K_L为传动机构的刚度，C_L为传动机构的阻尼系数。

电动机电压平衡方程为

图 6-26　系统受力简图

图 6-27　简化后的系统的总体模型

$$U_a = R_a I_a + C_e \omega_n$$

式中　U_a——电动机的输入电压（V）；

$\quad\quad R_a$——电枢电阻（Ω）；

$\quad\quad I_a$——电枢电流（A）；

$\quad\quad C_e$——反电动势系数。

电动机力矩平衡方程为

$$C_m I_a = J_m \dot{\omega}_n + C_L(\omega_n - \omega_L) + K_L \int (\omega_n - \omega_L)\,\mathrm{d}t$$

式中　C_m——电磁力矩系数；

$\quad\quad \dot{\omega}_n$——负载角加速度（rad/s²）。

负载力矩平衡方程为

$$J_L \dot{\omega}_L = C_L(\omega_n - \omega_L) + K_L \int (\omega_n - \omega_L)\,\mathrm{d}t$$

式中　J_L——负载的转动惯量（kg·m²）；

$\quad\quad \dot{\omega}_L$——负载的等效角加速度（rad/s²）。

上述三个方程拉普拉斯变换后，可得

$$E_a(s) = R_a I_a(s) + C_e \Omega_n(s)$$

$$C_m I_a(s) = J_m s \Omega_n(s)$$

$$J_L s \Omega_L(s) = \frac{C_L s + K_L}{s}[\Omega_n(s) - \Omega_L(s)]$$

式中　$E_a(s)$、$I_a(s)$ 和 $\Omega_n(s)$——U_a、I_a 和 $\dot{\omega}_n$ 的拉普拉斯变换。

传动机构框图如图 6-28 所示。

图 6-28　传动机构框图

传动机构的阻尼系数近似取为 $C_L = 0.1$，刚度系数 $K_L = 1000$，负载的转动惯量 $J_L = 1/6000$，采用 PI 控制算法，完整的 MATLAB 控制框图如图 6-29 所示（MAT-LAB 软件绘制）。

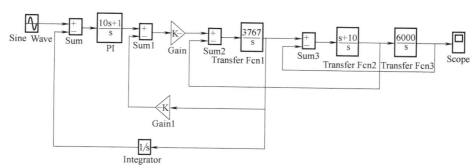

图 6-29　MATLAB 控制框图

五、控制算法

以上对系统各个控制环节及系统的负载情况等做了较为详细的阐述，下面结合系统在实际运行中所遇到的问题，对控制方法做进一步的分析。

1. 对前馈环节的分析

机电控制系统如数控机床和工业机器人，它们的输入是已知时变轨迹，要求系统响应以零稳态误差跟踪这些输入信号。简单的 PID 控制器是不能满足上述要求的，采用前馈控制是简单而有效的措施。图 6-30 所示为其控制框图。其中，$R(s)$ 为系统的输入，$C(s)$ 为系统的输出，$G_c(s)$ 为反馈控制器传递函数，$G_p(s)$ 为受控对象传递函数，$F(s)$ 为前馈环节的传递函数。

图 6-30　采用前馈环节的复合控制框图

采用前馈环节的误差传递函数为

$$E(s) = \frac{1 - G_p(s)F(s)}{1 - G_p(s)G_c(s)}R(s)$$

当前馈补偿装置的参数满足 $F(s) = G_p^{-1}(s)$ 时，$E(s) = 0$。这说明输出完全复现输入，没有过渡过程，系统具有无限大的通频带，不管输入信号如何变化，系统误差始终为零。

系统未加前馈补偿前的闭环传递环数为

$$C(s) = \frac{G_p(s)G_c(s)}{1 - G_p(s)G_c(s)}R(s) \tag{6-13}$$

由式（6-13）可以看出，采用前馈控制后，系统的特征方程没有变化，即前馈补偿不会影响原有系统的稳定性。因此，从原理结构上讲，复合控制系统要比单纯按误差控制的闭环系统优越得多，是一种比较理想的控制方式。但是完全实现这种理想化的复合控制系统是不可能的，因实际控制系统的功率与线性范围都有限，此外，要设计出高阶微分装置很困难，更重要的是微分阶次越高，对输入噪声越敏感，反而影响系统正常工作，因此，通常采用微分的最高阶次为2比较合适，可以获得满意的效果。

电动机的传递函数为 $\dfrac{0.86}{7\times10^{-3}s^2+s}$，倒数为 $8.1\times10^{-3}s^2+s$；在只采用速度前馈时，跟踪误差在前馈系数为1.16时最小。图6-31所示为仿真的结果，横坐标为运动时间，纵坐标为运动的跟踪位置误差，其中前馈系数分别为1、1.2和2。

当前馈系数为1，最大误差为0.03；前馈系数为1.2，最大误差为0.008；前馈系数为2，最大误差为0.15。同时从图6-31中可以看出速度前馈的调节过程。当前馈参数不够时，误差将与信号同相，而前馈参数过大时，误差将与信号反相，这对系统调试时前馈系数的调节有一定的指导意义。

2. 库仑摩擦问题

在任何机械加工面之间进行滑动，都存在制动的摩擦力。除了可以用线性项建模的黏性阻尼摩擦以外，还存在两种非线性摩擦。一种是库仑摩擦，通常表现为相对运动方向相反的恒定制动力；另一种是运动开始时所需要克服的静摩擦力。一般来说，静摩擦力随着速度提高而逐渐减少，并在适当的速度时改变为库仑摩擦力。然而，为了分析方便，常常将静摩擦逐渐变为库仑摩擦的过程简化为突变特性。

从稳态观点看，库仑摩擦非线性相当于执行机构中存在死区，从而造成系统的稳态误差。图6-32所示为系统存在库仑摩擦的控制框图，图6-33所示为其在正弦信号输入下的输出曲线。其中，图6-32中的MATLAB Function为符号函数 sgn，即当输入大于零时输出为1，小于零时输出为-1。

为了减小静摩擦与库仑摩擦给系统带来的稳态误差，一种最直接的办法是尽量减小摩擦力矩，例如，提高有关机械零件的加工精度，改进润滑条件等。这些纯机械方法往往造价比较

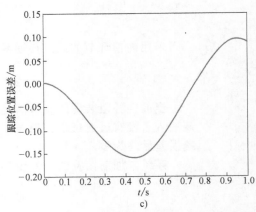

图 6-31　采用不同速度前馈参数的跟踪误差
a) 前馈系数 1　b) 前馈系数 1.2　c) 前馈系数 2

图 6-32　系统存在库仑摩擦的控制框图

图 6-33　正弦响应曲线

高，甚至是不可能的。另一种方法是采用高增益控制器，以减小摩擦的影响。然而高增益将受机械传动机构谐振频率的限制，可能会引起系统不稳定。下面，将利用模型参考自适应控制的设计方法，讨论带有库仑摩擦的系统自适应控制问题。

图 6-34 所示为具有库仑摩擦系统的控制框图，$\dot{r}$ 表示指令速度输入，m 表示前置放大器输出，u 是自适应控制输入信号，$\dot{\theta}_p$ 为电动机输出速度，$f(\dot{\theta}_p)$ 为轴承摩擦力矩，则由电动机的模型 $T(s)=\dfrac{0.86}{7\times10^{-3}s+1}$，可以得到

$$\ddot{\theta}_p+142\dot{\theta}_p=122.8\left[m-f(\dot{\theta}_p)+u\right] \tag{6-14}$$

图 6-34　具有库仑摩擦系统的控制框图

设受控对象参数的理想模型为

$$\ddot{\theta}_n+100\dot{\theta}_n=1000m \tag{6-15}$$

式中　$\dot{\theta}_n$——模型的速度或理想速度。

式（6-15）减式（6-14）可得误差方程为

$$\ddot{e}+100\dot{e}=-(142-100)\dot{\theta}_p-(122.8-1000)m+122.8f(\dot{\theta}_p)-122.8u$$

其中，$\dot{e}=\dot{\theta}_n-\dot{\theta}_p$ 为速度误差；$\ddot{e}=\ddot{\theta}_n-\ddot{\theta}_p$ 为加速度误差；$f(\dot{\theta}_p)$ 取为 $\mathrm{sgn}\,\dot{\theta}_p$。

为了提供自适应参数，使得方程右边的差值最小，定义控制输入 u 取为

$$u = K_1 \dot{\theta}_p + K_2 m + K_3 \operatorname{sgn} \dot{\theta}_p$$

式中 K_1、K_2、K_3——可调参数，由李雅普诺夫函数决定。因此

$$\ddot{e} + 100 \dot{e} = \sum_{i=1}^{3} x_i g_i \qquad (6\text{-}16)$$

式中

$$x_1 = -42 - 122.8K_1$$

$$x_2 = 877.2 - 122.8K_2$$

$$x_3 = 122.8 - 122.8K_3$$

$$g_1 = \dot{\theta}_p, \quad g_2 = m, \quad g_3 = \operatorname{sgn} \dot{\theta}_p$$

李雅普诺夫函数选为

$$V = \dot{e}^2 + \sum_{i=1}^{3} \frac{1}{\alpha_i} (x_i + \beta_i \dot{e} g_i)^2$$

对 V 求导，并代入式（6-16），可得

$$\dot{V} = -200 \dot{e}^2 + 2 \dot{e} \sum_{i=1}^{3} x_i g_i + 2 \sum_{i=1}^{3} \left\{ \frac{1}{\alpha_i} \left[x_i + \beta_i \dot{e} g_i \right] \left[\dot{x}_i + \beta_i \frac{\mathrm{d}}{\mathrm{d}t} (\dot{e} g_i) \right] \right\}$$

为使上式负定，可选

$$\dot{x}_i = -122.8 \dot{K}_i = -\alpha_i \dot{e} g_i - \beta_i \frac{\mathrm{d}}{\mathrm{d}t} (\dot{e} g_i) \qquad (6\text{-}17)$$

由此可得

$$\dot{V} = -200 \dot{e}^2 - 2 \sum_{i=1}^{3} \beta_i (\dot{e} g_i^2)$$

根据李雅普诺夫稳定性理论，利用上述的自适应控制方案，将保证 $\dot{e} \to 0$。

由式（6-17）可以得到系统的自适应控制率如下：

$$K_1(t) = B_1 \int \dot{e} \theta_p \mathrm{d}t + C_1 \dot{e} \dot{\theta}_p$$

$$K_2(t) = B_2 \int \dot{e} m \mathrm{d}t + C_2 \dot{e} m$$

$$K_3(t) = B_3 \int \dot{e} \operatorname{sgn} \dot{\theta}_p \mathrm{d}t + C_3 \dot{e} \operatorname{sgn} \dot{\theta}_p$$

式中 B_i 和 C_i——任意正增益。最终系统的自适应控制框图如图 6-35 所示（MATLAB 仿真软件绘制）。

当 B_i 和 C_i 均取为 5，系统在正弦输入信号下的输出曲线如图 6-36 所示，可以看出系统的输出已经趋于平滑。

3. 积分饱和问题

本系统伺服控制器采用 PID 控制是有其弊病的，如积分饱和问题。积分饱和是指系统在启动过程中，因为误差信号会长时间保持较大的值，控制器的积分部分的输出将很大，将导致控制信号趋于极限值，容易造成超调过大等问题。

图 6-35　系统的自适应控制框图

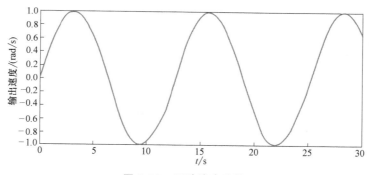

图 6-36　正弦响应曲线

为了解决该问题，可以在标准 PID 控制器的基础上增加非线性环节。图 6-37 所示即是采用非线性 PID 环节的控制框图。图 6-38 所示为其内部结构，其中 Dead Zone 为死区环节。当积分的输入信号达到一定范围时死区非线性环节将起作用，这将削弱积分器的作用，从而可以在一定程度上抑制饱和问题。

图 6-37　采用非线性 PID 环节的控制框图

六、控制系统软件设计

友好的人机交互手段是控制系统的重要组成部分，由于计算机在控制系统领域的使用越来越广泛，软件界面也成为控制系统的主要人机交互手段。与其他类型的软件设计比较，控制系统软件在安全性、软件功能等有其不同之处。控制系

图 6-38　采用非线性 PID 环节控制的内部结构

统软件主要完成了以下功能：

1）实现轨迹规划、轨迹插补、数据显示功能。

2）实现运动控制、控制参数设定功能。

3）实现运动数据的分析、显示、打印。

1. 软件设计思想

本软件是为模拟器系统设计的，考虑到系统运行环境等因素，软件必须具有以下特点：

（1）安全性

1）由于系统的运行速度、加速度高，因此出现失控时，系统必须具有必要的保护措施。

2）速度、加速度误差及轨迹跟踪误差超出一定的限度时，系统必须提示用户并采取一定的措施。

3）系统必须设置必要的位置极限及上电复位功能。

4）系统的响应必须快速，保证在 Windows 环境下的实时运行。

5）在系统的规划阶段必须判断运行的速度和加速度范围，检查不合适的输入。

（2）灵活、美观的用户界面

1）考虑到界面美观、通用，系统的运行环境选为 Windows 系统。

2）为了便于使用者方便，系统采用图形输入方式来设置各种运行轨迹并可设置运行速度等参数。

3）为了加快用户的输入速度，软件可把常用的圆、抛物线、B 样条曲线等设定为模板。

4）系统必须方便用户在规划界面及运行界面之间进行转换，同时利用系统的上下位机结构，实现上下位软件的并行运行。

（3）灵活、准确的轨迹规划功能　轨迹曲线的种类应较为完备，需要提供以下几种形式：直线、圆、圆弧、B 样条曲线和任意数据曲线。前三种曲线可利用控制卡内嵌的插补算法，实现准确的轨迹。而后两种曲线则需要上层软件实现插补运算，必须保证其运行速度平稳并保证运动精度。

（4）数据的实时显示及数据的分析　系统的实时显示主要提供给用户实时的监测信息。同时为了系统的测量，软件还必须提供完备的数据分析功能。

软件根据系统硬件结构可分为上下位两部分，其中上位软件实现人机交互功能，下位软件实现伺服电动机的控制及运动实现。其中，上层 PC 软件采用 Visual C++语言，下层运动控制软件是用汇编语言。

2. 上位软件结构及程序流程

图 6-39 所示为上位软件的总体流程，首先用户在运动规划模块中进行轨迹规划、插补等工作，其次在实际运行模块中完成运动控制、运动数据处理等工作。

（1）轨迹设定及规划　轨迹设定及规划功能是系统的重要组成部分之一，本系统提供了直线、圆、圆弧、抛物线、样条曲线等运动轨迹。

轨迹规划的流程如图 6-40 所示。

图 6-39　**上位软件的总体流程**

图 6-40　**轨迹规划的流程**

为了实现模拟前设定轨迹运动，必须把轨迹分解到各个电动机，平面轨迹只需分解为 x、y 方向即可。PMAC 控制卡下位软件提供了直线及圆弧插补算法，因而直线及圆弧只需设定轨迹的起点、终点及运动速度即可。

而对于样条曲线及任意曲线，需要在上位软件采用二维 B 样条曲线给予生成。其算法实现如下：

如图 6-41 所示，首先由三次 B 样条曲线的型值点反求控制点：即已知一组空间

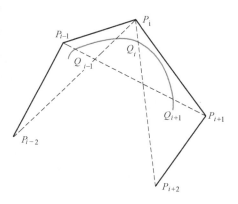

图 6-41　**三次 B 样条曲线**

型值点 Q_i，要找一条 3 次 B 样条曲线 $C_j(u)$ 过 Q_i（$i=1$，2，$\cdots$，n）点，也即找一组与点列 Q_i 对应的 B 样条特征多边形顶点 P_j（$j=0$，1，$\cdots$，$n+1$）。其之间的关系由以下方程决定

$$\begin{bmatrix} 6 & 0 & & & & & \\ 1 & 4 & 1 & & & 0 & \\ & 1 & 4 & 1 & & & \\ & & \vdots & & & & \\ 0 & & & 1 & 4 & 1 & \\ & & & & 0 & 6 & \end{bmatrix} \begin{bmatrix} P_1 \\ P_2 \\ P_3 \\ P_4 \\ P_5 \\ P_6 \\ P_7 \end{bmatrix} = 6 \begin{bmatrix} Q_1 \\ Q_2 \\ Q_3 \\ Q_4 \\ Q_5 \\ Q_6 \\ Q_7 \end{bmatrix}$$

这是一个主对角占优的三带状矩阵，可用追赶法求解出 P_j（$j=1$，2，$\cdots$，n）。为了满足端点条件，需要两个附加顶点 $P_0=2P_1-P_2$，$P_{n+1}=2P_n-P_{n-1}$。

其次，可生成三次 B 样条。

从空间 $n+1$ 个顶点 P_j（$j=0$，1，$\cdots$，$n+1$）中每次取相邻的四个顶点，可构造一段三次 B 样条曲线，其对应的矩阵如下

$$C_{i,4}(u) = (1/6) \begin{bmatrix} u^3 & u^2 & u & 1 \end{bmatrix} \begin{bmatrix} -1 & 3 & -3 & 1 \\ 3 & -6 & 3 & 0 \\ -3 & 0 & 3 & 0 \\ 1 & 4 & 1 & 1 \end{bmatrix} \begin{bmatrix} P_{i-1} \\ P_i \\ P_{i+1} \\ P_{i+2} \end{bmatrix}$$

样条曲线、任意曲线等需要进行插补后才能在下位控制卡上运行。样条曲线由于速度一定，采用简单的等长插补，插补步长可以根据系统的位置精度要求进行选择。任意曲线的设定则需要考虑速度的变化，其中速度是由运动补偿与单步时间决定的，由于在下位控制程序中，控制卡的单步时间是固定的，因此为了实现变速运动，可采用改变补偿的方法来对曲线进行插补。

（2）数据实时显示　采集数据有目标及干扰源的运动轨迹、运动速度、运动误差等，如图 6-42 所示。伺服控制卡的数据采集有两种不同方式：首先，可以由上位机每隔一段时间用指令查询当前位置、当前速度等；其次，系统提供了一段采集内存，可存储一定数量的位置及速度。前者通过 I/O 接口进行实时采集，后者在运行后进行数据提取。因此，为了实现数据的实时显示，只有采用前一种方式。

本系统采用 Windows 平台，它是非实时的操作系统，同时模拟器的运动速度高达 2.5m/s，因此简单地利用该操作系统的时间事件无法实现数据的实时显示，参考众多的时间中断。但驱动程序的编写有一定的难度，同时对不同版本的 Windows 系统需要不同的驱动程序，系统的兼容性较差。因此，本系统的实现方式是一种更为简单的方式，即在时间事件响应程序内部，每次进行多次 I/O 循环操作以实现数据在短时间内进行多次采集。这种方法的问题是循环的次数如果过多，系统会出现不稳定或不响应其他事件的现象，但只要合适选择循环的次数就可以保证数据显示与系统响应的实时性。

（3）运动控制流程　为了实现模拟器的运动，用户必须按一定的程序进行操作。图 6-43 所示为系统总的操作流程。其中，电动机复位流程如图 6-44 所示，由

于系统采用增量码盘,电动机上电时码盘的位置不确定,需要进行复位操作以标定零位。电动机的复位方式一般有以下两种:一是采用电位器,二是采用复位开关。前者需要单独的 A-D 输入,同时由于电位器的精度较低,因此在该系统采用复位开关的方式:PMAC 控制卡中专门提供了复位检测功能,系统在上电时,只需运行相应的复位程序即可。

图 6-42 **数据实时显示流程**

图 6-43 **系统总的操作流程**

3. 控制卡下位软件

为了完成指定的运动,必须通过下达指令给控制卡以完成各种参数设置及参数采集等功能,或通过下载运动程序给控制卡,使控制卡按程序运行。在本系统中下位程序主要由系统初始化和轨迹生成等几部分组成。

(1)系统初始化 系统初始化需要设置控制卡各部分参数,主要包括各种安全性参数、运动启动方式等。

1)安全性设置。为了保证系统运行的稳定性,以及在系统出现故障时能够正常恢复,必须对各种安全性参数进行设置。

① 越程极限。

a. 硬件。为使模拟器的横轴及纵轴两端的极限开关用来限制目标及干扰源的运动范围,可通过控制卡提供的硬件极限接口输入。当超过极限时,控制卡将使系统在最短时间内使目标及干扰源停止运动。

图 6-44 **电动机复位流程**

b. 软件。在 PMAC 内部可通过设置软件极限来设置运动范围,超程时系统可以触发程序，使运动停止。

② 速度极限。模拟器按程序运动时，控制器将各轴速度与其速度极限进行比较，如果超过设定值，运动将会减速，使其保持在极限内。

③ 跟踪误差极限。如果实际位置对命令位置的滞后超出预设值，控制器就将按照固定程序关断出错电动机。这种情况一般发生在位置反馈消失或者电动机发生故障时。

④ 对外部接口监测。通过设置控制器的状态寄存器，可监测 D-A 输出以及码盘反馈等信号的状态，以判断系统的外部接口是否正常工作。

2）坐标系建立。为了实现目标及干扰源按照规定的轨迹运行，必须定义运动坐标系使各电动机能够彼此协调。建立坐标系的步骤如下：

① 确定坐标系的维数，即确定坐标系中电动机的个数及位置。目标及干扰源的运动位于两个分离的运动平面，因而需要定义两个平行的二维直角坐标系。控制器可使目标模拟器和干扰模拟器在不同的坐标系中并行运行。

② 坐标变换。坐标系定义好了以后，可以进行比例缩放、平移、旋转，即确定电动机轴转角至直角坐标的变换关系。

（2）轨迹生成　启动方式及运动的加速形式，按照加速时间（T_A），S 曲线加速（T_S）时间，以及线性加速（T_L）时间的不同关系，一般采用以下两种方式：

1）线性加速度方式，S 曲线时间为零（$T_S = 0$），$T_A = T_L$。

2）S 曲线加速方式，线性加速时间为零（$T_L = 0$），$T_A = 2T_S$。

为了保证模拟器有较小的速度冲击，本系统采用 S 曲线方式作为系统的加速方式，如图 6-45 所示。

图 6-45　启动方式
a）$T_A = T_L$　b）$T_A = 2T_S$

第四节　机电一体化系统设计应用举例Ⅲ

本例以带机械手的发动机缸体全自动抛丸清理系统设计为例介绍机电一体化相关技术在生产实际中的应用。

一、发动机生产厂家对缸体抛丸清理系统的技术要求

1) 清理工件规格：长度≤1400mm，宽度≤1200mm，高度≤1080mm。
2) 输送辊道：辊道额定载荷为500kg/m，辊道调速范围为0.5~4.0m/min，辊道电动机采用变频驱动；
3) 装卸机械手：最大装载量为110kg，采用普通三相电动机和减速器驱动。
4) 抛丸机械手：最大装载量为110kg，采用变频驱动，最大运转速度为1r/s。
5) 抛丸器：额定功率为30kW，采用变频驱动，最大转速为4500r/min。
6) 弹丸流量控制器：采用电磁感应控制方式，最大流量为200kg/min。
7) 丸料输送量：最大输送量为50t/h。
8) 通风除尘排风量：抛丸清理室最大为6400m³/h，丸尘分离器最大为3000m³/h，吹清机最大为1200m³/h。

二、缸体抛丸清理系统总体设计

如图6-46所示，缸体抛丸清理系统主要由机械系统和控制系统两大部分组成。其中，缸体抛丸清理机械系统设备主要包括输送辊道、装卸机械手、抛丸室、双工位竖直转盘、抛丸机械手、抛丸器、尾吹装置、丸料输送系统和除尘系统等；控制系统主要包括工业控制计算机、可编程序控制器和辊道控制器等设备。工作时，操作人员首先根据待清理缸体铸件的类型、尺寸等在工业控制计算机中选择相应的缸体铸件工艺参数，工业控制计算机根据选择的工艺参数按照一定的控制算法计算出该类型铸件的最佳弹丸流量，并将其传送给下位机PLC，存放在PLC的寄存器中供抛丸清理时调用。

图6-46 抛丸清理系统总体方案设计

抛丸清理时首先将工件置于输送辊道上，通过辊道控制器控制输送辊道运行

将工件送至装卸机械手处，然后装卸机械手夹紧工件并将其放入抛丸室内处于装料工位的抛丸机械手Ⅰ内，抛丸机械手Ⅰ夹紧工件，转盘旋转180°自动定位，这时抛丸机械手Ⅰ进入抛丸室内的抛丸工位，供丸系统打开，抛丸机械手Ⅰ在三相异步电动机驱动下带着缸体铸件开始旋转，进行抛丸清理；同时抛丸机械手Ⅱ进入装料工位，之后装卸机械手将第二个工件放入抛丸机械手Ⅱ内，随之抛丸机械手Ⅱ夹紧工件，装卸机械手退回原位，抛丸室门自动关闭。待抛丸机械手Ⅰ内的工件清理完毕，供丸系统关闭，抛丸机械手Ⅰ电动机停转，转盘反转180°自动定位，抛丸机械手Ⅰ转至装料工位，抛丸室门自动打开，装卸机械手将第一个工件取出放入输送辊道运至尾吹装置，并将第三个工件放入抛丸机械手Ⅰ内，抛丸机械手Ⅰ夹紧工件，装卸机械手退出，抛丸室门关；同时抛丸机械手Ⅱ也随转盘反转180°进入抛丸工位，相应电动机开始旋转，供丸系统打开，进行抛丸清理。抛丸机械手Ⅱ中的缸体铸件清理完毕，供丸系统关闭，相应电动机停转，转盘回转180°自动定位，抛丸机械手Ⅱ转至装料工位，抛丸室门开，如此循环工作。在尾吹装置中清除掉缸体铸件表面及其内腔和内部通道中的残留弹丸、粉尘和碎砂，尾吹结束后输送辊道将清理干净的缸体铸件运出抛丸清理系统。

三、缸体抛丸清理机械系统的组成

如图 6-47 所示，缸体抛丸清理机械系统主要由工件输送系统、抛丸清理系统、尾吹系统、弹丸循环供给系统和除尘系统五大部分组成。工件输送系统主要由输送辊道和装卸机械手组成；抛丸清理系统由抛丸室、抛丸室内的双工位竖直转盘、

图 6-47　缸体抛丸清理机械系统

1—上料辊道　2—抛丸器　3—提升机　4—护栏　5—除尘装置　6—储丸料斗　7—平台　8—丸尘分离装置
9—螺旋分配器　10—装卸机械手　11—中间辊道　12—尾吹装置　13—卸料辊道

固定在转盘上的抛丸机械手、抛丸器等组成；尾吹系统由螺旋输送器、翻转振动吹清机等组成；弹丸循环供给系统由提升机、丸尘分离装置、储丸料斗、弹丸电磁流量控制器、补丸装置等组成；除尘系统由除尘器、除尘管道等组成。其中，装卸机械手主要用于将发动机缸体铸件送入与取出抛丸室；抛丸机械手主要用于夹持工件、带着工件绕水平轴旋转并接受弹丸抛打；弹丸电磁流量控制器用于计算机根据清理不同需求实时控制弹丸流量；翻转振动吹清机用于清除掉缸体内腔及内部通道中的残留弹丸和芯砂等。

1. 缸体输送系统

如图 6-48 所示，缸体抛丸清理输送辊道包括上料辊道、中间辊道和卸料辊道，这些辊道主要由传动装置、套筒滚子链、辊轴、带座轴承等组成。输送辊道主要用于将工件运载进出抛丸清理室和尾吹室，然后将清理完毕的工件运出抛丸清理系统。

图 6-48 **缸体输送系统**
1—上料辊道 2—装卸机械手 3—抛丸器 4—尾吹横向螺旋输送器 5—中间辊道
6—尾吹纵向螺旋输送器 7—尾吹装置 8—卸料辊道

缸体上料时，由上料辊道变频器来控制上料辊道电动机的起动、运行和停止。上料辊道将工件运至装卸机械手处，装卸机械手将其放入抛丸室进行抛丸清理；抛丸清理结束后，装卸机械手又将缸体铸件从抛丸室的装卸工位取出放入中间辊道，再由中间辊道将其输送至翻转振动吹清机进行尾吹；尾吹结束后，卸料装置将缸体铸件放入卸料辊道被输送至下一工序。为使整个抛丸清理系统生产节拍一致，中间辊道和卸料辊道电动机速度也由变频器调节。

2. 装卸机械手

如图 6-48 所示，上料过程中当缸体铸件被输送至装卸机械手处时，装卸机械手夹紧缸体铸件并将其送入抛丸室内的装料工位，之后装卸机械手松开工件并退回原位。抛丸清理结束后，装卸机械手再将缸体铸件从抛丸室取出放入中间辊道，接着再将下一个缸体铸件送入抛丸室，如此循环。

装卸机械手完成两种运动：水平运动和垂直运动，因此需要两台三相交流异步电动机及两台减速器，其中一套用于驱动装卸机械手完成上下运动，即夹紧和松开工件，另一套用于驱动装卸机械手实现前进和后退运动。

3. 抛丸清理系统

如图 6-49 所示，抛丸清理系统主要由抛丸室体、抛丸机械手、转盘和抛丸器等组成。

（1）抛丸室　抛丸室室体上部为箱形、下部为锥斗，室体前后密封室均设有检修门，抛丸室被一隔板分成主抛丸室和副抛丸室两部分。其中，主抛丸室内进行抛丸清理，副抛丸室内用来装卸工件。隔板支承固定于转盘上，并随其一起转动。由于抛丸清理主要在主抛丸室内完成，因此主抛丸室室体要具有足够的刚性，以承受其他系统所产生的动、静负载；同时，大门和室体组成一个良好的密闭空间，防止清理过程中弹丸及粉尘向外飞出，主室体内挂可更换的特种防护板，以保护室内的基本结构。

图 6-49　抛丸清理系统和弹丸循环系统

1—补丸装置　2—抛丸系统纵向螺旋输送器　3—抛丸系统横向螺旋输送器　4—抛丸室体
5、14—抛丸机械手　6—转盘　7—提升机　8—料斗　9—丸尘分离装置　10—除尘器
11—螺旋分配器　12—弹丸电磁流量控制器　13—抛丸器　15—装卸机械手

（2）抛丸机械手　抛丸室内有一个双工位竖直转盘和两个抛丸机械手，从图 6-50 中可以看出两个抛丸机械手固定在转盘的两侧。当装卸机械手将待清理的缸体铸件放入处于装卸工位的抛丸机械手内且该抛丸机械手夹紧铸件后，在三相电动机驱动下转盘开始旋转，转 180° 时转盘自动定位，这时抛丸机械手和缸体铸件进入主抛丸室，开始抛丸清理。

抛丸机械手主要用于夹紧缸体铸件、带着缸体铸件绕水平轴旋转以使其充分接受弹丸抛打。抛丸清理如图 6-51 所示。

图 6-50　抛丸机械手的结构示意图

图 6-51　抛丸清理示意图

在变频器和三相电动机驱动下，装卸机械手在抛丸清理缸体铸件难清理部位时慢速转动，使之对准弹丸射流重点抛射；在抛丸清理易清理部位时，抛丸机械手快速旋转使缸体铸件快速通过弹丸射流。系统采用的两个抛丸机械手可在抛丸工位和装料工位交替运行，当一个抛丸机械手在主抛丸室内夹紧缸体铸件抛丸时，另一抛丸机械手在装料工位待料，这样就大大缩短了抛丸清理的辅助时间，提高了抛丸清理效率。

（3）抛丸器　抛丸器由叶轮、主轴及主轴承座、分丸轮、定向套、叶片、护板、传动机构等组成，抛丸器外有罩壳护板保护。抛丸器的选用是影响抛丸效果的关键因素，为了保证抛丸质量和抛丸效率，系统选用了 4 台 Q050 型高效抛丸器，并安放在不同位置。抛丸清理时，在抛丸器叶轮高速旋转的作用下，弹丸从不同的角度以很高的速度射向要清理的工件。

四、缸体抛丸清理控制系统硬件设计

为使缸体抛丸清理智能控制系统可靠性高、通用性好、结构简单、易操作，本书采用监督式控制结构。如图 6-52 所示，缸体抛丸清理智能控制系统硬件部分主要由上位监控工业控制计算机、通信转换模块和下位机 PLC 控制系统部分组成，其中上位监控工业控制计算机系统主要负责抛丸清理生产系统的实时监控和下位机 PLC 控制系统的管理；下位机 PLC 控制系统模块包括 PLC 主控模块、D-A 转换模块、A-D 转换模块、变频驱动模块、功率驱动模块、检测模块、弹丸电磁流量控制模块、开关量输入输出模块等，负责整个缸体抛丸清理设备的运行控制；通信转换模块主要负责工业控制计算机与 PLC 之间的实时数据交换和传送。

图 6-52　控制系统硬件总体设计方案

1. 监控工业控制计算机的选用

如图 6-52 所示，根据生产需要，系统上位机选用工业控制计算机，它是缸体抛丸清理监控系统的硬件控制核心。监控工业控制计算机选用研华工业控制计算机作为缸体抛丸清理控制系统的监控工业控制计算机。由于 PLC 存储容量的限制，不可能存储太多的数据，因此预处理的所有类型的缸体铸件工艺参数都保存在工业控制计算机中。抛丸清理开始前，操作人员根据待清理的缸体铸件特征在工业控制计算机中选择其相应的工艺参数，如缸体型号、尺寸及含砂量。选择完成后，工业控制计算机根据编写好的控制程序调用模糊神经网络控制算法为该缸体铸件计算出最佳弹丸流量值，然后将该弹丸流量值传送给下位机 PLC，PLC 将该弹丸流量值保存在其内部数据寄存器中，供抛丸清理时调用。

2. PLC 控制系统硬件连接

如图 6-53 所示，PLC 主控单元与功能模块之间通过数据总线相连接；FX2N-4DA 输出电压模拟量来控制输送辊道变频器、抛丸机械手变频器和抛丸器变频器

输出频率，从而达到控制输送辊道、抛丸机械手和抛丸器运行速度的目的；同时该模块输出电流模拟量来控制通过弹丸电磁流量控制器的弹丸流量。弹丸电磁流量控制器输出的模拟量由检测装置转换为 +4～+20mA 的电流信号，经 A-D 转换模块转换为数字量，然后输入 PLC 和计算机中。

图 6-53 **PLC 控制系统硬件连接示意图**

3. 位置检测模块

位置检测模块主要由下位机 PLC、FX2N-4DA 模块和旋转编码器等组成。经过多方比较选择，系统选用日本 OMRON 公司的 E6B2-CWZ6C 型 1000 脉冲/r 的旋转编码器。抛丸机械手位置检测接线如图 6-54 所示，该旋转编码器为五线制，其中两根为电源线，三根为脉冲线（A、B、Z），电源的工作电压为 +5～+24V 直流电源。旋转编码器的工作原理：将旋转编码器安装在抛丸机械手电动机非负载轴端，电动机转动时，此旋转编码器发出两个脉冲信号，一个是 A 相（或 B 相）脉冲信号，另一个是 Z 相脉冲。电动机轴转一圈发出 1000 个 A 相（或 B 相）脉冲，此脉冲作为测定抛丸器电动机正转或反转的测速信号，如果 A 相脉冲比 B 相脉冲超前，则电动机为正转，否则为反转。Z 线为零脉冲线，旋转编码器每转一圈产生一个脉冲，该相用于复位和计数。

工件在抛丸室内有一个初始位置，根据该初始位置，首先确定缸体铸件难清理部位相对初始位置的角度。抛丸机械手夹紧缸体铸件旋转时，PLC 模块中启动高速计数器 C251 记录旋转编码器测得的脉冲信号，根据旋转编码器反馈回来的脉冲数计算出缸体铸件的具体位置，从而控制抛丸机械手的运行速度、弹丸抛射速度和弹丸流量。

4. 变频调速控制模块

抛丸清理过程中，采用变频调速方法控制抛丸机械手的运动和抛丸器叶轮的旋转速度，以实现在清理缸体铸件内腔及内部通道等难清理部位时，使之对准弹

图 6-54 抛丸机械手位置检测接线

丸射流进行重点强化抛射；清理易清理部位时，使铸件快速通过射流。

（1）工件输送变频控制系统 工件输送系统采用三菱 FR-A540 型变频器、FX2N 型 PLC 及其 D-A 模块共同控制上料辊道、中间辊道和卸料辊道电动机的运行速度。系统是由 PLC 输出数字量通过 D-A 模块转换为模拟电压值来控制输送辊道电动机的运行速度，具体接线如图 6-55 所示。

图 6-55 工件输送变频调速系统接线

（2）抛丸清理变频控制系统　如图6-56所示，抛丸机械手和抛丸器变频器均

图 6-56　抛丸机械手和抛丸器变频调速系统接线

工作在外部控制模式下，变频器的正转启动 STF、反转启动 STR 和点动 JOG 等控制端子均与 PLC 主控单元的开关量输出接口相连接，由 PLC 主控单元根据抛丸清理需要直接控制其正反转；变频器的速度控制模拟量由 PLC 主控单元通过 FX2N-4DA 提供。

抛丸机械手和抛丸器变频调速的工作原理：PLC 主控模块根据旋转编码器反馈回来的脉冲信号实时控制抛丸机械手和抛丸器电动机转速。清理难清理部位时，PLC 主控模块控制主抛丸室内抛丸机械手低速旋转、抛丸器叶轮高速旋转，使工件难清理部位对准弹丸射流，进行重点强化抛射；清理易清理部位时，PLC 主控模块控制抛丸机械手快速旋转、抛丸器叶轮低速旋转，使工件表面等易清理部分不至于过抛，这样既提高了抛丸效率又提高了抛丸清理质量。

变频控制过程：手动状态下，操作人员通过接在 PLC 主控单元开关量输入接口上的按钮来控制工件输送系统中上料辊道、中间辊道、卸料辊道电动机及抛丸系统中抛丸机械手和抛丸器的正反转，速度由 PLC 主控单元通过 FX2N-4DA 提供。根据缸体抛丸清理的控制要求，手动状态下工件输送辊道电动机可以正反两个方向点动；自动抛丸时，按下总电源开关 2s 后，PLC 主控单元输出控制上料辊道电动机的正向转动及抛丸器和抛丸机械手的相应动作。

1）装卸机械手动作控制。缸体抛丸清理智能控制系统中装卸机械手需完成横向和纵向两种动作，这两个方向的动作都由 PLC 主控单元直接输出控制。PLC 的输入端子 X50、X51、X52、X53 上分别接装卸机械手夹紧、松开、前进、后退按钮。输出端子 Y24 上接控制装卸机械手夹紧/松开的接触器，Y25、Y26 上分别接控制装卸机械手前进、后退的接触器。

2）抛丸机械手动作控制。缸体抛丸清理智能控制系统抛丸机械手要完成横向运动和旋转运动两种动作，这两个方向的动作都由 PLC 主控单元直接输出控制。由于该系统有两套抛丸机械手，且功能完全一样，因此本文仅介绍其中一套抛丸机械手的运动。PLC 的输入端子 X54、X55 分别接抛丸机械手Ⅰ的夹紧、松开按钮，输出端子 Y2、Y3 接控制抛丸机械手Ⅰ夹紧/松开的接触器。

五、缸体抛丸清理控制系统软件设计

从图 6-57 中可看出，系统中抛丸清理自动控制程序包括抛丸机械手Ⅰ抛丸清理子程序和抛丸机械手Ⅱ抛丸清理子程序，其中抛丸机械手抛丸清理子程序又包括放工件于抛丸机械手Ⅰ、Ⅱ子程序，丸料输送子程序，抛丸清理结束后从抛丸机械手Ⅰ、Ⅱ取放工件子程序等。

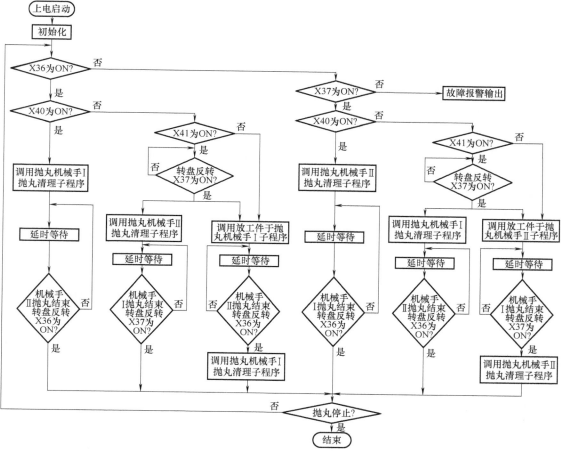

图 6-57 **自动抛丸清理流程**

思 考 题

1. 机电一体化产品在构思和拟定新方案时，常采用哪几种方法？

2. 如何从可靠性入手提高机电一体化产品的抗干扰能力？

3. 查阅相关资料，简要分析说明：

1）CIMS 的定义与结构和主要的关键技术。

2）CNC 三坐标测量机的优点和探测头形式。

3）数字照相机的机电一体化设计要点。

4）自动售货机的功能构成。

5）自动化售票机的功能构成。

6）家用扫地机器人的功能构成。

4. 简述电脑刺绣机和全自动抛丸清理机的工作原理，并画出其控制系统构成原理图。

5. 查阅相关资料，简述立体汽车车库（可以自动存取和停放多辆汽车）的工作原理，并绘出其原理示意图。

参 考 文 献

[1] 赵松年, 张奇鹤. 机电一体化机械系统设计 [M]. 北京: 机械工业出版社, 1996.

[2] 魏俊民, 周砚江. 机电一体化系统设计 [M]. 北京: 中国纺织出版社, 1998.

[3] 梁景凯. 机电一体化技术与系统 [M]. 北京: 机械工业出版社, 1997.

[4] 张建民. 机电一体化系统设计 [M]. 4 版. 北京: 高等教育出版社, 2014.

[5] 潘新民, 王燕芳. 微型计算机控制技术 [M]. 2 版. 北京: 电子工业出版社, 2011.

[6] 蒋心怡, 吴汉松, 陈少昌. 计算机控制工程 [M]. 长沙: 国防科技大学出版社, 2002.

[7] 赖寿宏. 微型计算机控制技术 [M]. 北京: 机械工业出版社, 1996.

[8] 郑堤, 唐可洪. 机电一体化设计基础 [M]. 北京: 机械工业出版社, 1997.

[9] 林述温. 机电装备设计 [M]. 北京: 机械工业出版社, 2002.

[10] 王田苗, 丑武胜. 机电控制基础理论及应用 [M]. 北京: 清华大学出版社, 2003.

[11] 胡泓, 姚伯威. 机电一体化原理及应用 [M]. 北京: 国防工业出版社, 1999.

[12] 卢金鼎, 山静民. 机电一体化技术 [M]. 北京: 中国轻工业出版社, 1996.

[13] 谢存禧, 邵明. 机电一体化生产系统设计 [M]. 北京: 机械工业出版社, 1999.

[14] 黄继昌, 徐巧鱼, 等. 传感器工作原理及应用实例 [M]. 北京: 人民邮电出版社, 1998.

[15] 王兆义. 小型可编程控制器实用技术 [M]. 北京: 机械工业出版社, 1997.

[16] 李清新. 伺服系统与机床电气控制 [M]. 2 版. 北京: 机械工业出版社, 1999.

[17] 唐光荣, 李九龄, 等. 微型计算机应用技术: 数据采集与控制技术 [M]. 北京: 清华大学出版社, 2000.

[18] 徐志毅. 机电一体化实用技术 [M]. 上海: 上海科学技术文献出版社, 1995.

[19] 陈隆昌, 阎治安, 刘新正. 控制电机 [M]. 4 版. 西安: 西安电子科技大学出版社, 2013.

[20] 张建民. 机电一体化系统设计 [M]. 北京: 北京理工大学出版社, 1996.

[21] 张君安. 机电一体化系统设计 [M]. 北京: 兵器工业出版社, 1997.

[22] BRADLEY D A. Mechatronics: Electronics in products and processes [M]. London: Chpman and Hall, 1991.

[23] DINSDALE H V. Mechatronics-Japan's Newest Threat [M]. New York: Chapman and Hall, 1991.

[24] WESTKAEMPER E, OSTEN-SACKEN D V D. Product Litfe Cycle Costing Applied to Manufacturing System [J]. Annals of the CIRP, 1998, 47: 353-356.

[25] BOLLINGEN J G, DAFFIE N A. Computer Control of Machines and Processes [M]. USA: Addison-wesley Publishing Company, 1988.

[26] GEORGE R. Human-Computer Interaction and Comples System [M]. Saddle River: Harcount Brace Jovanovich Pub, 1991.

[27] 郁有文, 常健, 程继红. 传感器原理及工程应用 [M]. 4 版. 西安: 西安电子科技大学出版社, 2014.

[28] 胡向东, 等. 传感器与检测技术 [M]. 3 版. 北京: 机械工业出版社, 2018.

[29] 兰虎. 工业机器人技术及应用 [M]. 北京: 机械工业出版社, 2014.

[30] 孙志永, 赵砚江. 数控与电控技术 [M]. 北京: 机械工业出版社, 2014.

[31] 戴夫德斯·谢蒂, 理查德 A 科尔克. 机电一体化系统设计 [M]. 薛建彬, 朱如鹏, 译. 北京: 机械工业出版社, 2016.

[32] 易红. 数控技术 [M]. 北京: 机械工业出版社, 2005.

[33] 梁森, 欧阳三泰, 王侃夫. 自动检测技术及应用 [M]. 3 版. 北京: 机械工业出版社, 2018.

[34] 于海生, 等. 计算机控制技术 [M]. 2 版. 北京: 机械工业出版社, 2016.